Digital Transformation Design

Dennis Lotter

33 Prinzipien, wie Sie Organisationen ins intelligente Zeitalter führen

BusinessVillage

Dennis Lotter
Digital Transformation Design
33 Prinzipien, wie Sie Organisationen ins intelligente Zeitalter führen
1. Auflage 2019
© BusinessVillage GmbH, Göttingen

Bestellnummern
ISBN 978-3-86980-458-3 (Druckausgabe)
ISBN 978-3-86980-459-0 (E-Book, PDF)

Direktbezug www.BusinessVillage.de/bl/1057

Bezugs- und Verlagsanschrift
BusinessVillage GmbH
Reinhäuser Landstraße 22
37083 Göttingen
Telefon: +49 (0)5 51 20 99-1 00
Fax: +49 (0)5 51 20 99-1 05
E–Mail: info@businessvillage.de
Web: www.businessvillage.de

Redaktion und Lektorat: Sigrid Jo Gruner

Layout und Satz: Sabine Kempke

Illustration: Herbie Erb, http://www.herbie-erb.com

Autorenfoto: Moritz Schleiffelder, http://www.heymo-studio.de

Druck und Bindung
Generál Nyomda Kft., Szeged

Inhalt

Über den Autor

Prof. Dr. Dennis Lotter ist Andersdenker und Agent Provocateur in Sachen »Digitale Transformation«. Mit Elan und Leidenschaft jagt er die Schreckgespenster der Wirtschaft in digitalen Zeiten. Als Keynote-Speaker und Trainer holt er Menschen aus ihren Komfortzonen – Als Berater und Agile Coach begleitet er Mittelstand und Konzerne methodensicher im digitalen Veränderungsprozess.

Sein umfassendes Expertennetzwerk sowie die anwendungsorientierte Forschung im Rahmen seiner Professur für Sustainable Marketing & Leadership an der Hochschule Fresenius ermöglichen ihm den Zugang zu neuesten Erkenntnissen, Modellen und Werkzeugen. In seinem Podcast und Blog #Andersdenker blickt er unkonventionell und provokant auf Themen, die Digital Leader bewegen. Im Rahmen seiner offenen Seminare befähigt er Fach- und Führungskräfte für die Arbeitswelt von morgen.

Die Mission seines Instituts für Sustainable Leadership & Change (ISLC) lautet: Unternehmen bewegen, sich selbst zu bewegen – stracks in Richtung digitale Zukunft.

Kontakt
E-Mail: lotter@institut-slc.de
Web: www.institut-slc.de

Vorwort – Heureka!
Das isses: Mit Sirenen
flirten

■ ■

Das ungeheure Tempo der digitalen Zeit verursachte einen veritablen Erdrutsch. Rüsten sich Unternehmen für eine digitale Geschäfts- und Arbeitswelt, greift dies ungleich tiefer als die längst erhobene Forderung, in einer digitalen Welt technologisch Position zu beziehen: Unsere gesamte Gesellschaft ist gerade dabei, sich neu zu formieren – manche Teile davon mehr oder weniger unbewusst. Alle Menschen einer Organisation stehen nun in der Pflicht, an einer neuen Kultur aus innovativen Denkansätzen, Werten und Fertigkeiten zu bauen. Hier erleben wir keinen Umsturz von außen. Es kristallisiert sich ein epochaler Paradigmenwechsel heraus, der Unternehmen zu individuellen und smarten Lösungen nötigt.

Die Kardinalfrage: Wie meistern wir klug und reflektiert die gewaltigen und gleichzeitig spannenden Herausforderungen der digitalen Transformation?

Selbst für erfahrene Seeschiffer ist das neue Gewässer zu stürmisch und unvertraut, um es ohne einen erfahrenen Lotsen oder Steuermann sprich: Transformatoren und Vordenker mit seemännischer Coolness zu meistern. Im Buch spreche ich oft von der sogenannten VUKA-Welt oder -Situation. Ein Akronym, das sich in den Neunzigerjahren im militärischen Umfeld aus Volatilität (volatility), Unsicherheit (uncertainty), Komplexität (complexity) und Mehrdeutigkeit (ambiguity) zusammenfand, um undurchschaubare, hochdynamische Bedrohungslagen zu umschreiben.

Erlauben Sie mir einen Blick in meine tägliche Beratungspraxis

Nicht wenige meiner Klienten, ja, vermutlich eine Vielzahl an Unternehmen, fürchten den hohen Druck, den die dynamischen Herausforderungen der digitalen Zeit und das hohe Tempo des Change ausüben. Im archaischen Sinne reagieren wir Menschen in einer Gefahrensituation sehr identisch: »Fliehen, standhalten (sich tot stellen) oder angreifen!« Doch auf überholte Konventionen zurückzugreifen, käme dem fatalen Befehl des Titanic-Offiziers gleich, der, als er sich Auge in Auge mit dem Eisberg befand, den Befehl zurückzurudern erteilte. Was letztlich das Aus für den luxuriösen, »unsinkbaren« Stahlgiganten der Ozeane bedeutet hat. Aus der vermeintlichen Gefahrensituation wegzulaufen, würde in unserem Fall ein noch größeres Risiko unterzugehen in sich tragen, als sich dem Monster-Eisberg »Digitale Transformation« zu stellen. Und noch fataler wäre es, sich überflutet von Panik auf vorgefertigte Lösungsmuster zu stürzen, die mit der eigenen Kultur in keiner Weise konform gehen.

Contenance. Cool bleiben. Neugier entwickeln. Spannung. Schauen, was passiert.

Die digitale Welt setzt einiges außer Kraft und ersetzt es gleichzeitig durch Neues. Beispiel Arbeitsweise: Experimentieren, improvisieren und im Negativfall auch einmal verwerfen ist in disruptiven Phasen durchaus legitim. So zu denken mag für Sie neu und vielleicht auch irritierend sein – Sie fürchten die Unwägbarkeit. Doch »no risk, no fun« gilt in digitalen Zeiten als seriöser Leitspruch. Heute kommt es eher einem hohen Risiko gleich, ein Schlachtschiff erst bis zur (vermeintlichen) Perfektion zu optimieren, bevor man es in der Hoffnung auf Neptuns Wohlgefallen auf die Jungfernfahrt schickt. Das könnte Gegenreaktionen auslösen, die Ihnen nicht guttäten. Neptun liebt die Mutigen und nicht die Zögerlichen!

Verstehen Sie mich nicht falsch: Ich will Sie keinesfalls zu törichten Waghalsigkeiten verleiten, sondern Ihnen eindringlich vor Augen halten, dass Sie viel gewagter agieren, wenn Sie *nicht* die Chancen der digitalen Revolution in ihrem Hause abwägen und reflektieren. Nicht alles was neu ist, ist besser und muss übernommen werden. Nicht alles, was früher gut funktionierte ist auch in der digitalen Welt ein Erfolgsgarant. Beschreiten Sie den Königsweg, der auf einer kongenialen, klug durchdachten und erprobten Verbindung zwischen bewährtem Althergebrachten und neuen digitalen Möglichkeiten verläuft.

Mein Dank

In den folgenden Kapiteln finden Sie neben meinen Erfahrungen aus Coachings und Beratungen das geballte Wissen aus akzeptierten Erfahrungen zahlreicher, anderer, kluger Köpfe versammelt. Alle haben sie sich mit wegweisenden Methoden und Konzepten um die digitale Wirkkraft von Unternehmen verdient gemacht. Ohne ihre Expertisen und Erkenntnisse wäre das Buch nicht möglich gewesen. Allen im Text erwähnten Kollegen und allen, die im Hintergrund mitarbeiteten, gilt mein wertschätzender Dank. Alle Ansätze der erwähnten Kollegen wurden reflektiert, ergänzt, adaptiert und zu einem integrativen Gesamtbild zusammengefügt.

Mein Wunsch

Ich möchte mit diesem Kompendium in erster Linie aufrütteln, inspirieren und auf Kurs bringen, ohne ein Gefühl von Druck zu erzeugen. Ein Appell an die Lust im Menschen, sich im Neuland der digitalen Ära zu erproben. *Sie* entscheiden selbst, wie weit Sie sich vorwagen.

Ich freue mich über Feedback und Dialog, über Anregung, Kritik und Wünsche, die bei einem Buchnachfolger Berücksichtigung finden würden. Auf meiner Website finden Sie weitere News, Anregungen und Seminarhinweise. Bleibt unser jetziger (indirekter) Kontakt keine Einbahnstraße und entfacht sich im digitalisierten Sinne ein produktiver Dialog, der auf Ihren individuellen Anliegen beruht, hätte das Buch einen weiteren Zweck erfüllt.

Ihr

PS: Auf meiner Website erfahren Sie mehr über das begleitende, digitale Coaching zum Buch. Als Buchrezipient downloaden Sie die entsprechenden Templates kostenlos: *www.digital-transformation-design.com*

PPS: Liebe Leserin, lieber Leser, natürlich spreche ich beide Geschlechter an, auch wenn ich zur besseren Lesbarkeit nicht ausdrücklich gendermäßig trenne.

1.

Dreiunddreißig Prinzipien zur Navigation auf den Weltmeeren der Digitalisierung

Das vorliegende Buch versteht sich als Navigationshilfe für die Fahrt auf den Weltmeeren der Digitalisierung. Es will unterschiedliche Aspekte der digitalen Transformation beleuchten. Jedes Kapitel und Prinzip ist in sich geschlossen und kann somit alleinstehend bearbeitet werden. Betrachten Sie dieses Buch als ein Kompendium, eine Essenz meines Erfahrungswissens aus verschiedenen Beratungs- und Coachingmandaten, das sich in der Theorie gründend und in der Praxis hoch bewährt hat. Von anderen zu lernen heißt nicht, dass Sie alles eins zu eins adaptieren müssen. Verwenden Sie es als eine Folie, auf der Sie Ihren eigenen Fall transparent werden lassen.

Das erklärt die Stoßrichtung des Bandes: Es spricht Fach- und Führungskräfte sowie Professionales an, die dabei sind oder erwägen, die digitale Transformation in ihrem Bereich zu initiieren, die an deren Gestaltung mitwirken oder diese verantwortlich steuern. Die neugierig, offen und kritisch die Vorzüge und Vorteile gegen die Risiken aufwiegen und die sich bewusst sind, dass sie Chancen vergäben, wenn sie jetzt in einer digitalen Verweigerung untertauchten.

Was bezweckt dieses Buch?

Die im Folgenden vorgestellten dreiunddreißig Prinzipien fügen sich zu einem pragmatischen Handbuch zusammen, das Einsteiger, Praktiker, Neulinge und Kenner, Pragmatiker, Methodiker, Faktenliebhaber und Haptiker, ja sogar digitale Hysteriker ein Stück weiterbringt: Digitale Transformation zum Begreifbarmachen. Sie werden feststellen, dass der entstandene Mix aus Theorie, Praxis und Story nicht nur Wissen vermitteln, sondern auch Vorbehalte abbauen hilft. Er zielt auf eine Lockerheit, die, gepaart mit Disziplin und Forschergeist, die Erfolgsplattform für Digital Leader darstellt.

Lassen Sie sich anregen, holen Sie sich Orientierung, experimentieren Sie mit den praktischen Grundsätzen, Methoden, Werkzeugen und Erfahrungen, Arbeitsunterlagen und Frameworks, die Ihnen hier – praxistauglich aufbereitet – das digitale Auge öffnen können. Nicht ohne Hintersinn folgt die Kapitelstruktur der Logik der Transformationsebenen: Von der Haltung und

Unternehmenskultur über Prozesse und Strukturen zu Produkten und Geschäftsmodellen. Aufwändiges Detailwissen würde den Rahmen sprengen und Ihre wertvolle Zeit strapazieren. Zum tieferen Nachlesen finden Sie themenbezogene Lesetipps und Literaturangaben im jeweiligen Kapitel. Mir liegt daran, dass Sie das Big Picture erfassen, sich selbst eine Meinung bilden, die relevanten Handlungsfelder identifizieren und dann im zweiten Schritt die für Sie relevanten unternehmensbezogenen Details und Feinheiten erarbeiten.

Falls Sie hier Unsicherheiten spüren, helfe ich gerne über Hürden. Meine Vermutung aber ist: Als Unternehmer, Fach- oder Führungskraft sind Sie autonom und emanzipiert. Sie legen viel Wert darauf, Ihre eigene Denk- und Handlungslogik zu gestalten, und wollen mit Ihrem ersten eigenen »Masterplan digitale Transformation« aus eigener Kraft in Schwung kommen. Habe ich recht?

Was sind die wesentlichen Learnings?

Sie werden verstehen, was digitale Transformation wirklich bedeutet und erkennen schnell die relevanten Gestaltungsparameter von digitalen Transformationsprozessen. Damit verfügen Sie über einen ersten Masterplan für die konkrete Umsetzung. Über das reine Verständnis der Hintergründe, Möglichkeiten, konkreten Umsetzungswegen und Handlungsempfehlungen des jeweiligen Prinzips hinaus erhalten Sie als Leser anregende Impulse, zu reflektieren, welche der vorgestellten Anwendungen gerade in Ihrem Unternehmen zielführend wären. Über die Vielfalt zum Besonderen und Individuellen – das können am besten Sie selbst beurteilen!

Der narrative Ansatz des vorliegenden Werkes zündet einen zusätzlichen, subkutanen Lerneffekt. Über Infotainment und inspirierende Impulse lernen wir spielerisch und verlieren unbemerkt die Scheu vor bislang vielleicht als sperrig und spröde, mitunter sogar ängstigend empfundenen Themen. Narrative Strukturen dringen ins Unbewusste und wirken daher nachhaltiger.

PROZESSE UND STRUKTUREN

ARBEITSWEISE

ORGANISATIONS-
STRUKTUR

PERFORMANCE
MANAGEMENT

DIGITAL
BUSINESS

KUNDEN-
ORIENTIERUNG

GESCHÄFTSMODELLE

Das Digital Transformation Design Canvas als Orientierungshilfe

Das »Digital Transformation Design Canvas« mit seinen dreiunddreißig Prinzipien bildet das visuelle Herzstück dieses Buches. Es verbindet alle vorgestellten Ansätze und schafft darüber hinaus einen völlig neuen Gestaltungsrahmen für transformationswillige Unternehmen – ein Arbeits- und Reflexionsboard für Macher und Vordenker.

Nutzen Sie die Canvas parallel zur Lektüre dieses Buches, identifizieren Sie damit dringliche Handlungsfelder und machen Sie sich direkt Notizen zu Ihren Erkenntnissen.

> **Mit der Canvas arbeiten: Download-Tipp**
> Kostenloser Download der Digital Transformation Design Canvas unter
> www.digital-transformation-design.com

Meine Empfehlung

Ich ermutige Sie zu kleinen Schritten und Experimenten, die den Startschuss in einen größeren Transformationsprozess bilden oder den Keim für ein neues Mindset innerhalb Ihrer Organisationen legen. Das vorliegende Playbook ist dazu angetan, jede transformationswillige Organisation in das intelligente Zeitalter zu führen. Üben Sie, setzen Sie um, was möglich ist, testen Sie Ihren Gestaltungsrahmen. Lassen Sie sich bei Bedarf auch professionell begleiten, um keine wertvolle Zeit verschwenden. Denn im digitalen Zeitalter gilt das »Survival of the Smartest!«

Legen wir los!

2.

Digital Transformation Design Canvas: Von der Haltung bis zum Geschäft

■■■■■■■■■■■■■■■■■■■■■■■■■■■■■■

So schaut's aus!

Wir stecken mitten drin in einer Umwälzung, die die postindustrielle Gesellschaft durcheinander wirbelt und auf diese gleichermaßen befruchtend wie verstörend wirkt.

Wenn sich hier die Geister in Befürworter, Mitläufer und Verweigerer teilen, ist das nur allzu verständlich. Obwohl das Thema immer mehr die Medienaufmerksamkeit besetzt, scheint die Mitte zwischen Status quo und Revolution noch nicht gefunden zu sein. Eines ist klar: Sich zu verschließen im privaten oder im gesellschaftlich-unternehmerischen Bereich würde einer Selbstbeschränkung gleichkommen, die früher oder später gravierende Nachteile nach sich zöge. Die Sie vielleicht sogar von essenziellen Fortschritten abhängen und somit Ihre ganze Zukunft infrage stellen könnte.

Die digitale Transformation übersteigt in seiner zukünftigen Dimension unser heutiges Vorstellungsvermögen bei weitem. Dennoch sollte sie uns keine Angst machen. Epochale Veränderungen erreichten bisher zwar nie dieses ungeheure Tempo. Doch dass wir auch dies standhalten können, erkennen wir daran, dass wir seit Jahrtausenden auf dem Weg sind. Und uns ein inneres Wissen sagt: Auf die Strategie kommt es an! Sich Schritt für Schritt annähern und die Vorteile mit den Nachteilen abwägen. Das lässt sukzessive Vertrautheit wachsen und löst Vorbehalte vor dem noch Unvertrauten.

Der Mensch liebt Veränderung im Grunde nicht. Dennoch liegt es in seinen Genen, dass es ohne Veränderungsbereitschaft keine Weiterentwicklung gibt. Unsere archaischen Vorfahren trieb die reine Überlebensnot und Angst vor dem Untergang voran. Heute sind wir in der komfortablen Lage, diesen »Untergang« smooth und selbstbestimmt in einen hochdynamischen Veränderungsprozess umzudeuten. Sich dem Guten innerhalb eines Change-Prozesses zu verschließen aus diffuser Sorge vor einem möglichen Negativen, bedeutet Stillstand.

Gerade in Arbeitswelt und Wirtschaftsleben stehen die Zeichen auf kreativem Umsturz. Wo wären wir heute ohne die Segnungen von Dampfmaschine, Eisenbahn, Strom und Telefon? Ich möchte Sie ermuntern und aktivieren, sich den Veränderungen im digitalen Zeitalter proaktiv zu nähern, sie zu reflektieren und zu analysieren. Der erste Schritt ist der wichtigste. Fragen Sie sich: In welchen Bereichen und wie weit will ich den Schritt in die digitale Zukunft wagen und wo sehe ich besonders dringliche Handlungsfelder für meine Organisation? Wie gut sind wir für das intelligente Zeitalter gerüstet? Was gibt es zu tun?

Panik und Angstmache waren von jeher schlechte Ratgeber. Die unendlich scheinende, überwältigende Flut an Informationen, Daten und Meinungen könnte uns frösteln machen, doch Orientierung finden wir vor allem in uns selbst, in einer mutigen Haltung, mit der wir der neuen Zeit und ihren tief greifenden Umwälzungen bewusst in die Augen blicken. Um zu erkennen: Es ist machbar! Als intelligente, reflektierende Wesen genießen wir alle Möglichkeiten, bewusst auszuwählen und Schwerpunkte zu setzen. Und es sind nicht die Maschinen, nicht die Künstliche Intelligenz, nicht der technologische Super-GAU: Der Mensch ist das wichtigste Potenzial, der größte Treiber und Entwickler innerhalb des digitalen Wandels.

Digitale Transformation durchzieht alle Fasern einer Organisation – von der Haltung bis zum Geschäft

Das erfordert Inspiration und Transpiration. Unternehmer- und Führungspersönlichkeiten sind aufgerufen, die Rolle des Vorreiters anzunehmen. Ihr gleichzeitig dynamisches wie achtsames Führungsverhalten, verbunden mit abwägender Achtsamkeit und pointiertem Scharfblick, gibt Organisationen den entscheidenden Impuls, den digitalen Drive prospektiv und proaktiv zu gestalten. Sie haben es in der Hand – für sich, für ihre Teams, für ihre Organisation, für die Gesellschaft, in der wir leben.

Fakt ist: Ausgangspunkt für eine gelingende Veränderungsinitiative ist ein gemeinsames Verständnis von dem, was digitale Transformation verändern soll, um nachhaltige Erfolge zu erzielen – und andere Menschen auf diesem Weg mitzunehmen. Alle Betroffenen und Beteiligten benötigen einen klaren Orientierungsrahmen und müssen ein gemeinsames Zielbild vor Augen haben, wenn sie von digitaler Transformation sprechen.

Unternehmen benötigen daher ein gemeinsames Gedankenmodell, das für alle Beteiligten nachvollziehbar ist und handlungsfähig macht. Das Konzept, will es wirken, muss einfach und intuitiv erfassbar sein.

DER MASTERPLAN ZUR DIGITALEN TRANSFORMATION AUF EINER SEITE!

Schlicht und gleichzeitig raffiniert, komplex und dennoch einfach durchschaubar. Gut strukturiert und einleuchtend, kombinierbar mit anderen Methoden und prägnant in der knappen Darstellung. Es muss alle Beteiligten in ein gemeinsames Boot holen. Alexander Osterwalder und Yves Pigneur haben es mit dem Business Model Canvas vorgelegt, wie man die komplexe Funktionsweise von Geschäftsmodellen auf einer einzigen Seite entwirft. Ganz im Sinne Eisenhowers, der sagte: »Was nicht auf einer einzigen Manuskriptseite zusammengefasst werden kann, ist weder durchdacht noch entscheidungsreif.«

In der Spur der Gründerväter des Business Model Canvas möchte ich hier das Konzept des digital Transformation Design Canvas mit seinen dreiunddreißig Prinzipien etablieren, mit dessen Hilfe Sie die digitale Transformation konzentriert beschreiben, durchdenken sowie gestalten und steuern können.

Die Transformationsfelder im Überblick

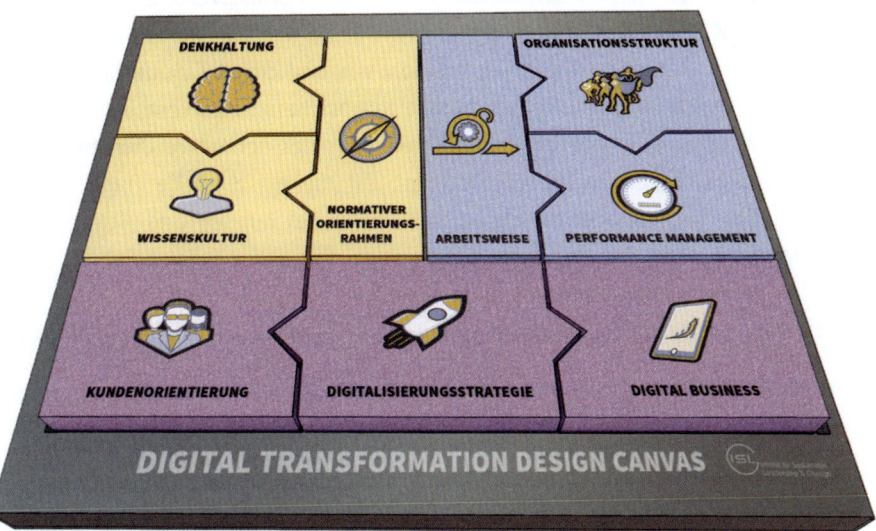

Drei Transformationsebenen und neun Transformationsfelder – Puzzeln für Fortgeschrittene!

Die folgenden Ausführungen sollen Ihnen die Dimension des digitalen Wandels aufzeigen und dabei vor allem eine Handlungsweise vorstellen, einen Pfad, den Sie einschlagen können, um den kulturellen und strukturellen Wandel – und um nichts weniger geht es bei der digitalen Transformation – anzupacken.

Nach meiner Überzeugung lässt sich die digitale Transformation am besten anhand von drei Transformationsebenen und neun grundlegenden Transformationsfeldern beschreiben und gestalten. Es sind die Puzzleteile zum Erfolg!

Transformation von Haltung und Kultur

Normativer Orientierungsrahmen: Vom Gewinn zum Sinn

In Ihrer Organisation definiert der normative Orientierungsrahmen das Leitbild mit seinen Werthaltungen, Normen und Grundsätzen. Er gibt die Mission vor und prägt Glaubenssätze und Menschenbild. Leitbilder bieten gerade in unsicheren und komplexen Zeiten Platzhalter für Orientierung und Verankerung. Der normative Orientierungsrahmen sollte stets auch eine Antwort auf die existenzielle Frage geben, wofür Ihr Unternehmen in digitalen Märkten bei Kunden und Mitarbeitern stehen will. Was die digitalen Vorreiter eint: Es gelingt ihnen, sich vom Gewinnmaximierungsmantra zu entfesseln und für alle Stakeholder einen echten Sinn zu gründen. Wie ist das bei Ihnen? Wie kommen wir vom Gewinn zum Sinn?

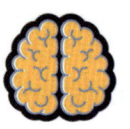

Denkhaltung: Vom Entweder-oder zum Sowohl-als-auch

In komplexen und mehrdimensionalen Situationen machen sich eindeutige Antworten rar. Entscheidungssituationen mehren sich, in denen sich zwei Möglichkeiten vermeintlich unlösbar und unversöhnlich gegenüberstehen. Jetzt ist zunehmend die Fähigkeit gefragt, Unsicherheit erzeugende Mehrdeutigkeit aufzuspüren und auszuhalten und dabei dennoch Entscheidungskraft zu beweisen. Souverän denkende und agierende Menschen sind in der Lage, über ihre Vorstellungskraft Verknüpfungen herzustellen. Sie erwägen unterschiedliche Perspektiven, betrachten alles aus einer größeren Blende, reflektieren und resümieren schließlich in einer pragmatischen Lösung jenseits vom Entweder-oder-Paradigma. Sie verfügen über eine entscheidungsfördernde Flexibilität. Bevor sie eine Entscheidung treffen, fragen sie gezielt und massiv nach, lassen Erkenntnisse und Informationen auf sich wirken und reflektieren gründlich. – Besitzen Sie auch schon diese geistige Flexibilität? Wie kommen wir vom Entweder-oder zum Sowohl-als-auch?

Wissenskultur: Vom Wissen zum Lernen

Die Wissenskultur beschreibt den Umgang mit (Nicht-)Wissen und den Transfer des Know-hows in Ihrem Unternehmen. Digital Leader besitzen die Fähigkeit, ihr Wissen mit anderen zu teilen und zu verknüpfen. Ihnen ist bewusst, dass Sie in digital transformierten Zeiten Gefahr laufen, komplexe Zusammenhänge zu übersehen und die Entscheidungsfähigkeit ihrer Organisation gefährden, wenn sie sich im Elfenbeinturm ihres Silos verschanzen und gehortetes Wissen als Quelle der Macht instrumentalisieren.

Im Gedankenmodell von Effizienz und Exzellenz mögen die Nullfehler- und Vollkasko-Mentalität als Leitmaxime des Handelns dienen. Doch in Zeiten von VUKA (hoher Volatilität, Ungewissheit, Komplexität und Ambivalenz) enthüllt die Fehlerresistenz auch ihre Schattenseiten – besonders wenn digitale Innovationen auf absolutem Neuland entstehen sollen. Ein offener Umgang mit Nicht-Wissen und Irrtümern ist daher Grundvoraussetzung für eine zeitgemäße Wissens- respektive Lernkultur. Transformationsfähige Führungskräfte sorgen für ein Umfeld, in dem mit Unwissenheit offen umgegangen wird und Irrwege als Chance zum Lernen verstanden werden. Diese Haltung basiert auf der festen Überzeugung, dass jeder einzelne Irrtum als ein wertvoller Erkenntnisgewinn für die zukünftige Entwicklung ihrer Organisation zu sehen ist. – Wie verhält sich das bei Ihnen? Wie kommen wir vom Wissen zum Lernen?

Arbeitsweise: Vom Marathon zum Sprint

Die Arbeitsweise legt Rhythmus und Modus der Zusammenarbeit in Ihrer Organisation fest. In einer digitalen VUKA-Welt verkürzen sich Planungshorizonte deutlich. Agilität ist hier das Stichwort! Sie macht Ihre Organisation anpassungsfähiger und wendiger. »Einfach mal machen« statt lange zu planen ist das neue Credo. Eine agile Arbeitsweise zeigt sich vor allem in kurzen iterativen Intervallen (sogenannten Sprints). Strategien, Ergebnisse und Vorgehensweisen werden kontinuierlich an das dynamische Umfeld angepasst, ohne dass das große Ganze verloren ginge. Mitarbeiter arbeiten eigenverantwortlich in kleinen selbstorganisierenden Teams. Agil arbeitend meistern Sie souverän die hohe Unsicherheit in den digitalen Märkten. – Und? Sind Sie schon im Sprint? Wie kommen wir vom Marathon zum Sprint?

 Organisationsstruktur: Vom Superheld zur Gummibärenbande

Die *Gummibärenbande* von Disney fußt auf einer US-amerikanischen Zeichentrickserie und stellt zugleich ein schönes Sinnbild für moderne Team- und Organisationsstrukturen dar. Ein Zaubertrank versetzt die Bandenmitglieder in die Lage, agil wie ein Gummiball zu hüpfen. Die Gummibärenbande symbolisiert eine hochgradig interdisziplinäre Truppe mit ausgeprägtem Teamgeist – einer für alle, alle für einen! Die bunte Truppe kann dabei locker auf hierarchische Strukturen verzichten und bevorzugt es, Entscheidungen gemeinschaftlich zu treffen.

Sie bieten sich bestens als Vorbild für digitale Leader an. Warum? Technologie und Märkte entwickeln sich viel zu dynamisch, um weiterhin auf Erfolg durch starr-hierarchische Organisationsmodellen zu setzen. Unweigerlich verändert die digitale Transformation tradierte Wertschöpfungsstrukturen und die Art, wie wir künftig zusammenarbeiten. Auf welcher Seite stehen Sie? Superheld oder Gummibärenbande? Wie kommen wir vom Superheldentum zur Gummibärenbande?

 Performance Management: Vom Feedback zum Feedforward«

Beim Performance Management haben wir es klassischerweise mit Leistungsfeedback und Leistungserwartungen zu tun. Ziele, Boni und Karriereentwicklungspfade sollen die persönliche Entwicklung der Mitarbeiter und damit Ihres Unternehmens positiv vorantreiben.

Doch das klassische Performance Management setzt nicht selten auf falsche Anreize und macht Menschen blind für das Wesentliche. Der jährliche Zielvereinbarungszyklus erweist sich angesichts der hohen Marktdynamik als viel zu starr: Ziele, die zum Jahresbeginn definiert wurden, werden nicht selten im Laufe des Jahres einfach obsolet, unmöglich zu erreichen oder gar unbedeutend. Dem Bonus zuliebe läuft die Organisation aber blindlings dem Ziel von Gestern hinterher, obwohl längst andere Prioritäten herrschen (sollten). Andere umgehen das Business-Theater, in dem sie sich von Vorneherein niedrige Ziele stecken. Die Rückschau am Jahresende wirkt meist wie eine Therapiesitzung zur Vergangenheitsbewältigung, aus der nur selten Momentum für Veränderung wächst. Aber genau das wäre dringend gefragt, um die digitalen Flutwellen mit Leichtigkeit zu parieren. Feedback sollte daher zum Feedforward werden: Regelmäßig und unmittelbar, zukunftsgerichtet und handlungsmotivierend. – Sind Sie schon zurück in der Zukunft? Wie kommen wir vom Feedback zum Feedforward?

Transformation von Produkten und Geschäftsmodellen

Digitalisierungsstrategie: Vom Blindflug zur Punktlandung

Eine Digitalisierungsstrategie definiert Ihren Weg zur Verwirklichung der unternehmerischen Ziele und Visionen. Sie schafft nicht weniger als ein Vorgehensmodell, wie Sie Ihr heutiges Geschäft in ein digitales Geschäft transformieren, das Wachstum und Wettbewerbsvorteile erwirtschaftet. Eine Strategie setzt allerdings voraus, dass das Ziel klar definiert ist. Wo wollen Sie ankommen? Ihr digitales Zielbild ist daher Ihr stellarer Fixpunkt. Es berücksichtigt zukünftige Bedürfnisse Ihrer digitalen Kunden, technologische Entwicklungen und Ihr digitales Wettbewerbsumfeld. Es baut auf dem Fundament der eigenen digitalen Stärken und Kompetenzen auf. – Besitzen Sie schon diese Klarheit? Wie kommen wir vom Blindflug zur Punktlandung?

Kundenorientierung: Vom technischen Feature zum echten Kundennutzen

Innerhalb der digitalen Transformation von Unternehmen nimmt die Customer Experience einen bedeutenden Platz ein. Kunden, die mit Ihnen respektive Ihren Angeboten und Produkten in Berührung kommen, machen eine Erfahrung. Aus der Gesamtheit dieser Erfahrungen bildet sich ein Urteil, wachsen Sympathien und im positiven Falle vertrauensvolle Beziehungen. An allen Berührungspunkten (sogenannte Touchpoints) sollte die positive Kundenerfahrung oberste Priorität haben. Es sind eben nicht die technischen Features einer Marktleistung, die den Unterschied ausmachen, sondern die vielen nutzenstiftenden Erlebnisse und emotionalen Kicks, die Ihre Kunden durchleben. Unternehmen, die sich der Bedeutung der Customer Journey – der Reise des digitalen Kunden durch alle Berührungspunkte – bewusst sind und diese aktiv gestalten, bauen digitale Wettbewerbsvorteile auf. – Tun Sie das bereits? Wie kommen wir vom technischen Feature zum echten Kundennutzen?

Digital Business: Vom Produkt zum digitalen Geschäftsmodell
Digitale Disruptoren denken Geschäftsmodelle meist komplett neu. Denn sie haben eines sehr gut verstanden: Heute ist es wichtiger denn je, das bessere Geschäftsmodell zu haben als lediglich das bessere Produkt. Fokussieren Sie den Aufbau digitaler, serviceorientierter Geschäftsmodelle. Schließlich geht es darum, die Frage zu beantworten, wie Sie in einem digitalen Morgen und Übermorgen Geschäfte und Geld machen. Forschen Sie nach den relevanten Kundenbedürfnissen und entwickeln Sie darauf aufbauend Geschäftsideen, die Sie unter realen Marktbedingungen testen. Auf diese Weise finden Sie rasch heraus, welche innovativen Geschäftsmodelle Sie künftig erfolgreich sein lassen. – Haben Sie bereits Kontakt mit Ihren digitalen Ertragsquellen von morgen? Wie kommen wir vom Produkt zum digitalen Geschäftsmodell?

So arbeiten Sie mit dem »Digital Transformation Design Canvas«
Das digital Transformation Design Canvas bildet das Rahmenwerk und zentrale Werkzeug dieses Buches. Ob Sie nun ein gesamtes Unternehmen, einen Bereich oder eine Abteilung digital transformieren wollen – die Canvas hilft uns, die Komplexität der digitalen Transformation beherrschbar zu machen. Sie begleitet uns auf dem Weg zu den wichtigsten Meilensteinen der digitalen Transformation.

Auf ihr halten Sie den Status quo und die Ergebnisse in den Transformationsfeldern fest und planen die nächsten Schritte und Maßnahmen. Dieses Medium zur Verständigung zwischen Change Agents, Top Management, Führungskräften und Mitarbeitern generiert ein gemeinsames Verständnis und – besonders wichtig – ein einheitliches Zielbild. Der Digital Transformation Design Canvas entfaltet seine hohe Funktionalität, wenn er als großflächiges Poster ausgedruckt wird und mehreren Personen gleichzeitig einen Arbeitsrahmen bietet.

Den Anfang macht eine Reflexion über den Status quo in den jeweiligen Transformationsfeldern. Dazu notieren wir unsere aktuelle Einschätzung pro Feld. Im nächsten Schritt definieren wir hilfreiche Maßnahmen, die eine Transformation in diesem Feld vorantreiben sowie mögliche Fortschrittsindikatoren, die einen Erfolg erkennbar machen. Nutzen Sie dazu auch die Impulse aus den jeweiligen Prinzipien. Nach jeder Iteration verzeichnen wir die erreichten Ergebnisse auf der Canvas und entwickeln neue Maßnahmen. Auf diese Weise gelangen wir Schritt-für-Schritt in die digitale Transformation. Die Canvas kann auch dabei unterstützen, Ideen und Gedanken zu sortieren, mit anderen zu teilen oder auch die Teamarbeit und gemeinsame Entwicklung transparent zu machen. Jeder im Team nimmt auf den ersten Blick wichtige Stationen wie Status quo, Maßnahmen, Fortschritte und Ergebnisse der Transformation wahr.

Die Reflexionsfragen aus den persönlichen Boxenstopps unterstützen bei der Gedankenentwicklung im jeweiligen Transformationsfeld. Mit der Formulierung der dreiunddreißig Prinzipien liefern wir handfeste Impulse und pragmatische Werkzeuge, mit denen die Transformationsfelder mit konkreten Daten, Fakten, Ideen und Lösungen gefüllt werden können. Jedes Prinzip steht dabei für sich, es gibt weder Hierarchie noch eine vorgegebene Reihenfolge. Und keine Sorge: Sie müssen nicht alle Transformationsfelder auf einmal in Angriff nehmen. – Der Weg ist das Ziel!

Nutzen Sie die Canvas parallel zur Lektüre dieses Buches und machen Sie sich direkt Notizen zu Ihren Erkenntnissen.

Keimzellen der digitalen Transformation oder wo zur Hölle fange ich am besten an?

Digitale Transformation lässt sich meiner Meinung nach in kein festes Korsett pressen oder einem allgemeingültigen Vorgehensmodell unterwerfen. Die Initialzündung kann auf jeder Transformationsebene respektive in jedem Transformationsfeld stattfinden. Aus meiner Praxiserfahrung können wir jedoch drei mächtige Keimzellen der digitalen Transformation unterscheiden:

* **Aus dem Geschäft:** durch strategische Wachstumsinitiativen oder aufgrund von Marktdruck
* **Aus der Kultur:** meist durch Veränderungen oder Entwicklungen im normativen Orientierungsrahmen
* **Aus der Organisation:** durch Offensiven zur Digitalisierung und Automatisierung von Prozessen oder der Etablierung neuer Strukturen und Arbeitsmodelle im Kontext von New Work.

Jede der drei Keimzellen bietet sich als Ausgangspunkt für einen digitalen Wandel an, und jede kann sich stark auf die anderen Transformationsebenen und -felder auswirken. Manchmal kann eine digitale Transformation auch gleichzeitig aus mehreren Keimzellen hervorgehen.

Für Sie von Bedeutung: Die digitale Transformation sollte sukzessive alle Ebenen durchdringen. Schenken Sie der Transformation von Haltung und Kultur ein besonderes Augenmerk. Denn nicht selten ist diese Ebene gleichzeitig Keimzelle und Killer einer Transformation.

Digital Transformation Design Canvas

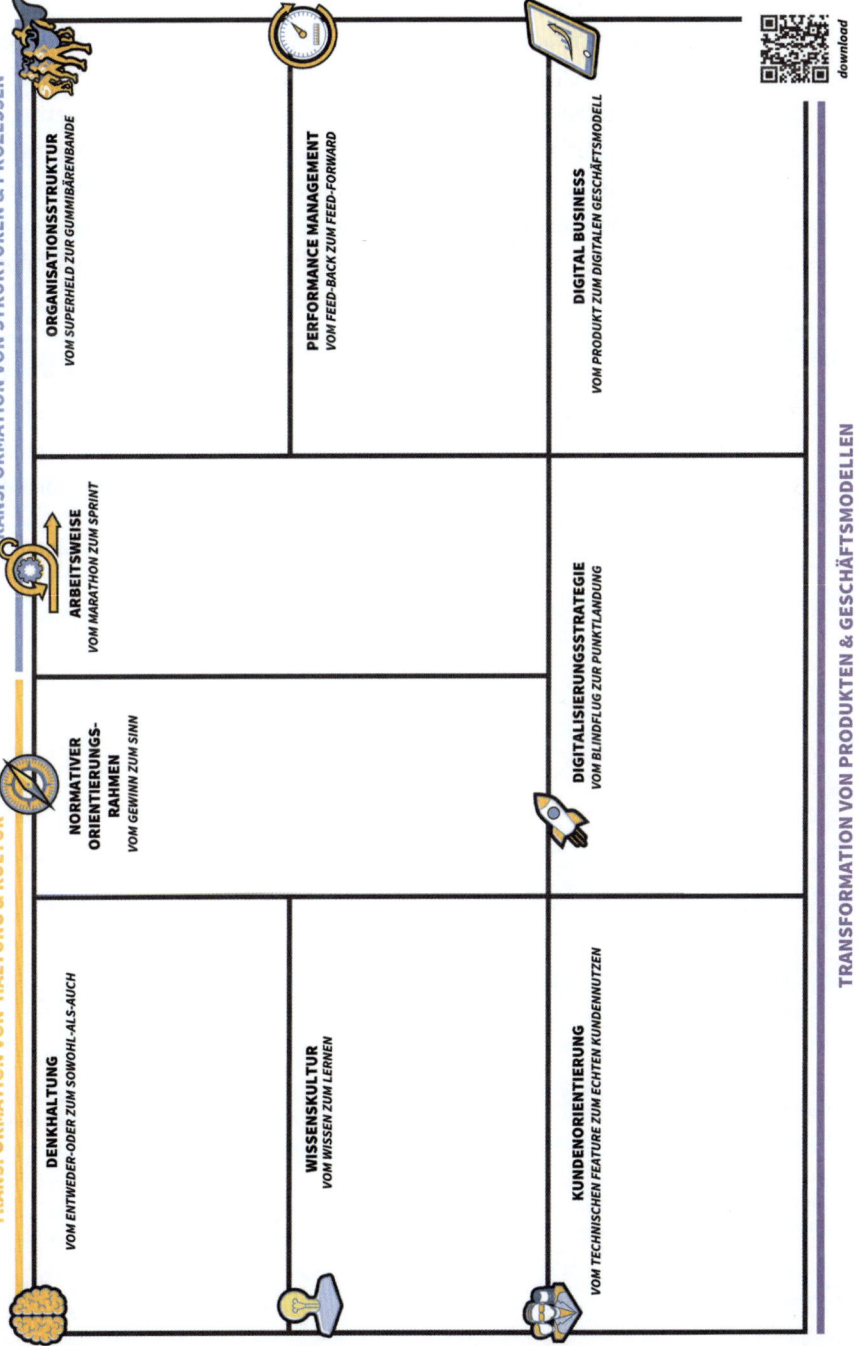

TRANSFORMATION VON HALTUNG & KULTUR

TRANSFORMATION VON STRUKTUREN & PROZESSEN

TRANSFORMATION VON PRODUKTEN & GESCHÄFTSMODELLEN

download

DENKHALTUNG
VOM ENTWEDER-ODER ZUM SOWOHL-ALS-AUCH

NORMATIVER ORIENTIERUNGS-RAHMEN
VOM GEWINN ZUM SINN

ARBEITSWEISE
VOM MARATHON ZUM SPRINT

ORGANISATIONSSTRUKTUR
VOM SUPERHELD ZUR GUMMIBÄRENBANDE

WISSENSKULTUR
VOM WISSEN ZUM LERNEN

DIGITALISIERUNGSSTRATEGIE
VOM BLINDFLUG ZUR PUNKTLANDUNG

PERFORMANCE MANAGEMENT
VOM FEED-BACK ZUM FEED-FORWARD

KUNDENORIENTIERUNG
VOM TECHNISCHEN FEATURE ZUM ECHTEN KUNDENNUTZEN

DIGITAL BUSINESS
VOM PRODUKT ZUM DIGITALEN GESCHÄFTSMODELL

Digitale Transformation kann so einfach sein: dreiunddreißig Prinzipien und eine Canvas!

Mit dem Digital Transformation Design Canvas und seinen dreiunddreißig Prinzipien haben Sie ein sehr wirkungsvolles Werkzeug an Ihrer Seite, um die Dynamik und die Entwicklung des digitalen Wandels schnell, visualisiert und konkretisiert zu diskutieren und voranzutreiben. Ein noch größerer Mehrwert ist in meinen Augen, dass Teams zu einer gemeinsamen Sprache finden und ein Verständnis von der Wichtigkeit einzelner Transformationsfelder gewinnen. In der Diskussion wird jedem klar: Die digitale Transformation erschöpft sich nicht in einem rein technologischen Wandel. Vielmehr bauen einzelne Blöcke im gegenseitig befruchtenden Zusammenspiel aufeinander auf, sind voneinander abhängig und bedingen sich gegenseitig – wie wir es von einem strategisch konzipierten Puzzle kennen. Mithilfe der folgenden dreiunddreißig Prinzipien füllen Sie die Canvas mit Leben und erreichen eine optimale Besetzung der Transformationsfelder. Seien Sie neugierig auf das, was kommt!

Teil 1 | Digital Mindshift: Revolution beginnt im Kopf und lebt in der Kultur

Felder der Transformation von Haltung und Kultur

DIGITAL TRANSFORMATION DESIGN CANVAS

Los geht's mit erleuchtenden Informationen zu einer neuen Denk- und Unternehmenskultur. Die Basis allen wirtschaftlichen Arbeitens in einer digitalen Zeit verlangt ein Stück weit Quer- und In-die-Zukunft-Denken. Das ist spannend und ein wenig anspannend zugleich. Letzteres allerdings nur dann, wenn Vorurteile den Weg blockieren. Um in der digital transformierten Arbeitswelt anzukommen, muss man manchmal auch lieb gewonnenes und Althergebrachtes loslassen. Stellen Sie sich unvoreingenommen und offen den folgenden Fragestellungen und erleben Sie – aha – dass es manchmal ganz anders kommt als man denkt. Viel Lesegewinn!

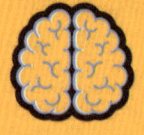

Denkhaltung

Wissenskultur

Normativer Orientierungsrahmen

3.
Normativer Orientierungsrahmen: Vom Gewinn zum Sinn

Der einzige Mensch, der sich vernünftig benimmt, ist mein SCHNEIDER. Er nimmt jedes Mal neu Maß, wenn er mich trifft, während alle anderen immer die alten Maßstäbe anlegen in der Meinung, sie passten AUCH HEUTE NOCH.

George Bernard Shaw

#1 Titanic-Prinzip: Oder wie unterirdische Eisberge Zukunft zerstören

⮞ Denk- und Geschäftsmodelle haben wie Konsumprodukte ein Verfalls-datum.

⮞ Unerwarteten Volten im Geschäftsleben mit kühlem Kopf wendig zu begegnen und eingefahrene Gewohnheiten respektive Glaubenssätze zu hinterfragen bedeutet Weiterkommen und Wachstum.

⮞ Mit der adäquaten Ausrüstung – einem agilen Mindset – rücken bislang für unerfüllbar gehaltene Träume für aufbruchsbereite Unternehmen in greifbare Nähe.

Keinen lässt die Geschichte der Titanic so kühl wie das Eiswasser des Atlantiks, in dem sie in der Nacht des 14. April 1912 über 1.600 Passagiere und sich selbst versenkte. Ihr Untergang dauerte gerade zwei Stunden und vierzig Minuten. Hybris, Selbstübersteigerung, Imponiergehabe und Ignoranz bereiteten ihr kaltes Grab. Unbeweglich, starr und dickköpfig von vornherein zum Sinken verurteilt, sollte ihr ein disruptiver Eisberg früher oder später zu nahe kommen. Er kam früher. Den Mut zum agilen Kurswechsel hatte der Kapitän nicht. Hätte arrogante Verblendung nicht an Warnraketen, Rettungsbooten und Schwimmwesten, Scheinwerfern und Fernstechern auf dem Krähennest gespart, hätte man bereits vor der Jungfernfahrt Rettungs-szenarios durchgespielt, hätte man wendigere, alerte, reaktionsschnelle Beiboote wassern lassen, die bei der Gefahrenwarnung der Funker das Terrain im weiteren Umfeld der Titanic erkundeten, hätte man die Passagiere früher über den Ernst der Lage in Kenntnis gesetzt – die Katastrophe wäre glimpflicher ausgegangen.

Der Vergleich zum modernen Wirtschaftsleben drängt sich auf. Was haben smarte, bewegliche Unternehmen auf ihrem neuen Kurs denjenigen voraus, die sich mit ihrer Denkhaltung in altbewährten Fahrrinnen bewegen und unbekannte Ufer meiden?

Auch und gerade Titanen stürzen

Die Sage beweist es: Im Kampf der Götter gegen die Titanen unterliegen diese schließlich und werden in die Tiefen des Tartaros geschleudert, den Meeresgott Poseidon zu allem Überfluss mit einer undurchdringbaren Barriere verschließt. Welche fatale Namensgebung für einen Ozeanriesen, der das Unmögliche möglich machen sollte: Gigantische Größe, Eleganz, Schnelligkeit, Präzision, Unsinkbarkeit, der Stolz der britischen Marine, nein eines ganzen Volkes, Ausdruck imperialen Machtdenkens und der snobistischen Überheblichkeit der Zeit. Eine globalisierte Gesellschaft kann dies nur spätarchaisch und anachronistisch nennen. Aber ist das wirklich bereits Vergangenheit?

Denn auch die hierarchische Ordnung und Werthaltung auf der Titanic leistete ihren Teil. Die warnenden Einwände der Offiziere, die als Experten das ehrgeizige, ja maßlose Wettrennen um das »Blaue Band« kritisch sahen, fanden kein Gehör in einer demokratiefernen Zeit, in der Teamgeist noch Mangelware und blinder Gehorsam Pflicht waren und Herrscher und Heer die entscheidenden Parolen ausgaben. Nicht diejenigen, die es am besten wissen sollten. So lief alles wie gehabt, der Kapitän befahl Höchstgeschwindigkeit und legte sich schlafen, im guten Gefühl, einer Auszeichnung entgegen zu fahren.

Arroganz gegenüber der Natur, ein ebenso naiver wie übersteigerter Technikglaube und die Selbstüberschätzung der Führenden, die jeweils nur einen kleinen Ausschnitt des großen Ganzen sahen. – Aber in der christlichen Seefahrt wie im Unternehmen geht es um mehr: Erst der ganzheitliche Blick und die Bereitschaft, hinter sein eigenes Selbst zugunsten einer großen Sache zurückzutreten, machen die See beherrschbar.

Nicht der Superlativ macht's. Doch was fasziniert daran?

Größe und Größenwahn liegen oft ganz nahe beisammen. Das, was die Reederei White Star Line antrieb, könnte man noch gutwillig als sportlich bezeichnen – ein Ausbruch von blindem Hurra-Patriotismus. Es lag in der Luft, sich im Dienste von Nationalstolz, Weltmachtgeltung und Spätkolonialismus-Träumen im atlantischen Wettbewerb an die Spitze zu setzen. Die Zeiten standen auf Eroberung. Warum sich nicht auch das Meer untertan machen? Die Titanic-Katastrophe ereignete sich in der Morgendämmerung einer neuen Zeit, die bereits weit vor dem Ersten Weltkrieg aufschien.

Stärke und Größe und ein vorzüglicher Jäger zu sein waren in der Evolution immer von Vorteil, wenn es um den Fortbestand der Spezies ging. Tiere aller Gattungen setzen bei der Eroberung eines Sexualpartners auf ein dezidiertes Imponier- und Machtgehabe. Sein Terrain zu markieren, hatte immer mehr mit Muskelkraft zu tun, mit Pferdestärken. Aber auch das Gehirn ist ein Muskel, oder? Strengen wir diesen ruhig mehr an. Er verträgt es.

Welche Lehren ziehen wir aus dem fatalen Titanic-Denken?

Wenn der Wind dreht, cool bleiben und das Ruder neu ausrichten. Es bringt nichts, dem Erfolg und Wertesystem von gestern nachzuweinen. Auch den verzweifelten Rumpelstilzchen-Tanz ums Feuer können wir uns ersparen. Das Streben nach Gewinnmaximierung und der Erfolg von gestern betäuben unsere Sinne und lähmen den Aufbruch in neue Welten. Veränderung als Dauerzustand ist der Motor, mit dem Unternehmensdampfer heute agil, schnittig und anpassungsfähig durch undurchsichtig gewordene Gewässer pflügen. Eine Revolution – ausgeübt mit Vernunft, Weitblick, Sinn und Verstand. In analogen Zeiten begleiteten uns Markennamen von Kindesbeinen an. Konsumenten nahmen dasjenige Produkt als bestes wahr, das mit hohen Werbeetats (Waschmittel, Butterschmalz, Fernseher) und mit der Besetzung von zeitaffinen Imagefaktoren die Werte der damaligen Zielgruppen am besten spiegelte. »Weißer als weiß!« – Welche Hausfrau der Sechziger- und Siebzigerjahre wünschte sich das nicht? Das Geschäftsmodell war klar auf Marktdurchdringung und Marktbeherrschung ausgelegt.

Reicht das noch aus, um den Markt aufzumischen?

Sicher nicht. Im digitalen Zeitalter macht uns der Zugriff auf eine Überfülle an Informationen und Vergleichsmöglichkeiten omnipotent, gleichzeitig überkritisch, gelangweilt, ungeduldig, anspruchsvoll bis maßlos. Denk- und Geschäftsmodelle haben wie Konsumentenprodukte ein Verfallsdatum. Sie sind im Sog der Veränderung besonders gefordert, Radarsysteme einzubauen, um nicht von einer zunächst unbedeutend scheinenden und dann immer stärker aufbrausenden Woge über Bord geleckt zu werden. Von heimtückisch im Untergrund lauernden Eisriesen ganz zu schweigen.

Disruption vor Tradition!

Unternehmensphilosoph Dr. Bernhard von Mutius (2017) fordert in Zeiten radikalen Wandels nichts weniger als »Disruptive Thinking«. Unter disruptivem Denken versteht man die Fähigkeit, sich von gewohnten Standpunkten, Einstellungen, Präferenzen oder Glaubenssätzen kognitiv und affektiv zu lösen und urteilsfrei aus anderer Perspektive zu betrachten, respektive radikal neu zu rahmen. Dass das kein leichtes Unterfangen ist, wusste schon Friedrich Hebbels: »Es gehört oft mehr Mut dazu, seine Meinung zu ändern, als ihr treu zu bleiben.«

Disruptive Thinking bedeutet also, dass wir unsere unterirdischen Eisberge, sprich festgefahrene Denkmuster, klug umschiffen und althergebrachte Glaubenssätze, die uns auf dem Weg der Transformation im Wege stehen, geschickt aushebeln. Umbrüche und nicht lineare Entwicklungen zu denken, erfordert Selbstreflexion und Mut. Gewohntes und Erfolgreiches funktioniert plötzlich nicht mehr und manches Neue noch nicht richtig.

Digital Leader, die disruptiv denken, streben immer nach einer pragmatischen Lösung, auch wenn das in einigen Fällen bedeutet, alte Strukturen aufzulösen oder umzubauen. Sie beweisen den Mut, ausgetrampelte Pfade zu verlassen, auch gegen Widerstände. Organisationen und Führungskräfte müssen ihre Glaubenssätze und Prämissen hinterfragen, die bisher zu langen Entscheidungsprozessen, Silos und unproduktiver Geschäftigkeit geführt haben.

Sicherlich haben Sie in letzter Zeit intensiv darüber nachgedacht, wie Sie und Ihr Unternehmen für diese neue Zeit gerüstet sind? Haben vielleicht ein deziertes Gefühl dafür entwickelt, ob Sie in der Strömung trudeln und sich treiben lassen oder ob Sie am Ruder stehen und den Kurs bestimmen? Lust auf

Erkundung neuer Gewässer? Auf strategisch unterfütterte neue Steuerungs-modelle, die nicht auf exzessive Ausweitung, Vergrößerung und ungezügeltes Wachstum, sondern auf intelligente, smarte Gestaltung und agile zukunfts-taugliche Geschäftskonzepte aus sind? Positive Unruhe und Aufbruchsstim-mung sind durchaus erwünscht und zweckdienlich.

In der digitalen Zeit geht es nicht mehr darum, das beste Produkt inner-halb seiner Klasse zu bieten, sondern echten Sinn und Wert – für Kunden, Mitarbeiter, Marktpartner. Die Titanic war die nautische Krone der Schöpfung ihrer Zeit. Ihr normativer Orientierungsrahmen aber war lausig. Stur steuerte sie ihren Kurs, ohne Kenntnis der Trends, Arbeitsmethoden und Märkten, ohne da-bei Früherkennungsradarsysteme und Module der Veränderung zu implementieren, ohne Talente durch Partizipation und Kommunikation zu einem starken, reaktionstüchtigen proaktiven Team zu vereinen, in dem der das Wort erheben darf (ja muss), der über die meiste Kenntnis und Praxis verfügt.

GLAUBENSSÄTZE WERDEN IN DIGITALEN ZEITEN ZUR ACHILLESFERSE

Glaubenssätze und Haltungen gestalten Zukunft

Glaubenssätze sind subtil, aber hoch wirkungs- und machtvoll! Sie brechen auf bei jeder erdenklichen unternehmerischen Entscheidung und Fragestel-lung im Unternehmen. Sehr auffällig wird es, wenn wir über die Belohnung erfolgreicher Arbeit im Unternehmen nachdenken. Erfolg wird traditionell mit hierarchischem Aufstieg, einem hochrangigen Büro oder Dienstwagen oder anderen monetären Benefits honoriert. Obsolet in agilen, selbstorganisierten Unternehmensunits – oft entfallen hier sogar qualifizierende, Hierarchie an-zeigende Titel. Vergleicht man transformierte Unternehmen mit einem neu-en Körper, wird klar, dass alte Glaubenssätze hier nichts verloren haben. Glaubenssätze haben Macht und wirken listig, wenn man sie nicht eliminiert respektive umwandelt. Das Unbewusste kennt unsere Handlungen, bevor wir sie ausführen, gesteuert von den in den Körperzellen gespeicherten Mustern, Gewohnheiten, Haltungen. Eingefahrene Meinungen und Handlungsmuster

DIE MACHT MENTALER EISBERGE

SICHTBAR

HALTUNG

GLAUBENSSÄTZE

MOTIVE

WERTE

UNSICHTBAR

sind dazu da, regelmäßig überdacht und revidiert zu werden. Wandel geht nicht nur die Einheit des Unternehmens als Ganzes, sondern die einzelnen Glieder etwas an.

Wir stehen erst am Anfang. Was fehlt uns noch?

Organisationen in moderner Zeit haben keine Beispiele in der Geschichte. Sie sind neu, innovativ, kühn und getrieben von einem fast unumstößlichen Glauben an die Intelligenz des Disruptiven. Eine aufregend schöne neue Welt eröffnet Chancen und Perspektiven, die wir in ihrer Tragweite nicht immer fassen können. Doch allein die Perspektive sollte uns Mut machen. Ein farbenfrohes Spektrum, das uns nicht ängstigen, sondern mit Leidenschaft erfüllen sollte. Aufbruch liegt in der Luft, Expedition und Forscherdrang, Lust in unbekannte Welten vorzustoßen – wann hätte es eine solche Morgendämmerung zuletzt gegeben?

Es gibt Väter: die Renaissance, die Aufklärung, die Umwälzungen des 20. Jahrhunderts. Die Entdeckung Amerikas, der Flug zum Mond, die Erkundung neuer Galaxien sind ein Wimpernschlag in der Geschichte angesichts der erregenden Vorstellung, in welchem Maße künftige Generationen Neuerungen nutzen werden, die noch vor zehn Jahren jenseits jeder Vorstellung lagen. Bereiten wir ihnen den Weg.

Fangen wir damit an – jetzt!

Mut ist das Gebot der digitalen Zeit, wenn Unternehmendampfer sich auf den Weg machen, ihren eigenen Ozean kühn zu durchmessen. Wir brauchen eine neue Kultur der positiven Waghalsigkeit, die hungrig darauf ist, auszuloten, was die »neue Zeit« uns bietet. Vergessen Sie die Erfolge von gestern. Sie sind passé. Hinterfragen Sie Ihre Denk- und Verhaltensweisen.

Agilität ist kein Hype, sondern das entscheidende Rettungsboot, das der Titanic fehlte.

Dreißigmillionen Schiffswracks aus Jahrtausenden sollen auf dem Grund der Weltmeere liegen. Das stetige Anrennen gegen die Gezeiten scheint einem alten Drang der Menschen zu entsprechen, in unbekannte Fernen vorzustoßen und die unmöglichsten Menschheitsträume umzusetzen. Mit der adäquaten Ausrüstung – einem agilen und kritischen Mindset – rückt es für aufbruchsbereite Unternehmen in greifbare Nähe. Unerwarteten Volten im Geschäftsleben mit kühlem Kopf wendig und agil zu begegnen und eingefahrene Gewohnheiten zu hinterfragen bedeutet Weiterkommen und Wachstum. Disruptive Thinking unter digitalen Vorzeichen ist die Chance auf Exzellenz und Pole Position!

Kurzer Methodenüberblick – Disruptive Thinking

Disruptive Thinking meint nicht Out-of-the-box- sondern Without-a-box-Denken. Nicht linear, sondern zirkulär vorgehen. Disruptive Thinking ist eine innere Haltung im Sinne von umfassender Transformation.

Schritt 1: Unterirdische Eisberge erkennen

Unterirdische Eisberge haben die Titanic im Nordatlantik versenkt. Mentale Eisberge bringen heute Unternehmen zu Fall. Tauchen Sie also einmal tief hinab und betrachten Sie Ihre unterirdischen mentalen Eisberge. Was ist damit gemeint? Einmal ganz pragmatisch und radikal das eigene konkrete tägliche Denken in Augenschein nehmen, das daraus resultierende Handeln und dessen Auswirkungen. Was genau mache ich, warum, welche Wirkung erzielt es? Welche Werthaltungen steuern mich? Welchen Glaubenssätzen folge ich? Das ist naturgemäß schwierig, aber notwendig. Erst wenn ich einmal das System, in dem ich agiere, kenne, ist der Weg zur Veränderung geebnet. Das gilt natürlich auch für die gesamte Organisation. Welche inneren Glaubenssätze und Werthaltungen in der Organisation führen zu Entscheidungen und Verhaltensweisen?

Schritt 2: Das Fundament der Brücke in die neue Kultur definieren

Werden Sie sich produktiver Glaubenssätze und Prämissen bewusst, die Sie in die neue Welt mitnehmen können und sollten. So spannen Sie eine Brücke zwischen der alten und der neuen Kultur.

Schritt 3: Festgefahrene Denkmuster loslassen

Loslassen fällt uns in einer eigentumsfixierten Gesellschaft (noch) sehr schwer. Das, was uns materiell fixiert (also alles, was wir gerne gegenständlich besitzen möchten), bindet uns auch mental. Viele Unternehmen lassen sich noch von der alten kapitalistischen Logik der Gewinnmaximierung beherrschen. Es kann nicht zukunftsfähig sein, auf Basis alter Betriebswirtschaftslogiken neue Geschäftsmodelle zu ersinnen, die sich weiterhin an einer linearen Weltmarktführer-Manier orientieren. Mentale Barrieren lassen sich lockern und sogar aufbrechen, wenn man sie kritisch hinterfragt (nicht einfach dies alleine zu tun!).

Trennen Sie sich von unterirdischen Eisbergen, werfen Sie Ballast ab und befreien Sie sich von Gefahrengut. Beweisen Sie Mut zur Lücke! Wir brauchen eine neue Kultur der positiven Waghalsigkeit, die hungrig darauf ist, auszuloten, was die neue Zeit uns bietet.

Mehr Futter fürs Gehirn gibt's hier
Bernhard von Mutius (2017): Disruptive Thinking. Das Denken, das der Zukunft gewachsen ist. 2. Auflage, GABAL, Offenbach am Main.

#2 Culture-eats-Strategy-for-Breakfast-Prinzip: Zuerst die Kultur, dann das Vergnügen

- ➲ Kultur ist entweder das größte Hindernis oder aber der stärkste Beschleuniger digitaler Transformation.
- ➲ Ohne Kulturchange keine nachhaltige Transformation. Kultur schluckt Strategie.
- ➲ Versorgen Sie Ihren digitalen Transformationsprozess mit Vitalstoffen genauso wie Ihren Körper mit einem guten Frühstück.

Hand aufs Herz: Gehen Sie schon mal ohne Frühstück aus dem Haus? In der digitalen Transformation ist dieses nährende Fundament (respektive die Unternehmenskultur) *der* Erfolgsfaktor Nummer Eins!

»Den oder das verdrücke ich doch zum Frühstück!« Flapsig bemerkt, aber deutlich: »Der (oder das) kann sich noch so spreizen – aber ohne mich geht nix!« Das Zitat von Management-Vordenker Peter Drucker lässt sich prächtig auf die digitale Transformation anwenden: Weder eine gut durchdachte Strategie noch eine State-of-the-Art-Technologie können ihre Wirkung entfalten, wenn sie nicht durch eine entsprechende Unternehmenskultur im Alltag gelebt werden.

Dass beides – Technologie und Strategie – ein gefundenes Fressen zum Frühstück werden könnten, entbehrt nicht des Tiefsinns: Nach einer Nacht, in der wir idealerweise unserem Organismus einen von Nahrungszufuhr unbeeinträchtigten, erholsamen Schlaf gegönnt haben, betrachten wir das morgendliche Fastenbrechen meist als die wichtigste Mahlzeit des Tages. Hier verleiben wir uns die notwendige Energie ein, um einem kräftezehrenden und nicht selten frustreichen Tag ins Auge zu sehen. Wenn etwas im sprichwörtlichen Sinne zum Frühstück vertilgt wird, bedeutet es, dass es auf einen gefräßigen und überlegenen Kontrahenten gestoßen ist.

In unserem Fall heißt das: Unternehmenskultur schluckt Strategie. Außer, man sorgt dafür, dass beide an einem Tisch sitzen. Gleichberechtigt. Gleichwertig. Aber das ist der Königsweg. Und der ist hart und mühsam. Zunächst gilt: Der wichtigste Erfolgsfaktor für digitale Transformation ist eine nach innen und außen wirkende Unternehmenskultur.

»Culture eats strategy for breakfast and technology for lunch«

MIT-Professor Bill Aulet hat das berühmte Drucker-Zitat weiterentwickelt. Digitale Transformation bleibt auch angesichts und trotz formidabler Technologie und noch so zündender Strategie wirkungslos, wenn sie nicht in eine konsistente, überzeugende Unternehmenskultur eingebettet ist. Der digitale Wandel ist kein technischer, sondern insbesondere ein kultureller Wandel, der sich innerhalb des gesamten Unternehmens vollzieht.

Dabei ist jedes Unternehmen aufgerufen, eine ihm gemäße Kultur zu entwickeln. Sie entsteht organisch von Innen heraus, während Strategien oft ertüftelt werden, ohne dass Mitarbeiter einbezogen oder über Konsequenzen, die diese auf das Handeln von Mitarbeitern hat, reflektiert wurde. Was bedeutet, dass ein Unternehmen nur dann veränderbar ist, wenn die Verhaltens- und Denkweisen der Mitarbeiter mit der Veränderung konform gehen und mit ihr Schritt halten.

Unternehmenskultur = Die Summe der inneren und äußeren Gegebenheiten und Befindlichkeiten

Wir kennen das gute Gefühl, ein Hotel zu betreten und sich durch eine freundliche Ansprache oder einen Willkommensdrink blitzschnell wie zuhause zu fühlen. Servicekultur hat sich nicht zuletzt in Einrichtungen gebildet, die der Beherbergung dienen. Die Postkutschstationen früheren Datums zogen Dienstleister an, die den Reisenden auf den damals noch mühseligen Kutschfahrten Erfrischung und Ausspann boten. Grundstein für den späteren »Gasthof zur Post«, den wir schlechterdings in allen respektablen Orten vorfinden. Die Ritz-Carlton-Hotelkette wurde zur Vorläuferin einer modernen, inspirierten Gastkultur. Im Jahrhundert der Dienstleistung geriet sie zum (allerdings oft nicht erreichten) Vorbild für zahllose Branchen und Organisationen.

Im digitalen Zeitalter werden wir Unternehmen zunehmend danach bewerten, ob und in welcher Form ihre Produkte mit intelligenten und digitalen Services aufgerüstet sind – Faktoren wie Servicequalität, emotionale Momente, sympathische Begleitumstände, die den Menschen das Leben erleichtern und für Wohlbefinden und Sicherheit sorgen, überholen die Produktqualität an Bedeutung. Und in einer Zeit der Bewertungs- und Empfehlungsportale wird das in Erinnerung bleiben und seine Wirkung tun, was der Gast oder Kunde als wohltuend emp-

DIGITALE TRANSFORMATION BEDEUTET VOR ALLEM KULTURVERÄNDERUNG

findet und laut und öffentlich befindet. Alle analogen und digitalen Berührungspunkte sowie Bezugsgruppen sollten in dieser Gastphilosophie ihren Niederschlag finden: Hotelportiers etwa, die dem Gast ein Taxi rufen, können Botschafter der Unternehmenskultur werden. Was, wenn sie dem Taxifahrer einen Kaffee oder ein kühles Getränk spendieren, während dieser auf den Gast wartet? Welche Herberge würde dieser Fahrer im Gedächtnis behalten und mit Überzeugung weiterempfehlen: Hotel »No-Name« oder »Hotel mit Pausendrink«?

Dynamische Zeiten erfordern agiles (Um)denken: Es lebe der unternehmenskulturelle Wandel!

Spricht man über Industrie 4.0 oder New Work, drängt sich gerne der Eindruck auf, dass digitale Transformation eine übergriffsartige Hau-Ruck-Aktion sein muss. Neben Vorbehalten und Angst generiert dies auch Science-Fiction-Fantasien. Eine hübsche Vorstellung im Cyberspace: auf Knopfdruck alles auf Anfang, respektive auf Change. Doch welches Unternehmen könnte schon über Nacht alle Beteiligten und alle Betriebspotenziale vollständig neu starten, ausrüsten, reanimieren und schulen – und nicht zuletzt alles neu denken, auch und vor allem eine neue Unternehmenskultur kreieren!

Haben wir es nicht vielmehr um ein etappenweises Sich-Annähern an eine logische, strategisch abgestimmte, schrittweise Automatisierung, Digitalisierung und vor allem um ein substanzielles Re-Fitting der Unternehmenskultur zu tun? Durch die technologische Brille scheint alles klar. Aber halt: Wo bleibt der menschliche Faktor? Können menschliche Systeme mit dem Tempo der Digitalisierung überhaupt Schritt halten? Welche Konnotationen stecken eigentlich im vieldeutigen Schlagwort »Unternehmenskultur?«

Ein strukturierter Übergang vom Status quo zur digitalen Arbeitswelt erfordert den Einsatz von Kompetenzen und Kräften, die ein hohes Maß an Sensibilisierung, Resilienz (im Sinne von: Sich einem neuen Fahrwasser anpassen) und agiler Adaption bewerkstelligen können. Bislang sanktionierte hierarchische Führungsstrukturen weichen auf, denn autonome, selbststeuernde Teams machen Statusdenken und Gorillagehabe unter Funktionsträgern obsolet. Dann muss auch die kühnste digitale Strategie kraftlos einknicken. Im digitalen Kontext brechen die Grenzen zwischen einzelnen Abteilungen auf, feste Zuständigkeiten verflüssigen sich, Hierarchiegefüge, Führungskonventionen und Zuständigkeiten bröckeln disruptiv. Schwerfälligkeit und Dickfelligkeit bei Innovation und Experiment rächen sich zügig.

Schneller, knapper, präziser!

Agiles Lernen lässt sich von Startups lernen. Manch funktionsbestimmter Manager analoger Prägung könnte das zwar durchaus als Schock erleben – außer, er stellt sich geschmeidig auf die neue Welt ein und taucht mit Neugier und Spannung (und einem kühnen Kopfsprung) in den Sog des kulturellen Wandels. Rettungsschwimmer wissen es längst: Gerät man im ungestümen Brandungstoben in einen Wirbel, sollte man tunlichst nicht hektisch um sich schlagen, sondern sich – wie im Auge des Taifuns – dem Rhythmus der erst hoch aufschäumenden, dann ausrollenden Welle anvertrauen und ans Ufer tragen lassen.

Doch – zum Donnerwetter – was steckt eigentlich alles hinter Unternehmenskultur?

Eine klare Unternehmenskultur macht den inneren Zustand des Unternehmens deutlich – wie die Dinge laufen, was dafür getan wird, wie Mitarbeiter sich als Teil des Ganzen fühlen oder auch nicht. Für den Gast, der eine blitzende Unternehmenszentrale betritt oder einen digitalen Interaktionspunkt besucht, ist der erste Eindruck von Bedeutung. Nutzerfreundlichkeit, Ansprechbarkeit, die sichtbar zur Schau gestellten Statussymbole – geprägt durch Einrichtung und Ausstattung –, der Umgangston der Mitarbeiter, die mit Kunden, Gästen oder Zulieferern in Berührung kommen. Pflegt das Unternehmen eine Kultur der Wertschätzung? Wie geht man in sozialen Netzwerken mit Beschwerden oder Reklamationen um?

Eine interne Unternehmenskultur, die auch nach außen gelebt, ausstrahlt und wahrgenommen wird, ist nur so gut wie sie von der kompletten Unternehmensrealität geprägt und von denen, die sie tragen, auch als ihre eigene empfunden wird. Sie setzt sich aus sichtbaren Phänomenen wie Reputation, Leitbild, äußeren Erscheinungen und optischem und gestalterischem Auftreten von Mitarbeitern zusammen, zeigt sich in konkret und erlebbar gemachter Unternehmensphilosophie, in tradierten Maximen, Ritualen und im Verhaltenskodex gegenüber Kunden.

Was von außen nicht sofort ins Auge springt, sind die im Unternehmen gelebten Werte, Regeln, kommunikativen Muster und Regularien zum Beziehungsverhalten. Also wie

- Mitarbeiter in die Entwicklung von Unternehmenskultur und Wahrnehmung einbezogen werden,
- Konventionen, Incentives und gemeinsame Aktivitäten auf ein Commitment hinarbeiten,
- Werte gelebt und gefeiert werden.

In diesem Kontext interessiert ebenso,

- in welchem Maß Mitarbeiter eigene Ideen einbringen dürfen,
- wie Weiterentwicklung, Ideenfindung und innovative Ansätze angeregt und gefördert werden,
- wie durchlässig oder fix/starr Führungshierarchien, Motivations- und Verhaltensstandards sind,
- wie Veränderung gelebt und
- ob Leistung Wertschätzung erfährt und wenn ja, in welcher Form.

Auch von Bedeutung ist,

- wie über eine konstruktive Feedbackstruktur und Motivationsmeetings (»Auf einen Kaffee/Tee/Tomatensaft mit dem CEO«) Loyalität fördernde Maßnahmen und eine motivierende, positive Fehlerkultur miteinander verzahnt werden.

In Familienunternehmen älterer Prägung war es Normalität: Der Patron wusste, was seine Mitarbeiter umtrieb. Eine dezidierte Unternehmenskultur wird dem aufmerksamen Besucher, Gast oder Kunden/Klienten früher oder später sehr bewusst werden, ihn für das Unternehmen einnehmen und im negativen Fall demselben auf die Füße fallen.

Die Aufgabe von Führung in digital transformierten Umständen ist es daher nicht zuletzt, einen geschützten Raum zu erschaffen, in dem nicht alles zu wissen kein Tabu ist und in dem offener Dialog ausdrücklich geschätzt wird.

Voraussetzung ist, dass Leistungsträger in einer relativ kurzen Zeit verstehen, dass und wie die Digitalisierung das eigene Unternehmen verändert. Status-symbole und verkrustetes Hierachiedenken haben hier keine Existenzberech-tigung. Warum scheitern 70 Prozent aller Kulturveränderungsprojekte? Und die meisten bereits in der Anfangsphase? John P. Kotter (2011) erkennt in seinem Buch *Leading Chance* zwei Ursachen: Widerstände in der Mitarbeiter-schaft oder mangelnde Konsequenz in der Umsetzung, die wiederum in alte Muster zurückfallen lässt. Gefordert ist also die mentale Flexibilität des von Natur aus angreifbaren und spröden Konstrukts Mensch!

Kurzer Methodenüberblick – Change-Management-Phasen nach Kotter – kurz, schlüssig, bündig

Schritt 1: Zeigen Sie die Dringlichkeit auf

Erzeugen Sie ein Bewusstsein für die Dringlichkeit der digitalen Transfor-mation. Eine Möglichkeit wäre es, Szenarien zu entwickeln, die eintreten könnten, wenn sich keine merkliche Veränderung hin zu einem digitalen Unternehmen vollzieht. Zeigen Sie sich dialogbereit und bemühen Sie sich um starke, überzeugende Argumente, die für eine digitale Transformation sprechen.

Schritt 2: Knüpfen Sie Führungskoalitionen

Trommeln Sie meinungsführende und offene Persönlichkeiten zusammen. Was Sie brauchen, ist ein nach außen geschlossen wirkendes (Führungs-)Team. Achten Sie optimalerweise auf einen guten interdisziplinären Mix aus Mitarbeitern der unterschiedlichen Fachabteilungen und mit verschiedenen Kompetenzen. Sorgen Sie für ein großartiges Backing des Top-Managements, das den Transformationsprozess trägt!

Schritt 3: Entwickeln Sie eine Vision und eine Strategie

Nur mit klaren Bekenntnissen erreichen Sie das Ziel. Behalten Sie diese nicht für sich, sondern teilen Sie sie in einer »Brandrede« vor dem gesamten Team mit. Ist sich die Belegschaft über das übergeordnete Unternehmensziel im

Klaren, setzt sie sich engagierter für die Realisierung des digitalen Wandels ein.

Schritt 4: Kommunizieren Sie die Vision kontinuierlich

Steter Tropfen ...: Halten Sie diese Vision klar, prägnant und einfach und scheuen Sie nicht davor zurück, Ihre Vision in taktischen Abständen den Führungskräften und Mitarbeitern immer und immer wieder ins Gedächtnis zu rufen. So bauen Sie Vertrauen auf und stärken den Kampfgeist.

Schritt 5: Räumen Sie Hindernisse aus dem Weg

Erkennen Sie Strukturen in Ihrem Unternehmen, die den digitalen Wandel ausbremsen? Prüfen Sie den Status quo und räumen Sie störende und blockierende Organisationsstrukturen, eingefahrene Arbeitsabläufe und Routinen aus dem Weg.

Schritt 6: Machen Sie kurzfristige Erfolge sichtbar

Konzentrieren Sie sich für den Anfang auf nicht zu aufwands- und kostenintensive Ziele. Denken Sie auch an schnell erreichbare Zwischenziele. Belohnen Sie Mitarbeiter, die diese Etappenziele erreichen.

Schritt 7: Treiben Sie Veränderung stetig voran

Evaluieren Sie jedes erreichte Ziel. Analysieren Sie, was gut gelaufen ist und was Verbesserung benötigt. Bleiben Sie aufmerksam in der Entwicklung neuer Ideen und Ziele und gewinnen Sie neue Mitarbeiter für Ihre Führungsmannschaft.

Schritt 8: Verankern Sie Veränderungen in der Unternehmenskultur

Sorgen Sie dafür, dass die erreichten Ziele fest in Ihrer Unternehmenskultur etabliert werden. Erst wenn Veränderungen zu Verhaltensritualen und Gewohnheiten wurden, können Sie (nach Kotter) einen erfolgreichen Change-Management-Prozess feiern.

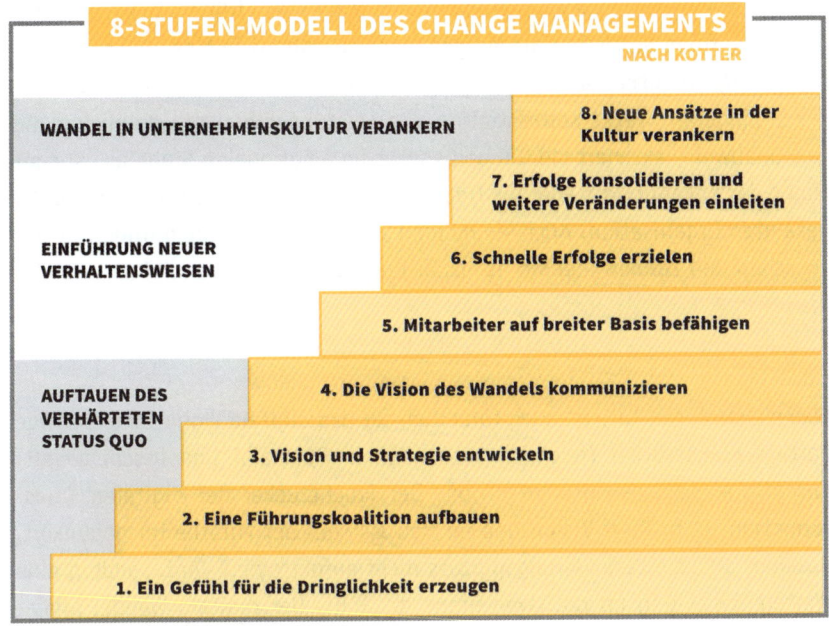

8-STUFEN-MODELL DES CHANGE MANAGEMENTS

NACH KOTTER

WANDEL IN UNTERNEHMENSKULTUR VERANKERN

8. Neue Ansätze in der Kultur verankern

7. Erfolge konsolidieren und weitere Veränderungen einleiten

EINFÜHRUNG NEUER VERHALTENSWEISEN

6. Schnelle Erfolge erzielen

5. Mitarbeiter auf breiter Basis befähigen

AUFTAUEN DES VERHÄRTETEN STATUS QUO

4. Die Vision des Wandels kommunizieren

3. Vision und Strategie entwickeln

2. Eine Führungskoalition aufbauen

1. Ein Gefühl für die Dringlichkeit erzeugen

Quelle: In Anlehnung an John P. Kotter (2011)

Blick zurück zum Frühstück! Was hat das eigentlich mit der Unternehmenskultur zu schaffen?

Frühstück gilt vielen als die wichtigste Mahlzeit des Tages. Briten haben es gerne üppig mit Hafer-Porridge, Ham and Eggs, Hering, weißen Bohnen und Würstchen, Toast und Orangenmarmelade und dazu kannenweise Tee. So gerüstet, kann auch der Brexit kommen! Voraussetzung: ein guter Magen und etwas Zeit. Wir wollen ehrlich sein: Diese schöne Vorstellung ist wohl dem Sonntagmorgen vorbehalten genauso wie »normale Franzosen« sich werktags wohl eher selten zu einem dreigängigen Menü im Restaurant einfinden. – Aber träumen darf man doch mal, oder?

Das mittelhochdeutsche »vruostücke« bezeichnet das »frühe Stück«, also das erste oder frühe Stück Brot am Morgen, das Sprungbrett in einen erfolgreichen neuen Tag. Wichtig für uns aus vielen Gründen: es kurbelt die Stoffwechselvorgänge an, weckt Konzentration und Leistungsfähigkeit, mobilisiert die Immunabwehr, aktiviert mental und spornt im emotionalen Sinne an. Kommt Ihnen das bekannt vor? Aha: Die Unternehmenskultur – als Unterfütterung der gesamten Organisation. Auch sie hungert nach einem kräftigen frühen Bissen zwischen den Zähnen, der sie fit macht und zu Höchstleistungen anspornt.

Was bringt uns (und somit auch Unternehmen) beim Frühstück auf Trab?

Was physisch gut tut, ist auch förderlich für das digitale Wohl. Eine tüchtige Portion Fruchtzucker (reichlich vorhanden in Obstsalat und frischem Saft) durch eine verheißungsvolle Vision. Der Fruchtzucker der digitalen Transformation ist in ihrer Vision und im Bewusstsein der Mitarbeiter gebunkert, dass der digitale Veränderungsprozess nicht aufoktroyiert wird, sondern eine Weiterentwicklung im positiven Sinne darstellt. Der digitale Wandel nimmt Unternehmen in die Pflicht, gefasste Schritte immer wieder zu überdenken und eingeleitete Maßnahmen kontinuierlich auf ihre Wirksamkeit hin abzuchecken. Keinesfalls darf dies aber als Orientierungslosigkeit rüberkommen, sonst könnte die Transformation wie ein Auto im Kiesbett versanden. Was bedeutet Fruchtzucker in Unternehmen? Nichts weniger als eine faszinierende Vision, die eine emotionale Verbindung mit dem Herz und dem Verstand Ihrer Mitarbeiter eingeht. Glücklichmacher Eiweiß in Fleisch, Fisch, Milchwaren und Hülsenfrüchten macht fit genau wie das Empowerment der Mitarbeiter. Aminosäuren aus Eiweiß sind für ihre mentale Leistung zuständig. Sie machen glücklich, kreativ, leistungsfähig und mental stark. Eiweiße respektive Proteine bauen Zellen und Gewebe, Muskelfasern, Organe, Blut. Kluges Empowerment von Mitarbeitern ist das Eiweiß der digitalen Transformation, die Aminosäuren ihrer digitalen Organisation, die sich als Glückstoffe rasch ausbreiten. Das funktioniert, indem Sie räumliche und kapazitätsbedingte Freiräume schaffen und interdisziplinäre, selbst organisierte und von Hierarchien befreite Teams bilden, die erfolgreich zusammenarbeiten.

B-Vitamine sind die Kanalputzer und Vorwärtsstürmer des Change-Prozesses

Die vielseitigen B-Vitamine bringen verstopfte Arterien auf Vordermann, indem sie Homocystein abbauen und dem Sauerstoff den Weg zum Gehirn ebnen. Zugemüllte Unternehmensarterien lassen sich an verstopften Führungskanälen erkennen. Vitamin B führen Sie dem Betriebsorganismus zu, indem Sie die Mitglieder des Top-Managements auf Change einschwören und sie als Leitstute in die Spur schicken.

Was ist deren Aufgabe?
* Klare Signale aussenden,
* Digitalisierung als Gemeinschaftsaufgabe mit Blick auf Veränderung nicht nur als Parole ausgeben, sondern vorbehaltlos selbst vorleben,
* Schrankenlos und abteilungs- und hierarchieübergreifend und auch mal unkonventionell neue Wege einschlagen,
* von Digital Natives lernen,
* unbürokratisch agierend, klar performt und knapp strukturiert vorgehen.

Erzeugen Sie im Top-Management keine Begeisterung für die Möglichkeiten des Change, können Sie auch keine Herdenläufer mitziehen.

Omega-3-Fettsäuren – die Helferlein für Elastizität und Agilität im Kopf

Fettreiche Fische haben davon reichlich – Omega-3-Fettsäuren docken an den Außenseiten der Gehirnzellen an und lassen Botenstoffe schneller durch die Zellen passieren: Ihr Gehirn arbeitet effektiver. Das Hirn der digitalen Transformation lebt auch von Fettsäuren in Form von Novitäten: eine neue Fehlerkultur, Scheitern als Chance, No risk, no fun oder No risk, no chance. Dazu veränderte Denkmodelle, die vom Schuld- und Verursacherprinzip abweichen und die positiven Auswirkungen betonen, die im mutigen »Machen« liegen. Unangepasste Abweichler von der Normalität oder der bisher gelebten Form verdienen Ansporn statt Anschnauzer. Innovative Ideen wachsen nur in einem geschützten Raum, der frei von Ignoranz und Häme ist. »Wir wissen, dass wir erst einmal nichts wissen und das führt uns weiter«. Das nimmt Top-Manager nicht davon aus, sich mit den niederen Ebenen und Unter- und Hintergründen der neuen Marktlogik auseinanderzusetzen. Unternehmensschiffe brauchen ein Radarsystem, das auch Freiräume erlaubt, um in bisher nicht geahnte Weiten vorzustoßen.

Flüssiges lässt den Menschen aufleben – Kommunikation bringt die digitale Transformation zum Fließen

Unser Gehirn besteht immerhin zu 75 Prozent aus Wasser. Lassen wir es auf dem Trocknen, geht uns bald die mentale Energie aus. Nach dem Aufstehen ein großen Glas Wasser und über den Tag hinweg verteilt noch einmal vier bis fünf Portionen bewirken Vitalität, Leistungskraft und Frische. Genauso belebend wirkt Kommunikation. Sie ebnet den Weg für eine erfolgreiche digitale Transformation. Lassen Sie also im Unternehmen niemanden im Unklaren über die Auswirkungen der digitalen Transformation und klären Sie auf, wie alle zur Zielerreichung an einem Strang ziehen müssen und können. Welche Konsequenzen hat der digitale Change für das Unternehmen, für jeden Einzelnen? Was wird anders, besser, aufregender, einfacher? Welche Rolle besetzt wer und in welchem Ausmaß? Welche Verbesserungen zieht der Veränderungsprozess nach sich, kurz-, mittel- und langfristig?

Nur informierte Mitarbeiter, die sich von Anfang an bewusst einbezogen fühlen, lassen sich dafür gewinnen, mit voller Kraft bei der Sache zu sein. Berufen Sie Betriebsversammlungen ein, reden Sie in Roundtables, führen Sie Einzelgespräche, transportieren Sie die wichtigsten Botschaften in Folge – das prägt ein. Stellen Sie sich offen und kooperativ den Zweifeln, Fragen und Diskussionsbeiträgen, denn nur so erreichen Sie Ihre Teams emotional. Nur was mit Gefühl verbunden ist, lässt Kooperationsbereitschaft wachsen.

Frühstücksverzicht? Kein Wunder, wenn Ihr Blutzuckerspiegel in den Keller fällt

Dann giert der Körper früher oder später buchstäblich nach neuer Energie, die wir ihm – weil es fix gehen soll – in Form von ungesundem Süßem oder Fast Food (ähnliche Zuckerbomben) zuführen. Sie bewirken einen rasanten Anstieg und eine kurzfristige Verbesserung unseres Energielevels. Doch genauso so rasch erleben wir dann einen erneuten Abfall. Wenn Unternehmen an der digitalen Transformation scheitern, liegen ähnliche Symptome vor: Verzicht auf ein substanzielles Frühstück (Unternehmenskultur), das nährt, absichert und in Bestform bringt. »Digitales Voodoo« ist zwar populär, kann unterhaltsam sein und für einige Zeit beschäftigen – aber ohne Unterfütterung durch eine stringente, stimmige und strikt individuelle Unternehmenskultur bleibt es bestenfalls wirkungslos und geriert sich nicht selten kontraproduktiv bis schädlich. Dann bewahrheitet sich Peter Druckers Ausspruch: Kultur frisst Strategie zum Frühstück.

Mehr Futter fürs Gehirn gibt's hier

John P. Kotter (2011): Leading Change. Wie Sie Ihr Unternehmen in acht Schritten erfolgreich verändern. Vahlen, München.

#3 Start-with-why-Prinzip: Warum nur das Warum eine gemeinsame Ausrichtung schafft

- ⮑ Wer andere überzeugen will, den Schritt in die unkalkulierbare, digitale Zukunft zu wagen, der muss eine kluge Antwort auf die Sinnfrage haben.
- ⮑ Die Frage nach dem Warum ist ein Erfolgsmotor – für sich selbst und für alle anderen!
- ⮑ Nur wenn sich die drei Ebenen Warum, Wie und Was des Golden Circle geschmeidig miteinander verzahnen und eine produktive Koexistenz ermöglichen, kann der universelle digitale Transformationsprozess reüssieren.

»Start with a why« oder warum wir (auch bei der digitalen Transformation) nie aufhören sollten, nach dem Sinn des Lebens zu fragen. Kinder entdecken die Welt und ihre Gesetzmäßigkeiten durch Fragen, Experimentieren, Anfassen, Schmecken und Schnuppern. Sie hinterfragen die Realität, in der sie sich bewegen und lassen nicht locker, bis sie eine verständliche Auffassung davon erhalten, was sie sehen, greifen und wahrnehmen. Vom Greifen zum Begreifen ist für sie kein allzu weiter Schritt. Was ihre Umwelt von ihnen erwartet, stellen sie gerne infrage. Nicht aus rebellischer Absicht, wie genervte Eltern oft vermuten könnten, sondern weil sie Klarheit wünschen. Sie weigern sich, Dinge zu akzeptieren oder Handlungen auszuführen, bevor sie darin einen Sinn sehen. Das alles bedeutet Lernen, sich selbst bewusst werden, sich in sein Umfeld integrieren. Das heißt auch ein Stück weit Verantwortung für sich selbst und andere tragen zu lernen auf dem Weg zum Erwachsensein. Ihre Beziehungspersonen sind gefordert, für eine gesunde Balance zwischen Fürsorge und Loslassen zu sorgen. Schützen, führen, aber nicht einengen. Führungskräfte, die Menschen durch die digitale Transformation führen, sollten ebenso einen Reason-Why greifbar machen!

Führungskräfte sind die Leuchttürme der digitalen Transformation

In Unternehmen erleben wir ähnliche Situationen. Überall, wo Menschen in interdisziplinären und hierarchischen Vernetzungen zusammenfinden, bedarf es einer klaren Haltung und eines hohen Maßes an Demut und Einsicht seitens der Führenden. Mitarbeiter und Teams souverän durch die digitale Transformation zu steuern stellt die Königsdisziplin für Führungskräfte dar. Alle Beteiligten müssen sich bewusst werden über die Konsequenzen und Dimensionen der geplanten Veränderungen. Überzeugungskraft ist gefragt, aber noch mehr Hingabe an die Aufgabe. Das sichere, gewohnte Terrain aufgeben, um in eine noch unbekannte digitale Welt mit unbekannten Auswirkungen vorzustoßen, kann ängstigen. Dann bleibt Führungskräften nur die Wahl, zunächst ihre eigenen Vorbehalte zu meistern, um anderen Halt und Orientierung zu bieten, Vertrauen in die Zukunft und Klarheit über die geplanten, notwendigen Schritte ausstrahlen zu können. Leuchttürme verfügen über diese enorme Ausstrahlung, die Schiffe auch in windgepeitschter oder nebeliger Nacht in den sicheren Hafen leiten. Seeleute wissen genau, warum sie dieser Führung vertrauen.

Warum dreht sich die Erde um die Sonne oder The Reason-Why!

Die »Seeleute« in den Unternehmen erwarten von ihren Kapitänen und Leuchttürmen zu Recht kluge Antworten auf die Sinnfrage nach dem »Warum?«. Die Kraft des Leuchtturms spiegelt jahrtausendalte Erfahrungen wider. Führungskräfte in Unternehmen stützen sich auf Unternehmenswissen und paaren es mit Mut, Tatkraft, Weitblick, Verantwortungsgefühl und einer Portion Waghalsigkeit.

Das Modell »Golden Circle« von Simon Sinek dockt genau daran an. Ein pragmatisches Denkmuster, das Führungskräfte dazu ermutigt, sich systematisch mit dem Kern der digitalen Veränderung auseinander zu setzen: The Reason-Why! Warum machen wir das, was wir tun? Welchem übergeordneten Masterplan folgen wir dabei? Wie werden das Unternehmen und alle in ihm Tätigen, seine Stakeholder und Kunden, die Öffentlichkeit und gesamte

Gesellschaft, vielleicht sogar unser aller Zukunft davon betroffen sein? Der Golden Circle liefert Führungskräften, die vor einer Digitalisierung und Transformation stehen oder bereits in ihr mehr oder weniger glücklich agieren, einen funktionalen Bezugsrahmen. Er geht weit über Logik und Effizienzplanung hinaus und lässt vernunftgesteuerte, pragmatische Blaupausen und materielle Anreize hinter sich, die nur ein kurzfristiges Strohfeuer entzünden könnten. Interne oder extern gesteuerte oder ausgelagerte Transformations- und Innovationsinitiativen vermögen wenig auszurichten, wenn die Betroffenen keinen Sinn darin erkennen, was sie von der Reißbrett-Planung in die Unternehmensrealität umsetzen sollen.

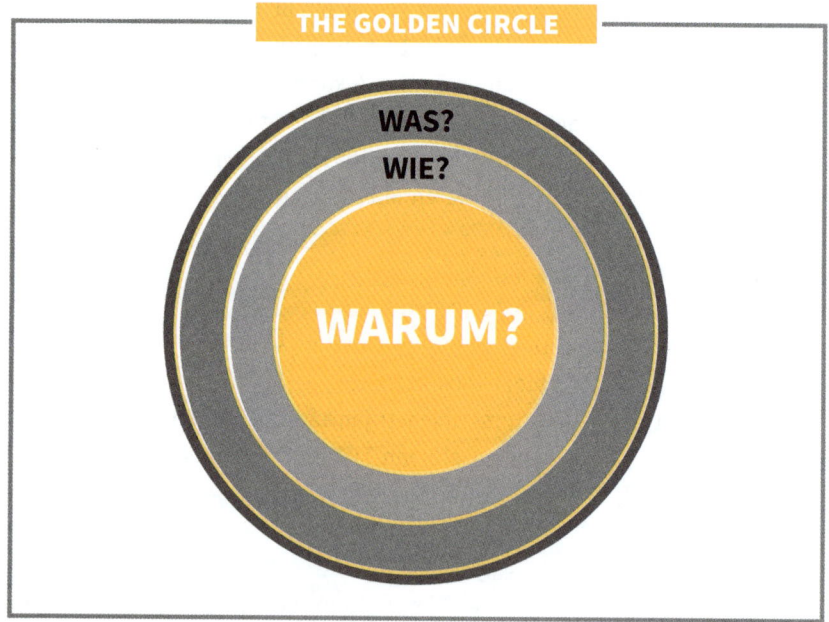

THE GOLDEN CIRCLE

WAS?

WIE?

WARUM?

Quelle: Simon Sinek (2009)

Mit dem bereits 2009 veröffentlichten Bestseller *Start With Why (Frag immer erst Warum)* postulierte sein Autor Simon Sinek nichts weniger als eine fundamentale Forderung, über die antike Philosophen nur den Kopf geschüttelt hätten. Für sie war die Erkenntnis längst in Fleisch und Blut übergegangen, dass der Mensch als einzig bekanntes sprachbegabtes Vernunft- und Verstandeswesen (zoon logon echon) die Voraussetzung auf eine auf sich selbst bezogene Sinnreflexion mitbringt, ja die Pflicht hat, diese Gabe zu nutzen: »Nicht was wir tun, sondern warum wir etwas tun, ist entscheidend für den Erfolg unserer Handlungen.« Dieser Maßstab nimmt den Homo Sapiens auch als Homo Digitalis in die Pflicht, sich seiner Fähigkeiten Vernunft, Logik und Augenmaß zu bedienen. Nicht zuletzt gültig für die Maßnahmen der digitalen Transformation.

Im skurril-parodistischen Film *Der Sinn des Lebens* stellt Monty Python 1983 nicht ohne Hintersinn fest, dass alle Versuche, diese Frage auf eine einzige Antwort zu subsumieren, von Vorneherein zum Scheitern verurteilt seien. Beides – Sentenz und Skepsis – gelten auch für die Begebenheiten innerhalb der digitalen Transformationsprozesse zukunftsorientierter Unternehmen: Jedes Unternehmen wird auf die Sinnfrage eine individuelle Lösung finden und damit seine ganz eigene Tür zur Transformation öffnen – und das ist auch gut so! Von Kind auf werden wir aufgefordert, Sinnvolles zu tun, unser

DAS WARUM ENTSCHEIDET ÜBER DEN SCHRITT IN EINE UNKALKULIERBARE, DIGITALE ZUKUNFT!

Leben nicht zu vergeuden und mit unseren Ressourcen so umzugehen, dass die Konsequenzen unseres Handelns Substanz, Nachdruck und Gewicht haben. Das ist einerseits hilfreich: Wir erkennen, dass wir in dieses Dasein nicht allein deswegen gestellt wurden, weil der Mensch seit Urbeginn seinem Fortpflanzungstrieb folgt (evolutionstechnisch gesehen folgen muss), sondern weil er wie in einem universellen Räderwerk ein Stück weit verhindert, dass sich dieses Universum nicht von selbst in die Luft sprengt. Wir sind ein Teil des großen Ganzen und dennoch ganz bei uns selbst.

Auf das Unternehmen übertragen kann es Teams und Mitarbeiter in einem enormen Maße beflügeln, wenn sie sich nicht mehr als einzelnes Partikel, sondern zu einer größeren Einheit gehörig empfinden, wie eine vereinzelte

Blutzelle im menschlichen Organismus. Dass es im besonderen Maße auf den Einzelnen ankommt, ob dieser Körper im Gesamten gedeiht und wie gut er funktioniert. Was im Gewerkschaftsjargon Mitbestimmung heißt, nennen wir Mitgestaltung. Aber der Mensch kann nur gestalterisch tätig werden, wenn er weiß, warum er was macht, wozu, zu welchem Ergebnis und zu welchem Nutzen. Warum sonst sollte sich ein Mitarbeiter anstrengen und engagieren, wenn er nicht wüsste, what for? Er muss/will wissen: Wo ist mein Platz, was kann ich beitragen, wo kann ich mich verwirklichen und meine Existenz nicht nur rechtfertigen, sondern auch in erfüllender Weise sichern? Intelligente Führungskräfte regen durch ihr Warum ihre Mitarbeiterschaft dazu an, über ihre eigene Rolle bei der Transformation zu reflektieren.

Digitale Transformation ist in hohem Maße Veränderung der Haltung

In der digitalen Ära geht es nicht um das Digitalisieren der eigenen Wertschöpfungskette. Auch nicht um die Digitalisierung von Produkten oder Dienstleistungen. Das sind keine Schlagworte, die Mitarbeiter auf ein inneres Rückgrat einschwören würden, das ihnen Halt und Zuversicht gibt. Es geht vielmehr darum, einen neuen Mehrwert in einer sich verändernden Welt aufzuspüren, bevor eine sinnstiftende Arbeit einsetzen kann. Und das funktioniert über die Fragen: »Was machte uns bisher eigentlich aus? Was kann weiter bestehen? Was muss in einer digitalisierten Welt einer neuen Haltung Platz machen? Welche Auswirkungen hat das für mich und für das Ganze?«

Und was ist mit – Begeisterung?

Things change! Nichts macht dem Menschen mehr zu schaffen – und nichts gibt ihm mehr Auftrieb und die Kraft, zu den Sternen vorzustoßen. Pioniere nannte man im ausgehenden neunzehnten Jahrhundert die frühen Goldschürfer, die im kanadischen Yukon in einem Seitenarm des Klondike River knieten, um Goldnuggets – oft genug nur Goldfunken – aus dem Wasser zu sieben. Arme Schlucker wurden über Nacht zu reichen Männern. Mehr als hunderttausend suchten damals ihr Glück im noch menschenverlassenen Norden.

Tonnenweise wurde Edelmetall von dort verschifft. Das Gold der Unternehmen heute liegt in seinen begeisterungsfähigen und überzeugten Mitarbeitern begründet. Die Gehirnforschung weiß, dass sich Veränderungen im Gehirn abbilden und tiefe Spuren legen. Allerdings unter der Voraussetzung, dass diese mit starken Gefühlen von Glück, Empathie und Enthusiasmus verbunden sind.

Kurzer Methodenüberblick – The Golden Circle of Digital Transformation

Simon Sinek zeichnet mit dem »Golden Circle« ein Konstrukt aus drei konzentrischen Kreisen, von denen der innerste das mächtigste Instrument darstellt: Es umfasst das »Warum?«. Der zweite das »Wie?« und der äußerste das »Was?« Die Anordnung nach Wichtigkeit lässt rasch erkennen, dass der Weg, der Prozess vom Warum zum Was wichtiger ist als das eigentliche Resultat. Hier glitzern die Goldsplitter, die am Klondike für Jubelschreie sorgten und hier wird das Fundament für Vertrauen, Solidarität und Loyalität, für Einsatz, Identifizierung, Zugehörigkeit und letztlich für Ansporn zu Leistung und Veränderung gelegt. Ein Leitbild, das einen inneren Motor anspringen lässt, der nicht vom Kopf gesteuert wird. Der »Goldene Kreis« imitiert den Aufbau des menschlichen Gehirns: Der als Rechtsaußen spielende Neocortex gibt Raum, um rationale, analytische Gedanken zu verarbeiten (Was?). Die inneren Kreise entsprechen dem limbischen System, wo unsere Gefühle das Sagen haben und unsere Entscheidungen gesteuert werden (Wie? Warum?). Triggert etwas das limbische Gehirn an, sind unsere Reaktionen spontan, gefühlsgesteuert, emotional. Das rationale Was wird vom emotionalen Wie/Warum knock-out geschlagen.

Ein starkes Why schafft Schwung für die digitale Transformation

Führungskräfte, die überzeugen, motivieren und anregen wollen, erklären die Hintergründe, warum etwas getan werden sollte. Und dies lässt aufhorchen. Emotional berührte Menschen ziehen mit ihren Anführern begeistert in die Schlacht. Der feine Unterschied zur Demagogie, die in der Antike noch ein Ehrentitel für besonders begabte Redner und lange positiv konnotiert war?

Im Zeitalter der Massenmedien können Menschen über Mechanismen wie Machttaktik und unverhohlene Verhetzung dazu verführt werden, Dinge zu tun, die sie per se gar nicht durchschauen und im Grunde auch nicht tun wollen. Wie verwandte es die zerstörerische Meinungsgleichschaltung des Dritten Reichs? »Nur wenige Begriffe verwenden, aber diese so oft wie möglich.« Ein klares Nein zu solchen unlauteren Führungstaktiken!

Im Rahmen der digitalen Transformation ist jedes einzelne Segment eines Unternehmens oder einer Organisation vom Change betroffen. Eine systemische Herausforderung, die alle mehr oder weniger stark angeht. Diese Vorstellung evoziert verständlicherweise Unsicherheiten und Vorbehalte, nicht zuletzt bei Führungskräften und Entscheidern. Bei Teams und Mitarbeitern verbreiten sich Ängste vor einer lähmenden Gleichmacherei, vor der Gleichschaltung von Individuen auf eine universale aufoktroyierte Maxime. So wäre es vielen tatsächlich lieber, man könnte Change als ein operatives, auf einzelne Unternehmensunits beschränktes Phänomen verstehen, das nur die betroffenen Mitarbeiter tangierte. Wäre dies so, würden enorme Chancen verschenkt und richtungweisende Zukunftsvisionen nie geboren. Der Goldene Circle ist in seiner vergleichsweise schlichten Darstellung ein unbeugsames, daher ungeheuer mächtiges Instrumentarium.

Wir fragen provokant nach!

1. Warum?

Das Geschäftsmodell steht immer auf dem Prüfstand, auch ohne Zutun durch die digitale Transformation. Die Frage nach der Daseinsberechtigung stellte sich auch in analogen Zeiten, jedoch ist der Druck in der digitalen Welt vervielfacht und überhöht. »Wie wird der sich rasant ändernde digitale Markt in fünf Jahren aussehen? Braucht man uns dann noch? Hat sich unser Modell dann erschöpft? Haben wir dann noch Überlebenschancen?« Die Unsicherheit, was noch alles kommen wird, ist auch eine Sicherheit: Es gibt keine Alternative zu einem digitalen Change-Prozess, der in Gänze nie ganz vorhersehbar sein wird. Wer jetzt den Kopf einzieht, hat bereits verloren. Wer versucht und ausprobiert, hat so lange gewonnen, bis er von der Entwicklung eines Gegenteils überzeugt wird, und dann muss er neu reagieren. Ein Kreislauf, der alles im Fluss hält und nie ganz vorhersehbar ist – aber es gibt keine totale Sicherheit in der digitalen Welt. Weitsichtige und überzeugende Führungskräfte entwickeln daher solide Antworten auf die drei Warum-Fragen:

- Warum haben wir im digitalen Zeitalter noch eine Daseinsberechtigung?
- Warum sind wir im digitalen Zeitalter noch relevant?
- Warum wollen wir eine digitale Transformation?

Ohne überzeugende Antwort auf diese Fragen kann kein Momentum für die digitale Transformation erzeugt werden. Ohne Antwort auf diese Fragen verlieren Menschen auf dem langen Weg der Transformation ihre innere Veränderungsbereitschaft.

2. Wie?

Auf dieser Bühne fragen sich die Darsteller, welche Rolle wem im folgenden Stück angedient wird, wie er diese anlegen will und warum er sich so darstellt wie er es tut. Sprich: Wie gehen wir mit der digitalen Transformation um? An diesem Punkt bietet sich ein Vision Board mit Stationen, Eckdaten, Meilensteinen, Boxenstopps und Haltestellen an. Wie gestalten wir Führung? Wie arbeiten Teams, Abteilungen, Unternehmensunits, Standorte zusammen? Wie wenden wir uns an welche Zielgruppen und mit welcher Ansprache? Welche Positionierung peilen wir auf dem Markt an, und wie stellen wir uns nach außen dar? Wie machen wir es den Zielgruppen einfacher, mit uns in Berührung zu kommen? Wie erleichtern wir deren Leben? Was macht unser künftiges agiles Mindset aus und wie können wir Mitarbeiter dafür gewinnen? Welche Werte tragen wir künftig nach außen?

3. Was?

Sind die ideellen und visionären Fundamente gebaut und mit konkreten Inhalten gefüllt, dringen wir in das bodenständige Dach des Unternehmens vor. Hier werkeln auf der taktischen Ebene die digitalen Handwerker. Sie klemmen Leitungen ab und verlegen neue, bauen Produkte um, indem diese mit digitalen Serviceleistungen verknüpft werden, etablieren agile Teams, die die digitalen Räderwerke ölen, erfinden und spuren neue digitalisierte Wege. Sie tragen die erfolgten operativen Maßnahmen nach außen und gewinnen Zielgruppen, Märkte, Stakeholder für das neue Mindset, das in einer konzertierten Aktion aller Kräfte für die Mitarbeiter und Teams längst Aktualität geworden ist.

> **Mehr Futter fürs Gehirn gibt's hier**
>
> Simon Sinek (2014): Frag immer erst: Warum. Wie Top-Firmen und Führungskräfte zum Erfolg inspirieren. Redline, München.

#4 Theorie-Y-Prinzip: Der Mensch ist doch nicht so doof, unwillig und faul!

⮑ Ein antiquiertes Menschenbild und ein autoritärer Führungsstil hat in digitalen Welten keine Chance!

⮑ In postheroischen Zeiten ist liberale und gleichzeitig verpflichtende Führungskunst gefragt! Dienende Führungskräfte erreichen ein Maximum an Möglichkeiten.

⮑ In digital transformierten Unternehmen macht man dem Y kein X vor!

Kennen Sie nicht auch das Phänomen »Ich bin, was ich denke«?
Es gibt Tage, da läuft es wie gebuttert, andere kreieren ein Missgeschick nach dem anderen. Der Grund: Unsere jeweils aktuelle Denkhaltung schafft unser Umfeld. Es klingt naiv, aber positives Denken zieht positive Energie an, negative – na, Sie ahnen es. Auf die digitale Transformation bezogen: Die digi-

tale Kulturrevolution beginnt in gewisser Weise schon bei der Hinterfragung unseres ureigenen Menschenbildes: Wie sehen wir uns selbst? Wie erleben wir unser Team und unsere Mitarbeiter? Woran machen wir diese Glaubenssätze konkret fest? Passen unsere Grundannahmen noch in die heutige Zeit? Was bewirkt dieses Menschenbild in unserem Führungsverhalten?

Denken wir X oder Y?

Schenkt man dem amerikanische Managementvordenker und Soziologen Douglas McGregor Glauben, so sind die Führungsverhalten in unseren Unternehmen von den beiden diametralen Theorien X und Y gekennzeichnet.

Bei einem Blick auf beide Theorien kommt man allerdings nicht umhin, Gemeinplätze festzustellen. Theorie X sieht im Menschen eine träge Masse, einen arbeitsscheuen und auf Bequemlichkeit bedachten Faulpelz. Als kleines Rad im Räderwerk des Unternehmens bedarf er einer straffen Führung sowie einer eng getakteten Kontrolle und Anleitung, um überhaupt annähernd produktiv sein zu können. – Das klingt unschön – und lässt kafkaeske Bilder von Strafkolonien auftauchen. Dementsprechend verhalten sich seine Vorgesetzten auch disziplinierend, kontrollierend und autokratisch. Dieses Menschenbild und das daraus resultierende Führungsverhalten stammen noch aus Zeiten der industriellen Revolution. Damals ging es darum, die Arbeit der Menschen immer mehr dem Ideal einer Maschine anzupassen und sie planbar, beherrschbar und austauschbar zu machen. Dieser Ansatz entpuppt sich heute aus verschiedenen Gründen als nicht mehr zeitgemäß.

Freundlicher geht Theorie Y mit dem Menschen um. Sie erkennt in ihm Ehrgeiz, Zielstrebigkeit und konstruktive Leistungsbereitschaft verwurzelt, Tugenden, die ihn für selbstverantwortliches Schaffen prädestinieren. Unternehmen sollten dem Mitarbeiter dafür einen geeigneten Nährboden verschaffen und Führungskräfte befähigen, Freiräume zuzulassen und Mitsprache zu ermöglichen.

Die unterschiedlichen Koordinaten spiegeln sich auch im Managersprech: Im Rahmen der Theorie X sorgt eine knallharte Nomenklatur wie Vorgesetzte respektive Untergebene, Befehl, Anweisung, Kontrolle, Berichtspflicht, Zurechtweisung und Disziplinarstrafe für eine militärisch anmutende Atmosphäre. Demgegenüber beweisen in der Theorie Y deutlich weichere Begrifflichkeiten, wie Mitarbeiter auf Augenhöhe, Zielvereinbarung, Konsens, Gruppenmeeting und Delegation von Aufgaben, Kompetenzbereich, Gruppenentscheidung und Selbstverantwortung, Mitarbeitergespräch und Feedback eine Kultur des respektvollen Miteinanders und der glaubwürdigen Solidarität.

Das Gedankenmodell von Douglas McGregor (2005) verführt gerne zu Missdeutungen, auch wenn wir die XY-Theorie für allzu schematisch erklären. In Reinkultur begegnen wir in der Praxis wohl weder der einen noch der anderen Variante. Aber was wir mitnehmen können: unsere jeweilige Grundhaltung bestimmt das Verhalten – unseres und das anderer! Nicht ohne Konsequenzen. Führungskräfte werden über die jeweilige Grundhaltung zu einem bestimmten Führungsverhalten nach der XY-Theorie gebracht und dies fördert oder bestätigt wiederum bei ihren Mitarbeiten, ob sie sich entsprechend der Theorie X oder der Theorie Y verhalten. Und mehr noch – es wirkt sich dramatisch auf die Einstellung aus, neue Methoden, Verhaltensweisen und Strukturen im Zuge der digitalen Transformation überhaupt zuzulassen und zu adaptieren.

UNSERE HALTUNG BESTIMMT UNSER VERHALTEN!

Theorie X und ihre eher zeitgemäße Schwester Theorie Y sollten uns eines vor Augen führen: Weder die Führungskraft noch der Mitarbeiter sind das Problem. Auch nicht die Ursache dafür, wenn Transformation stagniert – sondern einzig und alleine unsere Vorstellung davon, wie die jeweils anderen ticken (nach Theorie X oder Y?). Verfolgen wir Theorie Y konsequent und hören wir nicht auf, an sie zu glauben, vollzieht sich auch das Wunder der selbsterfüllenden Prophezeiung und digitale Transformation wird gelingen.

Was bewirkt Prinzip Y in Chefsesseln und Mitarbeiteretagen?

Im Zuge der digitalen Transformation strömen nicht nur neue Technologien, Automation und veränderte Prozesse in Werkhallen und Büroräume. Eine junge, in ihrem Verhalten und Wünschen veränderte Generation führt neue Werte und selbstbewusste Ansprüche an Arbeitsplatz und Karriere im Gepäck. Sie infiltriert verkrustete Abbildungen, willens, die gut gemörtelten Mauern aus veralteten Strukturen einzureißen. Neue Vorstellungen kollidieren mit alten Mustern zu Arbeitszeitregelung, Arbeitsplatz, Arbeitszeiterfassung, Dienstplan und Anwesenheitsmarkern, Kontrollmechanismen und disziplinierenden Verhaltensweisen. Immer noch wird vielerorts das »Management by Presence« gepflegt, bei dem schiere Anwesenheit den Nachweis für aktive Tätigkeit bildet.

In Anlehnung an Ulf Brandes (2014)

Aber junge, alerte, mit der Digitalisierung aufgewachsene Menschen legen ihre Schwerpunkte nicht mehr auf die monetären und materiellen Vorteile. Vielmehr wünschen sie sich flexiblere Gestaltungen bei Arbeitszeit, Platz, Weisung und Ausführung, die sich mit ihren anderweitigen Interessen und Engagements vereinen lassen. Gleichzeitig stehen sie in einer anderen Tradition als die Menschen früherer Generationen, die sich – Ausfluss der industriellen Revolution – unter das Ideal der Maschine beugten. Diese Menschen mutierten als Arbeitskräfte zu austauschbarem, beliebigem, kontrollierbarem, im aufkommenden Kapitalismus gut verwertbarem Arbeitsmaterial.

Die Generation Y dagegen setzt auf Selbstbestimmung, sinnvolle Arbeits- und Lebensplanung und größtmögliche Freiheit in der Nutzung ihrer eigenen Ressourcen. Unternehmen, die sich heute qualifizierte, motivierte und vorwärtsstürmende Fachkräfte wünschen, müssen in diesem Sinne mitziehen und bella figura machen. Der autoritäre, zielerfüllungsorientierte Führungsstil des Prinzips X stößt in der digitalen Transformation rasch an gläserne Decken. Im Vergleich mit einem modernen, innovativen und strikt mitarbeiterorientierten Verständnis und kongenialer Handhabung von Führung fallen seine Schwächen sofort ins Auge: Statt Motivation und Engagement erzeugt das Prinzip X spürbare Hemmschwellen, Apathie und Dämpfung von Unternehmensenergien.

Digitalisierung stellt die Weichen für neue Freiräume auf technologischem Terrain – Ein neues Führungsverständnis muss nachwachsen

Selbstbestimmtes Arbeiten kann nur dort seine volle Wirkung entfalten, wo der Führungsstil dies erlaubt. Wenn sich durch die Digitalisierung bislang behäbigere Arbeitsprozesse smart automatisiert in einer flexiblen Form neu definieren, sehen sich Mitarbeiter von repetitiven Aufgaben befreit. Das befähigt sie, ihre Energien wieder verstärkt den unternehmensessenziellen Aufgaben zu widmen. Bei fortschreitender Digitalisierung werden Kunden immer stärker und kritischer darauf achten, wie Unternehmen ihnen das Leben leichter machen. Digitale Warenwirtschaftssysteme, Roboter, die Bestandsaufnahmen vornehmen und automatisch Waren nachfüllen oder Meldungen

Jeder Held wird auf

die Dauer langweilig.

Ralph Waldo Emerson, Philosoph

auf Kundensmartphones aussenden, erzeugen nachhaltige Einkaufserlebnisse, die Kunden zufriedener und glücklicher machen, B2C und B2B.

Von der »heldenhaften« hin zu einer »dienenden« Führungskraft

Temporeiche Paradigmenwechsel wie die Digitalisierung verschonen weder Unternehmenskultur noch Führungsverhalten. Charles Handy verband als erster den Begriff der Theorie Y mit »Postheroischem Management«. Allein an der Spitze treffen Unternehmenshelden einsame Entscheidungen, Prognosen und Deutungen. Dienende Führungskräfte dagegen wertschätzen das Wissen anderer. Sie beziehen es in ihre Entscheidungen ein und erweisen sich dabei als lernfähig und demütig. Sie pflegen ein partnerschaftliches Verhältnis zu Mitarbeitern, das nicht von persönlicher Autorität frei ist, aber nicht mehr im patriarchalischen Sinne angewandt wird.

Das gilt für digitale Zeiten in ganz besonderem Maße. Apropos: War der »Hauptmann von Köpenick« ein Held, dem wir nacheifern könnten?

Im positivistischen Sinne ja. Unter dem Strich ein tragischer Held, weil er etwas wagte, von dem ihm keiner vorher hätte sagen können, dass es erfolgreich enden würde – aber an seinem eigenen verstellten Blick scheiterte. Wir dürfen vermuten, dass ihm dies selbst nicht bewusst war. Vor sich selbst hatte er gesiegt. Auch wenn er aus heutiger Sicht für die falschen Werte kämpfte: Für ihn waren sie voll gültig. Besessen von einer brennenden Idee, einem inneren Drang, ging er aufs Ganze. Und seine Haltung – die eines Helden, der aussterbenden Idealen anhing – war so überzeugend, dass er andere (kurzzeitig) mit sich zog. Heute sind wir gefordert, mit unseren Ideen andere nachhaltig zu begeistern und in ein neues Zeitalter zu begleiten, dessen Vorwehen uns faszinieren und gleichzeitig ein wenig einschüchtern. Werden wir es schaffen, den Anforderungen zu genügen? Ja, wir haben eine gute Chance, wenn wir wie Helden aufs Ganze gehen, doch gleichzeitig ein gelassenes und kluges Augenmaß walten lassen.

Helden im Mythos erhalten einen Ruf zum Aufbruch. Es gibt einen Protagonisten, der ihnen das Leben schwer machen wird. Sie zweifeln, zögern und gehen dann doch ein Wagnis mit unbestimmten Ausgang ein, beseelt und getrieben von einem umrissenem Ziel: Die Jungfrau aus den Klauen des Unholds retten, den auf dem Felsen Feuer speienden Drachen töten, den sagenhaften Schatz finden, die Stadt vom Tyrannen befreien. Siegfried aus der Nibelungensage war ein tragischer Held, er kam, kämpfte, freite, wurde erhört und dann meuchlings gemordet. Doch wurde er nicht reichlich belohnt? Der an ihm begangene Verrat erst machte den netten, vielleicht etwas naiven Blonden, zum unsterblichen Helden. Bis er den Ruf vernahm. Die Aufforderung, Außergewöhnliches zu leisten. Und losstapfte in Richtung Drache = Feind. Ein Mann muss tun, was ein Mann tun muss. Ein Held allemal. Die Geschichte, explizit die des 20. Jahrhunderts, hat das sanktionierte Heldenbild demontiert. Die postheroische Zeit formte neue Helden, die mit der gebotenen Demut und gleichzeitig fest entschlossen vorangehen. Und dies ist auch innerhalb der Führungsriegen von Unternehmen zu besichtigen. Doch, doch! – Das passt gut zusammen!

Die postheroische Führungskraft hat Erfolg im Visier, wenn sie auf vernetzte Zusammenarbeit, solidarisches Verhalten setzt und zu Eigenverantwortung und interdisziplinärer Selbstorganisation ermutigt. Auch für sie selbst bedeutet dies einen gewaltigen Befreiungsschlag, denn allein an der Spitze zu stehen kann sich frostig anfühlen. Dass der Postheroe dennoch innerhalb des Hierarchiegefüges kaum etwas an Bedeutung einbüßt, sollte Adepten beflügeln. Musste er unter heroischen Vorzeichen einem enormen Druck standhalten, kann er sich heute entspannter in das Unternehmensgefüge einbringen. Mitarbeiter haben feine Antennen und respektieren ihn umso mehr, wenn er sich als unterstützend, großzügig und Potenzial entfaltend erweist. Bemüht er sich um Transparenz und Durchlässigkeit, klare Information und Kommunikation, arbeiten Mitarbeiter produktiver, engagierter, ergebnisorientierter, weil sie sich in ein großes Ganzes eingebunden und gefordert sehen. Eigeninitiative ist per se fördernd, vergleicht man dies mit den menschenverachtenden Direktiven in planwirtschaftlich arbeitenden Systemen, die vor allem eines produzierten: Leerlauf.

Interessant hierzu ist auch das Buch von Brigitte Witzer (2005) *Die Zeit der Helden ist vorbei.*

Auch wenn wir künftig nicht ganz ohne Hierarchien auskommen können – das hierarchiegeprägte Arbeitsleben hat in digitaler Zeit an alter Schärfe eingebüßt. Unzureichend motivierten, in ihrer Initiative gebremsten und in ihrer Aktivität blockierten Mitarbeitern geht das Gefühl von Sinnhaftigkeit verloren.

Die »Dienende Führungskraft« (...) folgt nach Managementforscher Robert Liden folgenden Maximen:

1. Sie hat das Wohlbefinden der Mitarbeiter im Blick.
2. Sie ermuntert diese, Verantwortung zu übernehmen.
3. Sie hilft ihnen, persönlich zu wachsen.
4. Sie ist davon überzeugt, dass die Mitarbeiter an erster Stelle kommen, noch vor ihren eigenen Bedürfnissen.
5. Sie möchte Werte schaffen, die auch außerhalb der Organisation gültig sind.
6. Sie weiß, wie ein Unternehmen funktioniert.
7. Sie ist gerecht und ehrlich.

Dienende Führung ist ein Synonym für Leistungsansporn

Erhalten Menschen Gelegenheit zu selbstbestimmtem Handeln, wachsen ihr Können und das Vertrauen in die eigenen Fähigkeiten. In Konsequenz wirkt sich dies stark werterhöhend auf Zufriedenheit, Selbstverständnis, Lösungskompetenz und Verbundenheit aus. Leistungssteigerung ist nur eine der positiven Folgen von wertschätzender, unterstützender Interaktion und zutrauender Führung. Wird Führungsqualität darüber hinaus von innerbetrieblichen Angeboten (etwa in Ausstattung, Services, Conveniences) begleitet, befriedigen Mitarbeiter nicht nur ihre Grundbedürfnisse, sondern erleben und genießen ihr für die Arbeit eingesetztes Zeitvolumen als Teil von positiv erfahrener, attraktiver Lebenszeit.

Gerade innerhalb der Generation Y ist dieses Moment tief verankert. Besonders beachtenswert ist, dass hier weniger hedonistische Vorteile den Ausschlag geben, sondern der intensiv empfundene Wunsch, das eigene Leben mit der Arbeit in Einklang zu bringen. Wenn in »heroischen Arbeitswelten« die Arbeit zentrales Element im Lebensuniversum war, das nordete und fixierte, wird diese Betrachtungsweise von der Generation Y gerade neu definiert. Brandes (2014) plädiert in seinem Buch *Management Y* dafür, Mitarbeiter in alle Entscheidungen einzubeziehen. Etwa wenn allen Mitarbeitern (insgesamt oder den jeweiligen Abteilungen) bei der Einstellung von neuen Kollegen eine Mitsprache, ja sogar ein Vetorecht eingeräumt werden. Das mag auf den einen oder anderen gewöhnungsbedürftig erscheinen. Doch eine solche Partizipation ist nicht nur ein Zeichen des guten Willens, sie stärkt das vorhandene Gruppenverständnis und verringert Fehlentscheidungen. Neue Mitarbeiter integrieren sich in einer partnerschaftlichen Konstellation leichter, weil sie sich willkommen fühlen.

Jobrotation und Arbeitsplatztausch vertiefen das Verständnis innerhalb von interdisziplinären Teams und geben Mitarbeitern mehr Einblick in die betrieblichen Gesamtzusammenhänge. Je höher der Stand an internem Einbezug und Mitentscheidung, desto gewichtiger ist der Grad von Identifikation und Loyalität, Gemeinschaftsgefühl und gegenseitigen Respekt. Dies gilt auch für monetäre Vergünstigungen wie Gruppenboni statt Individualbonus.

Last but not least

Wie man heute unternehmensintern informiert, kommuniziert, diskutiert, motiviert, wie Probleme angesprochen und behandelt werden, gibt der gesamten Unternehmenskultur einen entscheidenden Anschub. Auf unaufgeregte Weise wachsen innere Klarheit sowie Transparenz nach außen. Freiräume für Kreation und Ideenvielfalt, Ermunterung zu Verbesserungsvorschlägen und Weiterbildungshinweisen beschränken sich in digitalisierten und transformierten Arbeitswelten nicht auf einen »Kummerbriefkasten« am Schwarzen Brett und gehen über das sattsam bekannte »Betriebliche Vorschlagswesen« weit hinaus. Agile Unternehmen setzen auf interaktive Plattformen der Kollaboration, wie Slack oder Jira. Experiment, Spaß und weiterführende Benefits wie Meditation und Erholungszonen gehen nur scheinbar auf Kosten der Produktivität sprich Arbeitszeit. Diese Angebote an die Mitarbeiter refinanzieren sich reichlich in Mitarbeitermotivation und Loyalität. Bereits jetzt nutzen Mitarbeiter in Konzernen wie Google oder 3M einen vom Betrieb zugestandenen Arbeitsstunden-Freiraum, der ihnen erlaubt, eigene Ideen zu erarbeiten, die über betriebsinterne Unternehmenskanäle kommuniziert, aber auch extern veröffentlicht und nicht selten realisiert werden.

Mehr Futter fürs Gehirn gibt's hier

Ulf Brandes (2014): Management Y. Agile, SCRUM, Design Thinking & Co. So gelingt der Wandel zur attraktiven und zukunftsfähigen Organisation. Campus, Frankfurt am Main.

Douglas McGregor (2005): The Human Side of Enterprise. Annotat-ed Edition. McGraw-Hill Education Ltd, New York, USA.

Heike Scholz (2018): 7 Denkanstöße zur Digitalisierung, https://zukunftdeseinkaufens.de/digitalisierung-menschen, abgerufen am 8. August 2019.

Brigitte Witzer (2005): Die Zeit der Helden ist vorbei. Persönlichkeit, Führungskunst und Karriere. Anleitung für ein postheroisches Management. Redline, München.

#5 Happiness-Prinzip: Gute Milch kommt von glücklichen Kühen

- Glück ist individuell. Doch Glücksgefühle sind mächtige Helfer! Privat geben sie viel Antrieb, im Arbeitsleben kräftige Schübe für Leistung und Ergebnis.
- Digitale Transformation lässt sich in einer angeregten und gleichzeitig entspannten Verfassung besser und leichter stemmen. Mehr noch – nur so kann man dem Digital Change das Beste abgewinnen.
- Führungskräfte, Unternehmer und Verantwortungsträger fangen am besten bei sich selbst an, bevor sie die Glückswerkzeuge an ihr Team weitergeben.

»Glück gehabt«, gluckste der Teufel und verließ fluchtartig den Himmel, als Petrus es donnern und blitzen ließ und das in seinen Grundfesten erschütterte Universum trudelte und schwankte. Unten angekommen, machte es sich der Teufel am flackernden Herdfeuer bequem. Es war rußig, dunkel, verräuchert in der Höhle, aber seine Hölle war für ihn das Paradies. Er war glücklich.«

Wie macht der Alm-Öhi seine Kühe glücklich? – Warum fällt mir hier gerade der Bezug zum Arbeitsleben ein?

Eine Studie der britischen Newcastle University, die Landwirte nach ihrem Erfolgsrezept befragte, zeitigte Ergebnisse, die uns keineswegs überraschen. Es ist nicht nur der saftige Weidegrund, der behagliche Stall oder die frische Brise, die vom Meer oder Berg her weht, die Kühe gut gelaunt, gesund und nicht zuletzt ertragreicher machen. Der Erfolg liegt in der Art des Umgangs mit dem Vieh. Eine echte Viecherei: Ganz wie im menschlichen Umgang genießt es auch das Rindvieh, persönlich angesprochen und liebevoll umsorgt zu werden. Ein guter Almbauer kennt seine Kühe beim Namen, weiß um ihre individuellen Vorlieben und spürt, wann sie kränkeln. In Zahlen: Eine emotional vernachlässigte Milchkuh gibt zweihundertachtundfünfzig Liter weniger Milch pro Jahr – auf eine Herde von hundert Tieren kann sich das schnell zu einem hübschen Verlust summieren. Was uns in der Massentierhaltung abstößt, ist neben den unwürdigen Lebensbedingungen auch die Art, wie das Vieh, das schließlich den Ertrag sichert, auf die gleiche Stufe wie ein Automat gestellt wird.

Doch zunächst einmal: Was ist Glück überhaupt?

Glücksritter Don Quijote war ein trauriger Held, aber vielleicht machte ihn gerade dies glücklich? Begleitet vom treuen Diener Sancho Panza und auf dem Rücken seines Pferdes Rosinante vergrößerte er seine reale Welt und fühlte sich vielleicht umso glücklicher, je unglücklicher und verquerer er von außen wirkte. Er hatte ein Ziel. Sein Kampf gegen Hammelherden und Windmühlen mag lächerlich scheinen, für ihn war es eine selbst gewählte Lebensaufgabe, in der er aufging. Zum Glück!

Ein andauernder Zustand kann und sollte Glück keinesfalls sein – hätten wir kein Unglück, würden wir das Glück gar nicht zu schätzen wissen. Wenn Schönheit im Auge des Betrachters liegt, speist sich das Gefühl, glücklich zu sein, aus genauso vielen individuellen Komponenten. Bereits die Befriedigung menschlicher Grundbedürfnisse nach Zufriedenheit, Sicherheit, Stabilität, Bezogenheit, Kontakt, Entwicklung und Wachstum führt zu einem glücklichen Zustand. Materielle Bedürfnisse zu stillen kann kurzzeitig glücklich machen, bis der Anfangsreiz abflaut. Dauerhaftes Glück gibt es per se gar nicht, denn das hätte den gegenteiligen Effekt zur Folge: Nicht Unglück, sondern Gewöhnung ist der Gegenpart von Glück. Sie führt zu Verflachung und Mittelmäßigkeit und dann ist Glücksempfinden nur noch ... tja, was eigentlich?

Glücksmomente erst machen das Leben lebenswert, sie liegen im Kleinen wie im Großen. Wir können sie immer wieder frisch aufrufen, indem wir uns an sie erinnern. Doch leider ist der Mensch so gestrickt, dass sich negative Erinnerungen stärker im Bewusstsein einprägen. Boulevardmedien nutzen dieses Phänomen, indem sie negativ konnotierte Schlagzeilen oder Berichterstattungen bewusst dramatisierend in den Vordergrund rücken. Erklärt dies auch, dass viele Menschen mit zunehmendem Alter unter der Last der negativen

Erfahrungen mit Bitterkeit auf ihr Leben zurückblicken? Aber wir können ja auch auf das Ventil der positiven Re-Calls zurückgreifen. Zum Glück!

Flow and Drive braucht das Land! (ganz im Zeichen der digitalen Revolution)

Wenn wir hier Mitarbeiter eines Unternehmens im gleichen Zusammenhang wie »Milchkühe« sehen, ist dies keinesfalls despektierlich gemeint. Allerdings ist das menschliche Bedürfnis nach Bestätigung, Akzeptanz und Förderung im Unternehmen nicht weniger ausgeprägt als bei den tierischen Zeitgenossen auf der Weide. – Wie man in den Stall hineinruft, so schallt es heraus! Im temporeichen und epochalen Paradigmenwechsel der Digitalisierung unserer Arbeitswelt hat die Glücksfrage eine ebenso epochale Brisanz. Unternehmen, die sich transformieren wollen/müssen, stehen heute ungleich stärker als bisher vor der Frage: Wie erreiche ich es, dass unsere Mitarbeiter auf den Transformationszug aufspringen? Sich begeistern können für Veränderungen, die zunächst mühsam und schmerzhaft sind? Deren Einführung einer neuen Geisteshaltung und die Bereitschaft einfordern, das Bisherige infrage zu stellen und Neues zu adaptieren?

Will sich ein Unternehmen in eine agile, flexible, proaktive und innovative Organisation wandeln, das Geschäftsmodell modifizieren und seine Führungskultur der neuen Zeit anpassen, braucht es agile, flexible, gut gelaunte, motivierte und sich im Betrieb rundherum wohl fühlende Mitarbeiter. Ein besonderer Drive, eine Aufbruchsstimmung wie in den amerikanischen Pionierzeiten, eine stimulierende und gleichzeitig entspannende Atmosphäre aus Begeisterung, Schwung und Vitalität – das sind die Faktoren, die sich als Treiber einer gewandelten Unternehmenskultur verstehen.

Glückliche und zufriedene Menschen leben nach neuen Erkenntnissen viel gesünder, weil sie keine äußeren Motivatoren oder Stimulanzien für ihr Wohlbefinden benötigen. Auf den Betrieb übertragen: Zufriedene Mitarbeiter leisten mehr, weil sie es selbst wollen, nicht unter dem Druck von Leistungsvorschriften.

Change ist – bei Mensch und Betrieb – ein längerer Prozess, bei dem sich neue Spuren und Synapsen im Gehirn formen müssen. Und zwar am wirkungsvollsten, wenn dies mit glücklichen Empfindungen verbunden ist. Und das braucht Zeit und – eine anregende Atmosphäre wie die Milchkuh auf der Alm sie im besten Fall genießt. Dass dies nicht mit hippen Würfel-Hockern, Tischkickern, neckischen Spielchen, Regentänzen und anderem Voodoo (wie es oft in stark amerikanisch geprägten Digitalkonzernen praktiziert wird) funktioniert, ahnen wir längst. Aber was braucht es dann? Doch vielleicht eine aus Bodenständigkeit, Tradition und Erfahrung gewachsene Unternehmens- und Führungskultur, die sich die neue Welt und ihre Anzeichen zu eigen macht?

IN EINER TRÜBSELIGEN, GEDRÜCKTEN STIMMUNG WÄCHST DIE ZARTE PFLANZE VERÄNDERUNG NUR SCHWER

Kollege Jurgen Appelo (2018) liefert in seinem Buch *Managing for Happiness* eine ganze Reihe von Werkzeugen und Rezepten jenseits der quietschbunten Kindergarten-Architektur, die Menschen im Betrieb glücksbewusster, die Atmosphäre relaxter, das Arbeiten angenehmer und zugleich produktiver machen sollen. Faktoren, die Mitarbeiter zu Aussagen verführen wie »Glück gehabt, als ich diesen Job bekam« oder »Was für ein Glück, dass ich in diesem Unternehmen andockte«. Ein gutes Gefühl, das von der Werkhalle und Büroetage bis ins Privatleben ausstrahlt.

Um dies zu erreichen, braucht es auch einen Change in der Einstellung der Mitarbeiter zu ihrer Tätigkeit. War sie bislang von Pflichterfüllung, Broterwerb, Existenzsicherung, Absicherung durch Arbeitsverträge getragen, ergänzt mit dem Wunsch nach Selbsterfüllung und Wachstum, der allerdings nicht selten in der Routine und Demotivierung der langen Arbeitsjahre verloren ging, beginnen nicht nur Mitarbeiter der Generation Y zunehmend zu anspruchsvolleren, sprich: bewussteren Mitarbeitern zu mutieren. Das lässt hoffen.

Soll die digitale Welt so gestaltet werden, dass wir vom Besten daraus profitieren und die Auswüchse bewusst hinterfragen, bedarf es eines anderen Mindsets respektive Bewusstseins bei denen, die die Transformation umsetzen. Optimistisch, positiv, ohne unkritisch zu sein – so sollte der neue Mitarbeiter die zugegeben auch mal ängstigende digitale Zukunft in Angriff nehmen. Ein Nährboden aus Vertrauen, zutrauendem Fordern und Pflegen hilft.

Denn glücklichere Mitarbeiter sind produktiver, proaktiver und innovativer. Sie entwickeln bessere Lösungen, haben eine positivere Ausstrahlung, stehen Veränderungen und der digitalen Transformation offener gegenüber.

Nur – wie macht man Menschen glücklich?

Die digitalen Giganten wie Facebook, Google, Amazon und Co. setzen intern auf Spaß, Event, Incentive, Knalleffekt. Das wirkt kurzfristig und nutzt sich rasch durch Wiederholung ab. In der Vergangenheit erregten Unternehmer wie Alfried Krupp, Robert Bosch oder Philipp Rosenthal mediale Aufmerksamkeit, weil sie Selbstbestimmung, Beteiligung und das Wohlbefinden steigernde Begünstigungen in die Arbeitsverträge aufnahmen. Was sicherlich keinem ausschließlich altruistischen Gutmenschen-Denken entsprach, sondern der Überzeugung, dass achtsam und gut gepflegte Mitarbeiter dem Unternehmen mehr zurückgeben als vernachlässigte. Damals ging es in den Werkhallen vor allem um Körper- und Leistungskraft, in der digitalen Transformation geht es um mentale Stärke, Innovation, Vision, Kreation, Reflexion, Mut, Neugier, Wissbegier, Entdeckerdrang, Gestaltungswillen, Vernetzung und Veränderungsbereitschaft. Um einen deutlich betonten Glücks- und Lustfaktor – als Motor der Veränderung.

Zu unserem Glück gibt es Glücksforscher

Sie haben erkannt, dass im Betrieb nicht nur die äußeren Arbeitsbedingungen eine große Rolle für ein leistungsstärkendes Wohlbefinden spielen. Menschen wollen sich bestätigt, anerkannt sehen und geschätzt, im Flow fühlen. Sie wollen in die Gestaltung ihrer Aufgaben einbezogen werden, und nicht als Befehlsempfänger alter Ordnung vorgefertigte Anweisungen entgegennehmen. Ein erfülltes Leben über die Arbeit hinaus ist ihnen wichtig. Während der Arbeitszeit sind soziale Bindungen, private Rückzugsnischen, Raum für Gespräch und Entspannung das Salz in der Suppe. Betriebskindergärten, Pausen-Snacks, eine klug gefertigte Mitarbeiterzeitung, monatliche After-work-Meetings oder ein Brunch mit dem CEO in der Kantine, auf einen Tee mit der Führungskraft und kleine Erinnerungen an den Geburtstagen, eine gemeinsame Laufgruppe, Chi Gong im nahen Stadtpark oder ein Bowlingabend – die Führungskräfte sind gefordert, Fantasie zu entwickeln und mit gutem Beispiel voranzugehen.

Eine kollegiale Umarmung, wenn jemandem etwas Gutes gelang oder ein spontanes Abteilungsmeeting, wenn bei einem Kollegen ein freudiges Ereignis für anrührende Glücksmomente sorgt – ein Lächeln auf dem Flur, ein nettes Wort beim Kopierer sind der Anfang. Dem Pförtner, an dem man jahrelang vorbeiging, mal die Hand schütteln und am Tag nach Neujahr dem Putztrupp Berliner schenken. Einem Kollegen bei einer schwer zu bewältigenden Aufgabe unter die Arme greifen und kostenlos Ideen und Lösungen spenden, ohne den anderen als Konkurrenten zu empfinden – Geben heißt Zurückbekommen. Insgesamt erzeugt betriebliche Achtsamkeit ein kaum zu toppendes Klima aus Solidarität, Loyalität und Vertrauen, in dem Ideen und Lösungen gedeihen.

Alles, was Anerkennung, Aufmerksamkeit, Verbundenheit, Sichtbarkeit, Dankbarkeit, Solidarität und Gemeinschaftsgefühl und/oder Loyalität auslöst, erzielt im zwischenmenschlichen Bereich meist kostenlose Interaktion, die nachwirkt.

Apropos, was hat unser Gehirn mit Glücksmomenten zu schaffen?

Sehr viel. Wenn die Hormone verrückt spielen, ist immer unser Gehirn beteiligt. Dazu weiß Wikipedia: »Als Glückshormone werden populärwissenschaftlich häufig bestimmte Botenstoffe (Hormone, Neurotransmitter) bezeichnet, die Wohlbefinden oder Glücksgefühle hervorrufen können. Dies erreichen sie meist durch eine stimulierende, entspannende oder schmerzlindernd-betäubende Wirkung. Die bekanntesten Glückshormone sind Dopamin und Serotonin.«

Kurzer Methodenüberblick – Appelos zwölf kleine Schritte zum Glück im Arbeitsalltag

Mit *Management 3.0* hat Jurgen Appelo ein Konzept für einen neuartigen systemischen Führungsstil erarbeitet. Es versteht Organisationen als komplexe soziale Systeme und greift mithilfe vielfältiger konkreter Praktiken die dringenden Bedürfnisse und Fragen agiler und moderner Unternehmen auf. Und dies wird anschaulich und nachvollziehbar dargestellt: Mithilfe zahlreicher Werkzeuge und Rezepte sollen Arbeitswelten angenehmer und zugleich produktiver werden. Er geht praktisch vor und streift auch Vorgehensweisen, die uns auf den ersten Blick alltäglich und altgewohnt erscheinen, im Unternehmenskontext jedoch eine ganz eigene Bedeutung erlangen. Sein Credo: Machst du andere glücklich, bist du es auch!

Aus der Trickkiste von Management 3.0 greifen wir zwei, drei Karten heraus.

Die Kudo-Box: Einfach mal Danke sagen!

Positives Feedback lässt uns innerlich aufstrahlen. Der griechische Begriff Kudo – Anerkennung, Ehre, Lob – nutzt diesen Effekt. Im innerbetrieblichen Kontext steht er als persönliches, konkretes Zeichen für Dank und Anerkennung zwischen Teammitgliedern. Er ist interdisziplinär und keiner Hierarchie untergeordnet. Die Kudo-Box wird an exponierter Stelle aufgestellt und kann von jedem Mitarbeiter bestückt werden. Was die Box enthält, wird wöchentlich öffentlich zur Kenntnis gebracht. Aber nicht nur reine Wort-Mitteilungen schluckt die Kudo-Box, auch kleine Benefits und Give-aways, originell beschriftet oder bebildert, sind hier willkommen. Kudo-Karten würdigen keine Resultate, sondern Verhalten und Mindset. Sie signalisieren Wertschätzung, das sich bezahlt macht, weil es die interne Verfassung von Abteilungen, Units und kompletten Unternehmen deutlicher spiegelt als ausführliche Unternehmensberichte dies könnten.

Kleine Pausen im Arbeitsalltag revitalisieren unsere grauen Gehirnzellen

Selbstregulierung kann gelernt werden. Pausen, Entspannungsmomente, kurze Auszeiten im Erholungsraum, kleine Fluchten in den nahen Stadtpark oder ein Kurzzeit-Nickerchen im Entspannungssessel bewirken Wunder. Laden Sie Ihr Team doch mal spontan auf ein Eis beim Italiener um die Ecke ein! Sie werden es spüren, wie sich die Atmosphäre positiv auflädt.

Neue Erfahrungen lassen Energien wachsen

Mitarbeitern außer der Reihe ein interessantes Erlebnis zu ermöglichen – ein externes Event, der Besuch in einer angesagten Ausstellung, ein halber Tag Muße, ein Coaching, eine Meditationssitzung – ist das Vorrecht und die Aufgabe von Führungskräften, die selbst gut auf sich und ihr Mindset achten und vorbildhaft agieren. Sie kennen das bestimmt selbst: Etwas Neues ausprobieren oder erleben gibt einen mächtigen Motivationsschub.

Gehe mit deinem Team durch die Happiness-Door

Sicherlich haben Sie in Ihren Räumen eine Türfläche, an der sich die Wege von vielen Mitarbeitern kreuzen. Oder eine freie, nackte Wand in prominenter Lage innerhalb des Betriebs. Verwenden Sie diese doch als Feedback-Aktionsfläche, die mit Post-its bestückt werden kann. Eingeteilt in drei Bereiche, auf denen je ein Smiley die Niveaustufen »positiv, neutral oder negativ« anzeigt. Post-its und Filzstifte liegen einladend und griffbereit. Die Happiness-Door-Regeln lauten:

- Jeder kann jederzeit Feedback geben.
- Jeder hat die Möglichkeit, etwas zu benennen, was ihm aufgefallen ist.
- Jeder kann sein Feedback nach eigenem Dafürhalten in den entsprechenden Wertungsbereich der Aktionsfläche anordnen.

Die Happiness Door und die dort positionierten Feedbacks werden täglich beobachtet und ausgewertet. Manchmal ist eine Reaktion auf eine Notiz angebracht, manchmal haben die Post-it-Inhalte rein informativen oder informellen Charakter. Wenn wir im Arbeitsleben in der Regel mehr dem Verstand verpflichtet sind, um unsere Aufgaben zu bewältigen, befeuern emotionale und kreative Inputs unsere Lust an Spiel, Interaktion, Kontakt und Kommunikation. Und wir können so alt werden wie Methusalem (oder Methusalix) – in diesem Punkt bleiben wir immer Kind.

> **Mehr Futter fürs Gehirn gibt's hier**
> Jurgen Appelo (2018): Managing for Happiness. Übungen, Werkzeuge und Praktiken, um jedes Team zu motivieren. Vahlen, München.

Ihr persönlicher Boxenstopp

Die zentrale Transformationsfrage:
Wie kommen wir vom Gewinn zum Sinn?

Welche Glaubenssätze sollen unsere digitale Kultur prägen?
(Denken Sie an das *#1 Titanic-Prinzip: Oder wie unterirdische Eisberge Zukunft zerstören.*)

Wie wollen wir digitale Kultur entwickeln?
(Erinnern Sie sich an das *#2 Culture-eats-Strategy-for-Breakfast-Prinzip: Zuerst die Kultur, dann das Vergnügen.*)

Warum sind wir im digitalen Zeitalter noch relevant? Warum wollen wir eine digitale Transformation?
(Nutzen Sie die Erkenntnisse aus *#3 Start-with-why-Prinzip: Warum nur das Warum eine gemeinsame Ausrichtung schafft.*)

Welches Menschenbild soll unsere digitale Kultur widerspiegeln?
(Beleuchtet im *#4 Theorie-Y-Prinzip: Der Mensch ist doch nicht so doof, unwillig und faul!*)

Wie wollen wir Wohlbefinden und Potenzialentfaltung fördern?
(Anregungen hierzu gab es im *#5 Happiness-Prinzip: Gute Milch kommt von glücklichen Kühen.*)

4.

Denkhaltung:
Vom Entweder-oder zum
Sowohl-als-auch

Das eine tun und das andere nicht lassen. POGO und Walzer – je nach Anforderung.

Verfasser unbekannt

#6 Turnschuh-Prinzip: Flink auf jedem Parkett!

⊃ Agile Führung liegt in der Fähigkeit begründet, sich souverän und flink auf jedem Parkett zu bewegen: Gleichzeitig forschen, wagen, austesten – und im selben Atemzug mit der Optimierung des operativen Geschäfts auf dem Markt bestehen.
⊃ Beidhändige Führung erst schafft die Balance zwischen Produktivität und Innovation.
⊃ Agile Führung in Turnschuhen darf sich nicht auf einen Wechsel der Fußbekleidung beschränken, sonst gerät der Impact zu vordergründiger Kosmetik.

Das mache ich doch mit Links! Links oder Rechts? Keine Frage der politischen Einstellung, wenn es um die manuelle Präferenz geht. Eine besondere Intelligenz vermutet die Wissenschaft in Menschen, die beide Hände gleich funktionsfähig einsetzen können. Man sollte Klavier spielen können – das schult die Beidhändigkeit immens. Aber was hat Ambidextrie – also die Beidhändigkeit – in der Wirtschaft zu schaffen? Und sind Turnschuhe in Führungsetagen adäquat?

Es lebe der Sneaker – als Symbol für eine neue, agile Führungskultur?

Die deutsche Unternehmenswelt wird bunter: Ex-Daimler-Chef Dieter Zetsche führte sein Unternehmen in Jeans und Turnschuhen in eine unerwartete Erfolgswelle, als er dem Schlachtschiff der deutschen Wirtschaft eine stringente Zukunftsfähigkeit verordnete. Telekom-Mitarbeiter gehen auf magenta-farbigen Sneakersohlen durchs Arbeitsleben. Die für ihre strenge Kleiderordnung bekannte Lufthansa ruft den »Sneaker's Day« aus und registriert befriedigt, dass ihre streng limitierten LH-Adidas-Treter bei Fashonistas reißenden Absatz finden. Versehen mit dem Emblem der Münchner Verkehrsbetriebe gewinnt der hauseigene Laufschuh neue Kunden, weil er gleichzeitig als Jahreskarte dient. Prädigitale Generationen können wir dabei beobachten, wie sie sich mithilfe der Gepflogenheiten der Digital Natives zu einer gewandelten Unternehmenskultur bekennen, die per se auf rationalen und stabilisierenden internen Veränderungen basiert.

Welchen Impact hat der Turnschuh-Turnaround auf Führungsstil und Unternehmenskultur?

Wenn sich Transformation auf äußere Veränderungen beschränkt, gerät der Impact zu vordergründiger Kosmetik. Jedem reflektierenden Menschen ist klar, dass noch so hippe Sneaker keine zukunftssichernde Führungskultur respektive eine Philosophie der begleiteten Selbstorganisation erfolgreich in Unternehmensmodelle zu implementieren vermögen. Leader benötigen heute weit mehr als den Mut, die Fußbekleidung zu wechseln. Wenn Führungspersönlichkeiten das Mantra von selbstbestimmter Arbeit und Agilität pflegen ohne intrinsische Verkoppelung, bleibt bestenfalls alles beim Alten, es verschlechtert sich mitunter. Denn jetzt trifft ein emanzipiertes Team auf altbekannte Leader, die sich mit neuen Buzzwords tarnen. Die unausweichlichen Folgen dieses Fakes: Frust. Resignation. Leerlauf. Führungskräfte sollten nicht ihre modischen Gewohnheiten umkrempeln, sondern tunlichst die Erkenntnis zulassen, dass ihre Arbeitszeit nur noch zu vierzig Prozent mit Sachfragen gefüllt sein darf. Der Rest ist – Führen, Bewegen, Lotsen, Leiten und vor allem Delegieren!

Was hat Joschka Fischer mit progressiven, agilen Führungskräften gemeinsam?

Nur die Turnschuhe? Ganz sicherlich nicht. Vielmehr seine Fähigkeit sich souverän auf jedem Parkett zu bewegen. Einerseits aufzurütteln, zu provozieren – andererseits in staatsmännischer Manier für Stabilität zu sorgen und koalitionsfähig zu bleiben. Als Joschka Fischer und die Grünen 1983 in Jeans und Turnschuhen in den Bundestag einzogen, wurde dies als disruptives Fanal gewertet. Mit ihrer Herausforderung ernteten die jungen Wilden Spott und Häme. Sahen Vertreter des Establishments beim Anblick der krawattenlosen Grünen Rot, mussten sie im Laufe der Zeit unbemerkt und schleichend Mutationen hinnehmen, die die saloppen Jungpolitiker als hartnäckigen Virus einer neuen Zeit ins Parlament eingeschleust hatten. Joschka Fischers weiße Turnschuhe, die er 1985 bei seiner Vereidigung als hessischer Umweltminister trug, stehen heute im Deutschen Schuhmuseum in Offenbach.

Als Juniorpartner innerhalb der rot-grünen Koalition wurden die Grünen ernstgenommen. Sie dachten nicht in überholten Hierarchien, sondern wollten selbstgesteuert arbeiten und aktiv gestalten. Sie hatten – ob man nun sympathisiert oder nicht – frischen Wind im politischen Gepäck. Nicht lange und sie mauserten sich zu einer respektablen Partei, die von den Ursprüngen, zumindest dem Auftreten nach, nur noch wenig ahnen ließ. Richtungweisend und bleibend waren ihre Ursprünge. Was als Systemkritik verstanden wurde, entsprach auch dem Drang, einer neuen parlamentarischen Kultur den Weg zu bahnen. Weg von der Entweder-oder-Mentalität – hin zu einem Sowohl-als-auch-Ansatz.

SNEAKER ZU TRAGEN UND ALLES BEIM ALTEN ZU LASSEN MUTET HILFLOS AN!

Die Anpassungsbereitschaft der Grünen wurde spätestens an den exquisiten Markenzeichen der Koalition Schröder-Fischer ersichtlich: Brioni-Anzug und Cohiba-Zigarren. Erinnert Sie das an etwas? Genau, Herrenabende im Rauchzimmer hanseatischer Traditionsklubs. Dennoch: Was waren wir stolz auf unsere Regierungsrepräsentanten, die wir guten Gewissens im Designer-Outfit ins Ausland schicken konnten! Bei den frühen Auftritten der Grünen auf politischem Parkett hätte ihnen niemand zugetraut, sich so zu institutionalisieren wie wir sie heute erleben. Die damalige Parlamentskultur musste mit den jungen Wilden leben und arbeitete sich beidhändig in eine neue Diskussionskultur vor. Hat sich das Ansehen der Politik dadurch verschlechtert? – Nein, dafür gab es andere Gründe.

Die Fähigkeit, sich souverän auf jedem Parkett zu bewegen, ist heute unerlässlich: Einerseits aufzurütteln, zu provozieren und für Innovationen zu sorgen – andererseits im Kerngeschäft für Stabilität zu sorgen!

Beidhändige Führung schafft die Balance zwischen Produktivität und Innovation

Wer heute führen will, muss dazulernen: Je mehr er verinnerlicht, dass gewohnte Ziele wie Effizienz sowie smarte Werte wie Flexibilität und Erneuerung gleichzeitig möglich sind, desto früher wird er auf den Zug der Zeit aufspringen, der in Richtung Zukunft fährt – und dies rasend schnell. Diese wissenschaftlich als Ambidextrie und Ambidexterität benannte Beidhändigkeit entspricht einer Folie, auf der gleichzeitig disruptives Denken und konservative Bewahrungsmentalität in Organisationen umgesetzt wird. Altbewährte, traditionelle Modelle werden wirtschaftlich gewinnbringend beibehalten, während »aufrührerisch-zerstörerisches« und experimentelles Denken über künftige Produkte erfolgreich die Vorgehensweise von Start-ups simuliert.

Diesem Thema nimmt sich auch Julia Duwe (2017) in ihrem Buch *Beidhändige Führung* an. Empfehlenswert!

Führungskräfte müssen agil sein und gleichzeitig nach innen und außen Stabilität beweisen

Imaginieren wir zwei Szenarien: Unternehmen werden sich auch weiterhin in von Stabilität, Sicherheit, Einfachheit und Eindeutigkeit (SSEE) geprägten Umfeldern bewegen. Die SSEE-Situation bedarf einer anderen Art und Weise zu führen als die VUKA-Situation (Volatilität, Ungewissheit, Komplexität und Ambiguität). Im Führungsverhalten von Unternehmen wird es mit vision (Vision), understanding (Verstehen), clarity (Klarheit) und agility (Agilität) vernietet.

Ein nur scheinbarer Spagat: Gleichzeitig forschen, wagen, austesten – und im gleichen Atemzug mit der Optimierung des operativen Geschäfts auf dem Markt bestehen. Wenn wir »früher« von der digitalen Transformation sprachen, bezog sich dies auf neue, an der Oberfläche vorgenommene digitale Technologietransfers. Heute sprechen wir von tiefgehenden Veränderungen in Organisation, Führungsverhalten und Geschäftsmodell, die sich nicht darauf beschränken, an der Oberfläche zu kratzen. Beschränkt ist dies keinesfalls auf Konzerne und Großunternehmen. Gerade der wegen seiner Innovationskraft oft gerühmte deutsche Mittelstand kann sich transformiert und elegant neu aufstellen. Wie Innovation heute im Rahmen der digitalen Umwälzungen zu interpretieren ist, wäre bereits ein neues, wichtiges und umfassendes Thema.

Agile Führung – Die Gefahr der Janusköpfigkeit

Anstatt die Vorteile der Beidhändigkeit wahrzunehmen und zu schätzen, entwickeln Führungskräfte vielfach ungewollt eine Janusköpfigkeit. Einerseits verordnen Sie Agilität und verlangen von ihren Mitarbeitern, sich selbst zu organisieren, hierarchiefrei zu interagieren und kreativ zu denken. Andererseits fordern Sie gleichzeitig Spar- und Effizienzprogramme ein, die mit harter Hand nachgehalten werden. Damit treten zwei fundamental gegensätzlich gelagerte Führungsdiskurse in Konkurrenz, die Mitarbeiter eher verunsichert und lähmt.

Janusköpfigkeit lässt sich geschickt vermeiden, wenn sich Führungskräfte bei der Durchführung von Effizienzprojekten auf die Denkhaltung der asiatischen Lean-Philosophie beziehen. Mit ihrer Hilfe gelingt es schlanken Unternehmen tatsächlich, ihre Mitarbeiter zu ermächtigen. Diese fördern eigenverantwortlich Effektivitätspotenziale, tun sich in der Teamarbeit hervor. Führungskräfte mutieren zu Unterstützern und Dienstleistern ihrer Mitarbeiter. Da sie sich nicht als Kontrollinstrument einer autoritären Führung geriert, erlebt keiner die so geschaffene Transparenzkultur als Bedrohung. In einer gesunden Fehlerkultur dient sie tatsächlich, gepaart mit offenem Feedback, spürbar und nachvollziehbar der ständigen Optimierung und erweist sich in Gänze voll kompatibel mit agilen Ansätzen. Der Schlüssel zur erfolgreichen Beidhändigkeit liegt also auf der Ebene des Mindsets.

Die Kunst, beide Hände gleichzeitig zu nutzen

Ein interessanter Trend bricht sich Bahn: Großkonzerne und große Mittelständler kooperieren mit Start-ups, um sich aus deren Kultur das anzueignen, was sie weiterbringt. Es gilt die Devise: Auf Biegen und Brechen mithalten mit den Digital Natives in den Disziplinen neues Denken, neue Führung, neue Hierarchiestrategie. Tief im Unternehmensinneren führt ein digitales Hintergrundrauschen überholte Führungsmodelle ad absurdum. »Altgewohnt« und »transformiert« kann Gräben quer durch Vorstandsetagen ziehen. Die Kunst, beide Hände gleichzeitig zu benutzen ist gefragt, denn nicht alles, was früher galt, muss falsch sein und genauso wenig alles, was neu ist, richtig. Unternehmen sind gut beraten, sich den Zugang in eine fordernde und chancenreiche Zeit zu sichern, die uns alle vor immense Herausforderungen stellt: Gravierend neue Denkrichtungen. Unvertraute Verhaltensmuster. Punktgenaue Flexibilität. Geschmeidige Anpassungen. Alte Ufer hinter sich lassen und neue anstreben oder beide miteinander in Einklang bringen, fordert der Pulsschlag der Zeit.

Diese Geisteshaltung ist ebenso fruchtbar wie nachvollziehbar: Lean und Agile – beidhändig geschickt praktiziert – spiegeln die gleiche, wertschätzende und kalkulierbare Führungsphilosophie und dokumentieren in einer durchgängigen, eindeutigen Sprache eine verlässliche Organisationskultur. So eingebettet können Mitarbeiter und Führungskräfte mit beiden Händen kraftvoll zupacken und sowohl die SSEE-Welt effizient bewirtschaften als sich auch die VUKA-Welt erfolgreich erschließen.

Kurzer Methodenüberblick – Beidhändige Führung

Sind Sie Links- oder Rechtshänder bei der Führung im digitalen Wandel? Oder gar ambidexter?

1. Reflektieren Sie: Wie viel Linkshändisch steckt in Ihrem Führungsstil?

Die linke Hand steht stellvertretend für einen transaktionalen Führungsstil. Im Mittelpunkt steht Effizienz und Exzellenz: Klare Aufgaben und detaillierte Handlungsanleitungen, Fortschrittskontrolle und Erfolgsmessung. Sie legen ein hohes Augenmerk auf Sorgfalt und Detailtreue bei der Umsetzung von Aufgaben.

2. Reflektieren Sie weiter: Wie viel Rechtshändisch steckt in Ihrem Führungsstil?

Die rechte Hand steht für transformationale Führung. Dieser Führungsstil eignet sich gut für unsichere, neue Situationen. Sie sorgen für Begeisterung und ermutigen, Neuland zu betreten. Dazu vermitteln Sie Werte und Sinnhaftigkeit und lassen Teams selbstorganisiert arbeiten ohne Details vorzugeben.

3. Seien Sie ehrlich! Sind Sie mit beiden Händen gleich geschickt in der Führung?

Mehr Futter fürs Gehirn gibt's hier

Julia Duwe (2017): Beidhändige Führung. Wie Sie als Führungskraft in großen Organisationen Innovationssprünge ermöglichen. Springer, Berlin.

#7 Ambiguitätstoleranz-Prinzip: Es kommt darauf an, sagt der Jurist! Und hat recht.

⮌ Digital Leader und digital transformierte Organisationen sollten über eine hohe Ambiguitätstoleranz verfügen, denn VUKA-Welten produzieren per se laufend Widersprüche und Dilemmata.

⮌ Das Tetralemma als Denkwerkzeug dient dazu, bei einer Entscheidungsfrage zwischen zwei Alternativen den eigenen Handlungsspielraum zu erweitern, sich einen neuen Blickwinkel anzueignen und seine Optionen persönlich zu entwickeln.

⮌ Zur Logik dieses Prinzips tritt als eine emotionale Komponente das Bauchgefühl.

Was halten Sie spontan von diesen Sprachblüten?

»Der brave Mann denkt an sich selbst zuletzt.«
(Friedrich Schiller, Wilhelm Tell: erst zuletzt an sich selbst oder sogar zuletzt [nur] noch an sich selbst?)

»Ein Fräulein ist eine Frau, der zum Glück der Mann fehlt.«
(»Zum Glück« ist doppeldeutig: »glücklicherweise« oder »zum Glücklichsein«?) Erschwerend kommt dazu, dass hier die politische Korrektheit zu wünschen übrig lässt!

»UNHCR* lässt Roma und Sinti hängen«
(Lässt sie im Stich oder lässt sie aufhängen? *Hochkommissar der Vereinten Nationen für Flüchtlinge)

Auch die letzte deutsche Rechtschreibreform hat hübschen Mehrdeutigkeiten Vorschub geleistet:

»Hans K. ist ein viel versprechender junger Politiker.«

(Vor der Reform bedeutet »vielversprechend« – Hoffnungen weckend, viel erwarten lassen, »viel versprechend« dagegen viele Versprechungen machend.)

Die Ironie mag einwenden, dass sich in diesem speziellen Fall beide Deutungen anbieten. Bewusst eingesetzt erzielen Mehrdeutigkeiten in der Satire und im Witz (auch gezielt in der verbalen Attacke oder innerhalb einer offensiven Haltung) über saftige Überraschungsmomente Lachsalven. Unzweideutige oder widersprüchliche, unterschiedlich auslegbare Situationen können Spannungen zwischen den Betroffenen hervorrufen (vor allem wenn unterschiedliche kulturelle Konventionen vorliegen), Beziehungen trüben und Interaktionen empfindlich stören oder verhindern. Vor allem können sie unbeabsichtigte emotionale Reaktionen hervorrufen. Eine hohe Ambiguitätstoleranz stellt auch ein Kennzeichen von interkultureller Kompetenz dar. Ambiguitas – Doppelsinn – erfordert Scharfsinn und die stabile Toleranz, eine mehrdeutige, auch widersprüchliche Auslegung von Informationen und Situationen gelassen hinzunehmen.

Doch was hat Ambiguität im Unternehmensalltag zu schaffen? Wie ist hier mit ihr umzugehen und warum ist sie gerade in digitalen Transformationswelten ein ständiger Gast?

Ambiguität in der VUKA-Welt

Digital Leader und digital transformierte Organisationen beziehungsweise deren Mitarbeiter und Teams ist zu raten, sich eine hohe Ambiguitätstoleranz anzueignen, denn VUKA-Welten und deren Alltag produzieren per se kontinuierlich Widersprüche und Dilemmata. Dieses Pfund an Toleranz hilft, bei widersprüchlichen Anforderungen cool zu reagieren und handlungsfähig zu bleiben. Es gibt hier weder nur Schwarz noch nur Weiß, Komplexität erfordert ein Denken auf vielen geraden und ungeraden Wegen. Und die Fähigkeit, dabei nicht in Verwirrung zu geraten. Es ist normal und verständlich, dass wir uns über schnelle Lösungen freuen. In der VUKA-Welt gibt es allerdings mehr Optionen als wir uns denken können.

Auch Sie begegnen diesen Dilemmata, die durch die Anforderungen der VU-KA-Welt immer mehr Raum einnehmen, bestimmt häufiger als Ihnen lieb ist.

Wir stehen vielfältig in der Pflicht. Wir müssen

- das Standardgeschäft stabilisieren, aber gleichzeitig in disruptive Märkte eintauchen und alles Bisherige hinterfragen;
- Mitarbeitern großzügig Entscheidungs- und Handlungsfreiräume gewähren und gleichzeitig mit stringenter Hand führen;
- morgens mit den asiatischen Kollegen ein Business-Call führen und am Abend per Skype-Konferenz den Kunden aus den USA zufriedenstellen;
- Standardisierung bei gleichzeitig maximaler Individualisierung gewährleisten.

Wenn Sie nicht spätestens hier nach Art des HB-Männchens in die Luft gehen, gratuliere ich Ihnen zu Ihrem stabilen Nervenkostüm. Derartige in sich widersprüchliche und mehrdeutige Anforderungen hätten die Unternehmenslenker vor fünfzehn oder zwanzig Jahren als schlicht unerfüllbar abgetan. In den aktuellen, hochkomplexen und ungewissen Wirtschaftswelten sind wir gefordert, mit mehrdeutigen, gegensätzlichen und miteinander unvereinbaren Ansprüchen souverän umzugehen.

Wie lösen wir das Dilemma? Indem wir in der Entscheidungssituation das Entweder-oder-Mantra hinter uns lassen und eine Sowohl-als-auch-Haltung einnehmen, lösen wir das Dilemma der Ambiguität.

Dass die Ambiguitätstoleranz bei Führungskräften, Managern und Vorständen im digitalen Zeitalter ungleich stärker gefragt ist, liegt in der Natur der Sache: Die VUKA-Welt ist noch nicht durch gefestigte Erfahrungsmuster und Schemata standardisiert und wird es wohl auch nie in der bisher gekannten Form werden. Klassische Manager plagen wiederum andere Sorgen: Ihnen verstellen KPIs und Benchmarks so stark die Sicht, dass sie in ihrer Not nach einem Schuldigen suchen, an den sie ihre Entscheidungsverantwortung abgeben können oder nach einer objektiven Erklärung, warum eine Entscheidung gar nicht möglich ist oder schief lief. Digitale Leader müssen auf der Kommandobrücke unter der Aufsicht der Ambiguitätstoleranz in der Lage sein, Ad-hoc-Entscheidungen zu treffen, auch wenn diese über nicht vollständige oder gar nicht über bereits gesicherte Daten legitimiert sind. Sie lernen, dass Widersprüchlichkeit nicht zwingend negativ sein muss, und üben, wie sie mithilfe dieser Einstellung die ihnen bestmöglich erscheinenden Lösungen generieren. Dabei eröffnen sich auch neue Wege und Alternativen – ähnlich wie die Seefahrer des Mittelalters, die auf dem Wege nach Indien ganz andere Eilande fanden, die sie gar nicht im Visier hatten. Und diese Zufallsfunde sich als durchaus prospektiv erwiesen. Diese Einstellung macht vor allem eine Haltung notwendig: Ängste, zu versagen, Fehler zu machen, sind normal. Aber ein Digital Leader muss diese zurückstellen beziehungsweise auf ihnen reiten wie auf einem bockigen Pferd, das sich dennoch zähmen oder zumindest heil in die Koppel führen lässt.

WIDERSPRÜCHLICHKEIT IST EMOTIONALER EXTREMSPORT! ES GIBT KEINEN EFFEKTIVEN WORKOUT OHNE SCHWEISS

Das Gefühl der Zerrissenheit, das dem vorausgeht, kann quälend sein. Menschen ertragen unsichere Situationen schwer. Sie haben lieber einen negativen Ausgang vor Augen als gar keinen. Unser Vermeidungsverhalten kann enorme Ausmaße annehmen. Das zehrt an unseren Potenzialen, an Kraft, Energie, Zeit, Lebenslust, Arbeitsmut. Wir zögern und verstärken die Qual. Eine nicht ganz zielführende Entscheidung ist immer noch besser als gar keine. In der defensiven Haltung fühlen wir uns unwohl, wenn auch scheinbar geschützt.

Auf die Einstellung kommt es an!

Die Haltung macht es, wie in fast allen Lebensfragen. Die Ausrichtung, die wir ihnen geben: Bewerten wir Situationen und Herausforderungen positiv oder sehen wir sie negativ als Problem an? Beide Sichtweisen haben Auswirkungen auf unseren Umgang mit Ambivalenzen. Wenn wir in das Hin- und Hergerissen-Sein einsteigen, fangen wir an zu grübeln. Eine Spirale tritt in Gang, die uns schlaflose Nächte beschert. Die ambivalenten Gefühle halten sich zäh. Auf Dauer führt das zum Verlust an Leichtigkeit und Lebensfreude bis hin zu Burn-out oder depressiven Symptomen.

Kurzer Methodenüberblick – Das Tetralemma

Tetralemma (also ein Dilemma mit zwei Seiten, das auf vier Seiten beziehungsweise Sichtweisen erweitert wurde) erweist sich als eine erwägenswerte Lösungsmethode. Falls Sie etwa vorhaben, Ihre Frau zum Hochzeitstag ins Restaurant einzuladen und Sie zum Italiener wollen, Ihre Frau aber französisch vorzieht, beide im Grunde sehr an ihrer Lösung hängen, also nicht bereit sind nachzugeben, was können Sie da machen? »Da Mario?« oder »Chez Marie«? Oder zunächst zum Italiener zu Apero und Antipasti und dann ins Feinschmeckerrestaurant zum Überraschungsmenü mit Austern, Filet Meyer und Champagner? Oder in ein Restaurant, das beides auf der Speisekarte anbietet? Oder eine Lösung, die weder die kulinarischen Vorlieben noch die Verfügbarkeit in den Fokus stellt, sondern eine andere Qualität ins Spiel bringt? Etwa ein Wochenende im Wellness-Tempel, bei dem beide Zeit füreinander finden, was sie sich schon lange wünschten? Das eröffnet einen neuen Weg aus der scheinbaren Unlösbarkeit und verhindert schwelende Konflikte.

Kommt es in der VUKA-Welt zu einem Dilemma, spielt Unsicherheit eine große Rolle. Nehmen Sie diese an, dann wird es Ihnen leichter fallen, Ihr Führungsverhalten in einem neuen Licht zu sehen. Anstatt Mitarbeiter zu beschwichtigen, Dilemmata auszusitzen oder zu verdrängen, Dinge auf die lange Bank zu schieben (das können wir uns in VUKA-Welten nicht mehr leisten!) oder alles in einem abwertenden Blickwinkel zu betrachten, bieten sich uns heute smartere und agilere Lösungen.

Sobald allen Beteiligten bewusst wird, dass es *die* optimale Lösung nicht gibt, wird Erleichterung die Situation entschärfen. Wenn die zu findende Lösung als ergebnisoffen und der Widerspruch in sich klar thematisiert wird, lassen sich die Rahmenbedingungen für diesen Kompromiss diskutieren. Übereinkunft sollte darin bestehen, dass sich widersprechende Ziele nicht klassisch erreichen lassen, sondern in Etappen, in klein gefassten, jedoch sowohl qualitativ wie innovativ hochwertigen Sprüngen. Ein solches Vorgehen bedarf eines starken Commitments, gepaart mit Offenheit und Kommunikationsgeschick. Auch ein Sündenbock ist hier umsonst zu suchen. Bei Licht betrachtet, erweist es sich nicht selten als eine Nagelprobe für die Zusammenarbeit zwischen Führung und Team und eine immense Chance auf inneres Zusammenwachsen und äußeres Wachstum.

Das Tetralemma fußt auf der fernöstlichen Rechtsprechung. Einem Richter stehen zwischen zwei Parteien verschiedene Optionen offen: Dem einen oder anderen oder beiden oder keinem von beiden Recht geben. Die fünfte Lösungsoption bestünde in der Negation aller anderen.

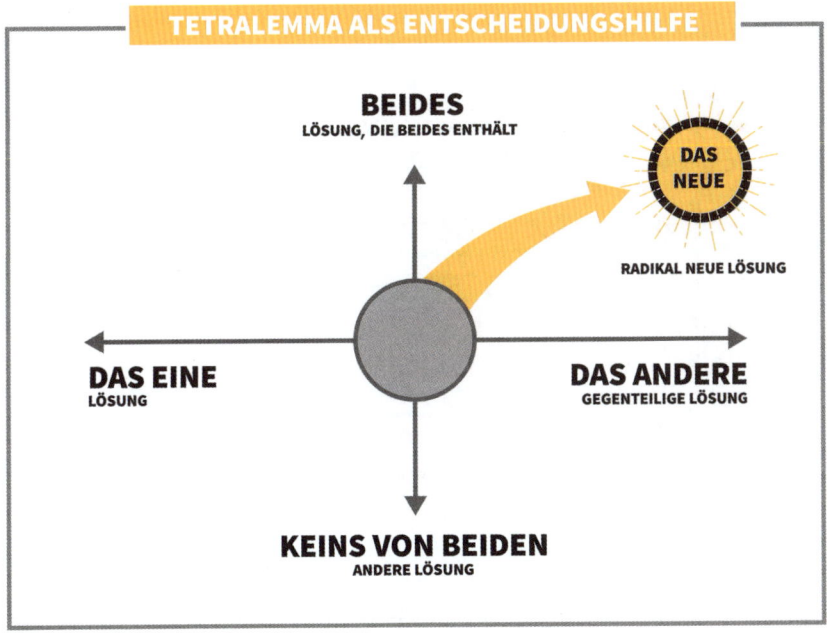

Quelle: In Anlehnung an A. Dollinger/K. Fehse/K. Haasis (2019)

Die Qual der Wahl

In der VUKA-Welt geht es nicht mehr nur um Vereinbarkeit, sondern um den Kontext, in dem das Dilemma, der Gegensatz von Richtig und Falsch, gründet. Übrigens der Schlüssel zu etwas komplett Neuem. Diese übergeordnete Position stellt alles infrage, ebenso wie sie alles bestätigt. Sie nimmt gleichzeitig bedrohliche wie beruhigende Features an und vereint radikale Veränderung mit dem Ruhe sichernden Kontext von Bewahrung. Wir erleben: Nichts ist sicher, alles ist möglich. Das erlaubt uns, die Ursprungspositionen neu zu denken und mit frischen Inhalten zu besetzen, denn: Nichts ist so wie es war, es kann auch ganz anders kommen – und das ist das Neue.

> **Mehr Futter fürs Gehirn gibt's hier**
>
> Matthias Varga von Kibéd; Insa Sparrer (2018): Ganz im Gegenteil. Tetralemma-arbeit und andere Grundformen Systemischer Strukturaufstellungen – für Querdenker und solche, die es werden wollen. 10. Auflage, Carl-Auer, Heidelberg.

#8 Resilienz-Prinzip: Wie ein Fels in der digitalen Brandung – gerade in dynamischen Zeiten!

- ➲ In digitalen Arbeitswelten ist es Aufgabe der Führungskräfte, das Bewusstsein für Resilienz zu schärfen und eine geschmeidige Anpassungsfähigkeit vorzuleben.
- ➲ Resilienz ist die Fähigkeit, auch in widrigen Situationen alle Kräfte zu mobilisieren und das Beste daraus zu machen.
- ➲ Resilienzkompetenz ist nicht angeboren. Jedoch lässt sie sich erlernen und trainieren.

Das Stehaufmännchen: Als Kind sind wir fasziniert, wie die ausgebuffte, behände Gummifigur niemals aus der Balance gerät, auch wenn wir sie mit dem Finger kräftig anstupsen und in heftige Schaukel- und Rotationsbewegungen versetzen. Sie bewahrt ihr naives Grinsen, schalkhaft unserer Bemühungen Hohn lachend. Sie bleibt standhaft in des Wortes doppelter Bedeutung.

Im Erwachsenenleben erfahren wir immer wieder mehr oder weniger schmerzhafte Anstupser, Schicksalsschläge, Unwidrigkeiten. Träume und Lebensentwürfe können platzen, Menschen können uns enttäuschen, Verluste brennen und lassen das Leben zunächst sinnlos erscheinen. Persönlich, privat, in Beziehungen und im Berufsleben. Manche Menschen können in der tobenden Brandung der Wucht der anstürmenden Wellen wenig Gegenwehr bieten, andere wiederum erleben, wie der Sog sie im weichen Treibsand nach unten zieht, stehen aber fast mühelos wieder auf und starten stracks einen Neu-Anfang. Das uns immanente Überlebensprinzip ist einzigartig!

Herausforderungen gehören zum Leben, sie lassen uns wachsen. Warum bezwingen die einen sie besser als andere? Sind es die Gene? Eine sichere Kindheit? Stabile Beziehungen? Ein tragfähiges Berufsleben oder ein nährendes Umfeld? Ethische Prinzipien oder spirituelle Hilfe? Persönlich wichtige Menschen, Mentoren, Partner, Wegbegleiter? Es gibt reichlich Beispiele von Persönlichkeiten, die in widrigen Umständen geboren sind oder mit einer frühen Erkrankung oder Traumatisierung kämpfen mussten, aber dennoch ein außergewöhnliches Leben führten (wie der blinde Künstler Ray Charles oder der Ausnahmewissenschaftler Stephan Hawkings). Dabei brauchen wir gar nicht zu den Sternen zu greifen – Kennen wir nicht alle »Helden des Alltags« und staunen wir nicht ganz neidbefreit, warum diese so sind wie sie sind? Sie verfügen offenbar über innere Kräfte und eine Seelenstärke, die Großes entstehen lässt. Was macht unsere Seele stark und reich?

Resilienz. Ein Begriff, der in Mode kam und dennoch nichts an Bedeutung verloren hat.

Geboren wurde ein Verständnis von Resilienz in der Werkstoffforschung. Der Begriff steht hier für eine Qualität der »Nicht-Verformbarkeit«. Stoffe, die immer wieder in ihre genuine Ausgangsform zurückkehren, egal wie man sie dreht, quetscht, verformt, demontiert, bearbeitet. Auf das menschliche

Leben bezogen, ist Resilienz die Fähigkeit, nicht gegen die unweigerlichen Stürme des Lebens anzugehen, sondern sich geschmeidig, flexibel und kraftvoll einem Fluss anzupassen, der unabänderlich in eine bestimmte Richtung fließt. Sich nicht aufzulehnen gegen etwas, was stärker scheint (ist) und daher nie unterliegen wird. Wir lernen, dass es klüger ist, sich zu fokussieren und das Beste für sich daraus zu machen.

Kennen wir das nicht alle? Was im ersten Moment negativ erscheint, was Ängste weckt, kann durchaus positive Wachstumschancen entwickeln, wenn wir das Neue, Fordernde und Ungewohnte mutig annehmen und ihm seine guten Seiten abgewinnen, ja es als aufregend und inspirierend erleben. Herausforderungen werden uns geschickt, damit wir an ihnen wachsen und nicht zerbrechen. Zumindest sollten wir es versuchen. Diese Bewältigungskompetenz setzen resiliente Menschen nicht bewusst ein, sondern lassen sie instinktiv zu und erleben darin eine hohe Sinnhaftigkeit, auch und gerade in schwierigen Lebenssituationen.

Resiliente Menschen durchleben Schicksalsschläge eher gestärkt als geschwächt. Sheryl Sandberg (2017), die als COO bei Facebook tätig ist, bietet dafür ein großartiges Beispiel: Aus einer Lebenskrise nach dem plötzlichen Tod ihres Mannes ging sie gestärkt hervor. Sie erkannte die Quelle ihrer Gesundung und verfasste ein Buch zum Thema Resilienz, um anderen Menschen Mut zu machen.

»Leicht gesagt«, meinen Sie? Denken Sie doch einmal zurück, als Sie zum ersten Mal als Kind bei den Pfadfindern, im Schullandheim oder bei der ersten Einschulung waren. Die Schultüte oder den gepackten Rucksack umklammernd werden Kinder, die vorher vielleicht wenig Kontakt mit Gleichaltrigen hatten, nicht selten von Panik ergriffen – »Was sind das alles für kleine Menschen, die ich nicht kenne?« Der erste Impuls heißt: Neiiiiin. Das Kind, aus der Vertrautheit in eine fremde Welt geworfen, will zurück in das gewohnte warme Nest. Lässt es sich aber auf das Abenteuer ein (und im Grunde hat es wenig Wahlfreiheit), erlebt es die anfangs erschreckend neue Situation als aufregend und schön. Als Erwachsener verfügen Sie – anders als das Kind – über einen Erfahrungsschatz, der uns unbewusst antriggert.

Eine klare Entscheidung für eine Herausforderung vergrößert die Erfolgschancen immens. Wir werden vom »Objekt« zum »Macher«.

Warum gilt dies in besonderem Maß für die Arbeitswelt in digitalen Zeiten?

Die Fähigkeit, mit äußeren Einwirkungen souverän und gelassen umzugehen, stellt den Schlüssel für Transformations- und Krisenresistenz dar. Die digitale Transformation verlangt uns ein Äußerstes an Umdenken, Mut und Wagen ab. Würden wir unseren aus der Vergangenheit erworbenen Ängsten freien Raum lassen, wäre die Chance auf einen Veränderungsprozess perdü. Erst wenn wir mit Begeisterung und Neugier etwas Neues wagen, im Bewusstsein, dass es schwierig ist und schief gehen könnte, erleben wir Glücksgefühle, die uns auch Rückschläge gut überwinden lassen. Rückschlag – na und? Aufstehen, Krönchen richten, neu anfangen!

Kennen wir die Zusammensetzung – die DNA – eines resistenten Werkstoffes, sind wir in der Lage, diesen originalgetreu nachzubauen. Identifizieren wir die »menschlichen Resilienzfaktoren«, können wir sie bewusst in unser Handeln einbauen, bis sie durch Gewöhnung unbewusst eine Eigendynamik entwickeln. Resilienz ist erlern- und trainierbar, keine Gabe einer guten Fee. Das ermuntert, uns diese kluge Widerstandskraft und Anpassungsfähigkeit auf mentaler, emotionaler und Verhaltensebene anzueignen. Resilienz ist eine Frage der bewussten Haltung, und daher wirkt sie ganzheitlich.

Die sieben Resilienzfaktoren – trivial und dennoch wirkungsvoll!
1. Gesunder Optimismus: Darauf vertrauen, dass die Wolken irgendwann wieder abziehen.
2. Akzeptanz: Herausforderungen und Krisen herzlich willkommen heißen!
3. Selbstwirksamkeit: Sich seiner Stärken bewusst sein und mit Überzeugung schwierige Situationen aus eigener Kraft meistern.

4. Handlungsfähigkeit: Die Opferrolle aufgeben.
5. Eigenverantwortung: Das Zepter selbst in die Hand nehmen statt einen Schuldigen zu suchen.
6. Netzwerkorientierung: Besser zu zweit als allein durch die Krise!
7. Lösungsorientierung: Die Dinge anpacken und sich auf Quick Wins fokussieren.

Resilienz. Schlüsselqualität, wenn der digitale Wind hart von Backbord weht

Der Sturm der digitalen Umwälzung ist gewaltig und erfordert widerstandsfähige Persönlichkeiten, die wie ein Fels in der Brandung stehen. Gerade Führungskräfte, die heute und morgen in der neuen Arbeitswelt erfolgreich sein wollen, müssen selbst resilienzfähig werden und die Bereitschaft dazu bei ihren Teams provozieren. Nach außen vermittelt dies Gelassenheit, Ruhe und Stabilität in stürmischen Zeiten. Was oft verkannt wird: Hier geht es nicht um Dickfelligkeit oder Abschottung. Erfolgreich wird der Manager, die Führungskraft, der Unternehmenslenker sein, der ein Gespür für die Anforderungen entwickelt und ihre Machbarkeit sichert, ohne dass es für ihn und die Mitarbeiter zu einer Zerreißprobe oder einem Machtkampf gerät.

Sich Neuerungen gegenüber positiv zu verhalten und als Chance anzunehmen, ist eine Qualität, die nicht binnen kurzer Zeit wächst. Es gilt, Rückschläge einzustecken, Durststrecken zu durchleben, in denen die Anzeichen noch auf »Unsicherheit« gepolt sind. Führungskräfte stehen qua Amt in einer Vorbildfunktion. Wenn Leadership einer besonderen Agilität und Veränderungsbereitschaft bedarf, sind sie auch vitale Treiber von Schlüsselqualitäten, die Aufbruchsstimmung, Begeisterung, Tatkraft evozieren. Angesichts einer Riesenwelle an bislang nicht vorstellbaren Anforderungen, Verunsicherungen und Fragen, in denen sich eine grundlegend veränderte Dynamik bei Wachstum und Veränderung Luft verschafft, kann Resilienz als Schlüsselqualität innerhalb des Transformationsprozesses nicht hoch genug geschätzt werden.

Kurzer Methodenüberblick – Resiliente Führung

Wie resilient sind Sie und Ihr Team bereits?
Gerne möchte ich Sie in Ihrer Eigenschaft als Führungskraft einmal einladen, Ihre Resilienzkompetenz selbstkritisch zu beurteilen und gleichzeitig mit Blick auf Ihre Mitarbeiter den Grad der Resilienz in Ihrem Umfeld einzuschätzen. Was glauben Sie? Ist der Resilienzlevel hoch genug oder gibt es da noch Pionierarbeit zu leisten? Bei der Einschätzung unterstützen Fragestellungen wie:

- Wie kann ich persönlich mit Stress umgehen? Was beobachte ich in dieser Hinsicht bei meinen Teams?
- Bleiben diese auch in Drucksituationen gelassen, höflich und verbindlich?
- Bin ich realistisch bei der Einschätzung hinsichtlich der Resilienzfähigkeit meiner Teams? Wie stark traue ich ihnen Resilienz zu?
- Wie gehen wir (ich und mein Team) grundsätzlich mit Fehlschlägen um? Wie mit Veränderungen?
- Haben wir ein positives Selbstbild, das uns ins Handeln kommen lässt?
- Bin ich mehr lösungs- oder eher problemorientiert?
- Wie und bei wem hole ich mir selbst Rat und Hilfe und in welcher Form biete ich meinem Team Unterstützung an?
- Wie ist es bei uns mit Verantwortung bestellt? Wie motiviert sind meine Mitarbeiter, wenn es darum geht, unbekannte Herausforderungen zu wagen?
- Was unternehme ich selbst, um diese Motivation zu fördern? Falls das nicht der Fall ist – weiß ich, wie sich diese überaus wichtige Unternehmenstugend hervorkitzeln lässt?

Früher oder später stoßen Sie im Geschäftsleben auf die zentrale Frage: »Wie gehen Sie und Ihre Mitarbeiter mit Stress auslösenden Situationen um, und wie bewältigen Sie diese Herausforderungen sowohl auf der mentalkognitiven, emotionalen, körperlichen und interaktionalen Ebene?« Machen Sie sich besser jetzt als später klar, wie bedeutsam und folgenschwer es ist, eine Bewältigungsstruktur sowohl vernetzt als auch als einen langfristigen und bewusstseinsbildenden Prozess zu sehen. Dieser beruht niemals auf nur einem einzelnen Wesensfaktor, sondern ist immer die Summe von vielen ineinandergreifenden Teilen.

Mehr Futter fürs Gehirn gibt's hier

Karen Reivich; Andrew Shatté (2003): The Resilience Factor. 7 Keys to Finding Your Inner Strength and Overcoming Life's Hurdles. Broadway Books, New York, USA.

Sheryl Sandberg; Adam Grant (2017): Option B. Wie wir durch Resilienz Schicksalsschläge überwinden und Freude am Leben finden. Ullstein, Berlin.

Ihr persönlicher Boxenstopp

Die zentrale Transformationsfrage:
Wie kommen wir vom Entweder-oder zum Sowohl-als-auch?

Wie wollen wir Agilität und Beidhändigkeit leben?
(Erinnern Sie sich an das *#6 Turnschuh-Prinzip: Flink auf jedem Parkett.*)

Wie gehen wir mit Zielkonflikten und Widersprüchen um?
(Denken Sie an das *#7 Ambiguitätstoleranz-Prinzip: Es kommt darauf an, sagt der Jurist! Und hat recht.*)

Wie werden wir gegen disruptive Umbrüche resilient?
(Hilfreiches gab es dazu im *#8 Resilienz-Prinzip: Wie ein Fels in der digitalen Brandung – gerade in digitalen Zeiten.*)

5.
Wissenskultur:
Vom Wissen zum Lernen

Fail early, fail often, but always
FAIL FORWARD.

John C. Maxwell

#9 Improvisationsprinzip: Souveränität trotz völliger Ahnungslosigkeit!

- ⮑ Improvisation ist eine bedeutende Tugend in Zeiten von VUKA und digitaler Transformation.
- ⮑ Die Lust an Spontanität und Experiment ist hier die Basis, um Großes zu wagen.
- ⮑ Erfolgreiche Unternehmer agieren wie Jazz-Musiker: Gewitzt, einfühlend, schlagfertig und wendig.

Können Sie improvisieren? Etwa wenn ein Überraschungsbesuch vor der Tür steht und Sie ihm als guter Gastgeber eine Erfrischung oder einen Snack anbieten wollen. Doch – oh Schreck! – der Kühlschrank ist gähnend leer! In Zeiten der multiplen Lieferdienste natürlich kein wirkliches Problem. Sich auf die Lieferung von Pizza, Döner und Sushi zu beziehen, könnten wir guten Gewissens auch als Improvisationsgeschick nehmen, indem wir frühzeitig genug vorsorgen und die einschlägigen Liefer-Hotlines an den Kühlschrank heften. Dass wir uns heute das gesamte Weltwissen per Suchmaschine und App ins Haus holen können, macht unser Leben reicher. Aber geschickt damit umzugehen und für sich sinnbringend zu nutzen, erfordert aber auch – ein Quäntchen cooler Improvisation.

Keine Evolution ohne Anpassung und Ausprobieren! Seit Anbeginn lernte der Mensch zu improvisieren, sich mit dem abzugeben, was vorhanden war und gerade in negativen Umständen zu lernen. Ein dreigängiges Menü lässt sich natürlich nicht unbedingt aus einer Kartoffel, ein paar Bohnen und einer Handvoll Weizen zaubern. Durch Austesten und Probieren entstand ein Erfahrungsschatz, den wir sukzessive erweitern. Eigentlich sollte man meinen, der hohe Grad an zivilisatorischen Errungenschaften überlässt nichts mehr ungeordnet einem wahllosen Zufall. Alles scheint gesettelt, fixiert, vorgegeben. Je mehr aber die digitale Revolution Eintritt in alle Lebensbereiche fordert, erleben wir gleichzeitig neben der technischen Perfektion eine mental-emotionale Rat- und Ahnungslosigkeit, die uns auf die Fertigkeit zur Improvisation – als vitaler Bestandteil von kultureller Entwicklung – zurückführt.

Ex tempore! Mal schauen, was passiert, wenn wir unserer Lust am Experiment freien Lauf lassen

Nicht nur in Zeiten von Mangel, Hunger und Not war Improvisationsgeschick überlebenssichernd. In Kunst und Kultur finden wir immer wieder Darstellungsformen, die auf kreative Improvisation beruhen – und das nicht erfolglos! Das Stegreiftheater im antiken Griechenland fand seine Nachfolger in der Commedia dell'arte des 17. Jahrhunderts. Anfang des zwanzigsten Jahrhunderts erlebte diese szenische Kunstform ein Revival und ab den 1940er-Jahren eine neue Blüte. Regisseure von experimentellen Fernsehspielen verzichten heute schon mal auf ein fixes Drehbuch und überlassen es dem Schauspieler, innerhalb ihrer Rollen- und Typencharakteristika den Dialog spontan-intuitiv-kreativ selbstbestimmt zu gestalten. Sie reagieren auf Stichworte, extemporieren aus dem Bauch heraus, und der Dialog formt sich spontan und unvorbereitet aus der Situation. Auch die spontan anmutende Situationskomik der amerikanisch geprägten Sitcoms zielt

SO WIE NOTEN FÜR DIE IMPROVISATION IM JAZZ EHER HINDERLICH SIND, SO SIND ES REGELN IM GESCHÄFTSALLTAG!

darauf ab. Sie wird allerdings in der Regel als Drehbuch festgeschrieben. Aber der Witz zündet erst, wenn der fertige Dialog unmittelbar und spontan erlebt wird. Spielerische, situative Elemente erwecken in uns Nachhall. Das zeigt, dass wir durchaus und gerade ohne feste Regeln schöpferisch tätig sein können und dabei auf Applaus stoßen.

Wie nutzen wir die Wirksamkeit der Improvisation in der Businesswelt? Ist hier nicht auch neben rationalen Fertigkeiten wie Analyse, Strategie, Gestaltung, Organisation, Kontinuität ein hohes Maß an Flexibilität, Wendigkeit, Spontaneität, Beweglichkeit und Entscheidungsfreude gefragt? Bestimmt! Sind es nicht gerade die agilen, alerten Unternehmen, die bereit und fähig sind, von einmal festgezurrten Plänen abzuweichen und neue Pfade einzuschlagen, wenn Situation, Markt, Reüssieren und Überleben, ja gesunder Menschenverstand und Intuition es erfordern?

Hand aufs Herz: Träumen wir nicht alle davon, einmal Fünfe gerade sein zu lassen?

Tragen wir vielleicht sogar in uns mehr oder weniger verschämt eine ganz tiefe Neigung, uns ungehemmt und ohne Vorgaben zu verhalten? Fern von einengenden Ritualen unbefangen mit uns selbst und mit anderen umzugehen? Sich einfach lassen, nachdem wir von Kind auf in gesellschaftliche und allgemein gültige Regularien hineinwachsen, ohne die ein Zusammenleben innerhalb von Gemeinschaften kaum möglich wäre? Nicht erst die Moderne kennt die Aussteiger (Was war Diogenes in der Tonne anderes? Wie stand es um den »einsamen Rufer in der Wüste« des Alten Testaments, Johannes?), die sich ihren eigenen Claim abstecken und scheinbar improvisiert leben. Teils aus religiösen Überzeugungen, wie die Amish People, die sich gewissen Formen der modernen Zivilisation verweigern, oder aus machtdynamischen Motiven (wie Sekten oder politische Gruppierungen es tun). Natürlich hat dies nur bedingt mit richtig verstandener, produktiver und gestalterischer Improvisation zu schaffen, auch wenn beiden Phänomenen ein ähnliches Grundprinzip unterlegt ist.

Und wie geriert es sich in der Arbeitswelt?

Die digitale Transformation verlangt uns einiges ab, sei es als Privatmensch oder im Arbeitsleben. Die Wucht des Neuen, Unerhörten kann atemlos machen. Oft findet sich keine schnelle Lösung, mit dem Überraschungsschock umzugehen; Veränderung weckt zunächst Angst und ruft Verdrängungsmechanismen auf den Plan. Angst blockiert. Ein archaischer Instinkt, eine natürliche Vorsicht sagt uns: »Vorsicht. In diesem Dschungel kenne ich mich nicht aus. Im nächsten Busch könnte der Säbelzahntiger lauern.« Dann bieten sich drei Möglichkeiten an: »Sich tot stellen. Flüchten. Angreifen!« Versteht man Angreifen im Sinne von »Dinge in die Hand nehmen und seine kreativen Kapazitäten nach Maßgabe der Situation mobilisieren«, beginnt der improvisatorische Flow zu wirken.

Es lässt sich also festhalten: Improvisation. Works!

Improvisation, sprich: die Fähigkeit mit unvorhergesehenen Situationen souverän umzugehen, sie ans Herz zu drücken und etwas Neues daraus entstehen zu lassen, ist eine bedeutende Tugend in Zeiten von VUKA und digitaler Transformation. Oft sind es nur kleine Veränderungen, die eine erkleckliche Wirkung erzielen. Gewitztheit, Einfühlung, rasches Kombinieren, Schlagfertigkeit, Wendigkeit – Improvisationstheater vom Feinsten!

Aus meiner Erfahrung in der Transformationsberatung für Unternehmen behaupte ich kühn: Ahnungslosigkeit ist in Transformationszeiten und VUKA-Märkten keine Ausnahmeerscheinung, sondern Dauerzustand! Mit diesem für uns unwohlen Gefühl gilt es Freundschaft zu schließen, ja sogar einen Pakt auszuhandeln: »Ich nehme Dich an und schaue spontan, was ich aus Dir erschaffen kann!?« Die digitale Zeit polarisiert: Die einen meinen, dass die Transformation keinen Stein mehr auf dem anderen ließe. Die anderen setzen auf Beharrlichkeit, wieder andere auf die normative Kraft des Faktischen.

Was zeichnet erfolgreiche Entrepreneure (außerdem) aus?

Sie verfügen über eine Kernfähigkeit, die (fern vom Perfektionismus) spontan und wenn nötig improvisiert (also ungeplant, arglos, unvorbereitet, ohne entsprechende Absicherung) agieren lässt. Wir kennen erfolgreiche Unternehmer, die jeder für sich eine ganze Reihe erfolgreicher Unternehmen aufbauten und die allesamt mit dem Improvisationsgen infiziert waren. Eine Unternehmensgründung führt den Initiator in eine heikle und meist unkalkulierbare, hinsichtlich des Ausgangs unsichere Gemengelage. Von seiner innovativen Idee begeistert, weiß er dennoch, dass er auch scheitern könnte. Selten handeln diese Gründer kausallinear, also nach einem fixen Schema, sondern gehen in erster Linie gestalterisch, verschiedenen Einflüssen folgend, wirkend, schaffend vor. Bei unerwarteten Vorfällen stellen sie sich nicht tot, sondern gestalten ihren Handlungsspielraum situativ. Improvisation beweist hier seine Nähe zur Resilienz, die uns bei unerwarteten Vorfällen nicht in die Defensive treibt. Eher entsteht eine kreative Neugier auf das, was passieren könnte. In einer bewegten VUKA-Welt macht diese souverän und gelassen.

Erwarten wir dies nicht gerade von Persönlichkeiten, die Menschen führen und Teams entwickeln, dass sie vorbildhaft die Richtung weisen ohne die Impulse von außen zu vernachlässigen?

Die Risiken der VUKA-Welt sind nicht einschätzbar. Das schafft Unbehagen und blockiert da und dort ein mutiges Voranschreiten. Bei der Bewältigung der allermeisten Transformationsvorgänge können wir auf keinen gewachsenen Erfahrungsschatz (oder nur in geringem Maße) zurückgreifen, der uns realistische Prognosen und konkrete Rückschlüsse auf die Zukunft erlaubt. In gewissem Sinne befinden wir uns »im freien Fall!« Hier greift kein gewohntes Denken in kausalen Zusammenhängen, keine Konventionen und Traditionen, die uns Entscheidungssicherheit geben. Lust an Improvisation und Experiment ist hier die Basis, um Großes zu wagen. An Unternehmensgründern, die es in der digitalen Neuzeit an die Börse schafften und weltweite Konzerne wie eBay und Amazon aufbauten, lässt sich das Improvisationsmodell, das ohne Netz und doppelten Boden auskommt, in Reinkultur ablesen. Es ist in hohem Maße individuell, und dieses Moment macht gerade seinen Charme aus.

Kurzer Methodenüberblick – Der Effectuation-Ansatz

Mit ihren Erkenntnissen gab die indische Kognitionswissenschaftlerin Prof. Dr. Sara Sarasvathy (2008) der Entrepreneurship-Forschung einen entscheidenden Anschub. Aus ihren Fallstudien mit Unternehmern, die sowohl erfolgreich waren also auch Scheitern erlebten, leitete sie mit dem Konzept »Effectuation« ein hochwirksames, weil ressourcenorientiertes Handlungskonzept ab. Gerade in unplanbaren, unwägbaren Geschäftszusammenhängen beweist es seine besondere Durchschlagskraft. Sie fragte sich: »Wie handeln und entscheiden erfolgreiche Unternehmer in Phasen von Unwägbarkeit, Unplanbarkeit und Ungewissheit?«

Ihr glückte es, das gewohnte Managementdenken, das sich auf prägnante Zieldefinition konzentriert und allen Vorhaben unterlegt, komplett umzukehren. Unternehmen klassischer Ordnung setzen alles daran, um einmal identifizierte und definierte Ziele unter Aufbietung aller Kräfte und Investitionen zu erreichen. Sarasvathy verglich dieses Vorgehen mit der Zubereitung eines Gerichts präzise nach der Vorgabe des Rezeptbuches – also Einkauf, Kochvorgang, Prozedere rezeptgetreu so zu gestalten, dass das Ergebnis dem Vorgegebenen vollkommen entspricht. Bei hoher Ungewissheit rät die Wissenschaftlerin eher zum gegensätzlichen Weg: Ihr Rezept entwickelt sich aus den Zutaten, die im Kühlschrank bereits vorhanden sind und die sie gewitzt zu einem neuen Menü komponiert. Sie konzentriert sich auf die zur Verfügung stehenden Ressourcen, um ihre Entscheidung zu treffen und bezieht Qualitäten wie Improvisation und Spiellaune mutig und intuitiv mit ein. Für erfahrene Unternehmen kein Problem, denn sie können auf einen Praxisschatz zurückgreifen, der ihnen eine stabile innere Sicherheit verleiht.

DAS EFFECTUATION GRID

AUSGANGSPUNKT/ ANLASS	MEINE MITTEL/ MEINE RESOURCEN	MEIN LEISTBARER EINSATZ & VERLUST	PARTNERSCHAFTEN & VEREINBARUNGEN	NÄCHSTE SCHRITTE FÜR CO-KREATION
	Wer bin ich?	Was wäre ich bereit zu verlieren?	Wer könnte ein Projekt auf Gegenseitigkeit mit mir starten?	Was werde ich jetzt konkret im nächsten Schritt tun?
UNGEWISSHEITS-PROFIL SICHER – UNGEWISS ☐▢▢▢■ ZUKUNFT ☐▢▢▢■ ZIELE ☐▢▢▢■ INFORMATIONEN ☐▢▢▢■ KOMPLEXITÄT ☐▢▢▢■ VERÄNDERUNG	Was weiß ich?	Was bin ich konkret bereit, im nächsten Schritt zu investieren?	Welche Vereinbarungen möchte ich konkret mit einem Partner treffen?	Welche neuen Mittel könnten entstehen?

Quelle: In Anlehnung an A. Dollinger/K. Fehse/K. Haasis (2019)

Was lernen wir aus den Effectuation-Grundsätzen?

Die Zukunft ist nicht vorhersehbar, aber gestaltbar!
Unternehmenszukunft lässt sich über Einbezug von anderen Akteuren im System mitgestalten. Infrage kommen Investoren, Kunden, Partner, Lieferanten oder Stakeholder.

Sich an den eigenen Mitteln ausrichten!
Über drei Kernfragen kommen wir ins Handeln: »Wer bin ich? Was weiß ich? Wen kenne ich?« Effectuation benennt es als Bird-in-Hand-Principle.

Wie viel kann ich mir leisten zu verlieren?
Ist bekannt, wie der Invest sich darstellt und ob er im Rahmen der eigenen materiellen Mittel liegt, lässt sich die Zeitlinie in kleinen Etappen benennen. Effectuation nennt das ein Pilot-in the-Plane-Principle.

Unter ungewissen Vorzeichen lohnt es sich, verbindliche Partnerschaften einzugehen!
Partnerschaften auf Gegenseitigkeit unterfüttern diese kleinen Schritte. Sie bedürfen keines großen Rahmens und können sehr einfach geknüpft werden – etwa über die Fortsetzung eines guten Gesprächs auf einer nächsten Ebene oder über andere Puzzleteile, die Effectuation im Crazy-Quilt-Principle erkennt.

Zufall bestimmt den unternehmerischen Erfolg!
Je mehr neue Partnerschaften – unter Einbezug der neuen Ressourcen, Fähigkeiten und Kompetenzen, desto breiter wird der Spielraum für Unerwartetes, Überraschendes und Zufälliges, für innovative Vorhaben. Effectuation kennt dieses Vorgehen als das Lemonade-Principle. »Wenn das Leben dir Zitronen gibt, stelle Limonade aus ihnen her.«

2014 entstand das Effectuation Grid in einem Gemeinschaftsprojekt ausgewiesener Experten. Es unterstützt bei der Selbstreflexion und der Entwicklung konkreter Handlungsschritte innerhalb digitaler Transformationsprozesse. Ausgehend von der Anlassklärung (Worum geht es? Welche Idee verfolgen wir? Welche Bedürfnisse befriedigt sie?) führt es zur Situationsanalyse und Bestimmung des Ungewissheitsgrades (hier spielen die Tiefe der vorhandenen Informationen, die Dynamik der Veränderungen und die Beschaffenheit der erkennbaren Ziele unter anderem eine elementare Rolle) bis zur Einschätzung der Zukunft.

Der österreichische Coach und Trainer Michael Faschingbauer (2010) benennt weiterführende Methoden zu den Effectuation-Grundsätzen in seinem Buch *Effectuation*.

Mehr Futter fürs Gehirn gibt's hier

Michael Faschingbauer (2010): Effectuation. Wie erfolgreiche Unternehmer denken, entscheiden und handeln. Schäffer-Poeschel, Stuttgart.

Saras Sarasvathy (2008): Effectuation. Elements of Entrepreneurial Expertise. Edward Elgar Publishing, Cheltenham, UK.

#10 Feel-it-Prinzip: Das Bauchhirn weiß es (meist) besser

➲ In unwägbaren VUKA-Welten hat Mr. Spock keine Chance, denn er verfügt über keine Intuition.

➲ Bei Entscheidungen ist es klug, beides – Bauchhirn und analytischen Verstand – miteinander zu kombinieren.

➲ Intuition oder Verstand? Das ist auch eine Frage von Typus und Prägung (durch Erfahrung und Glaubensmuster). Probieren geht über Studieren.

Im Umgang mit einer VUKA-Welt müssen Digital Leader, wollen sie erfolgreich agieren, den sich auftürmenden Herausforderungen durch Nicht-Wissen, Unbeständigkeit, Ungewissheit und Dynamik zum Trotz kluge Entscheidungen treffen. Unter diesen Vorzeichen gelingt das Führungskräften nur, wenn sie neben ihrem Verstand auch ihr Bauchhirn zuschalten und ihrer inneren Stimme Gehör schenken. Digital Leader lösen sich deshalb von der Diffamierung der Bauchentscheidung als zufällig, irrational und anfechtbar und nutzen alle bewussten und logischen Ressourcen in gleichem Maße wie die unbewussten und intuitiven Entscheidungskompetenzen. Das setzt allerdings voraus, dass sie auch die richtigen Antennen für die Signale des Unbewussten entwickeln.

Aber – hoppla – was ist das eigentlich, das Bauchhirn? Wo hat es seinen Sitz und wie macht es sich bemerkbar?

Wir alle kennen die Schmetterlinge im Bauch, wenn die Hormone durcheinander purzeln. Verliebt zu sein, setzt den Verstand nicht selten außer Kraft. Emotionale Wogen durchfluten uns, verbunden mit enormen Glücksgefühlen, und wir erleben uns als schwer steuerbar und unkalkulierbar. Doch die Vorteile – alles durch eine rosigere Brille zu sehen – lassen uns das leicht unbehagliche Grollen in einem Rest-Bewusstsein, das unser Kopf steuert, gerne verdrängen. Ganz klar: Das Gefühlszentrum liegt im Bauch. Auch unangenehmere Wahrnehmungen und Erlebnisse als das Gefühl, auf rosa Wolken zu schweben, verursachen uns schon mal Bauchgrummeln oder lassen unsere »Galle hochkommen«. Neurologen sagen: »Der Bauch bestimmt den Kopf!« Das mag uns gefallen oder nicht.

Die medizinische Disziplin der Neurogastroenterologie ist allerdings erst hundert Jahre jung. War es noch vor einigen Jahrzehnten eher peinlich und tabuisiert, über den Bauch und seine Befindlichkeiten zu reden, ist seine Bedeutung für das körperliche und psychische Wohl des Menschen heute ins Licht des neurowissenschaftlichen und zellbiologischen Interesses gerückt. Immerhin finden sich im menschlichen Verdauungssystem über hundert Millionen Nervenzellen – weit mehr als im gesamten Rückenmark.

Lange bevor den Pathologen und Zellbiologen Professor Michael Gershon (Columbia University) diese Erkenntnis wie ein Blitzeinschlag traf, beschäftigte sich der deutsche Nervenarzt Leopold Auerbach zur Mitte des 19. Jahrhunderts mit dem komplexen Nervengeflecht im menschlichen Darmsystem. Dass es so hohen Einfluss auf unsere psychischen Befindlichkeiten nimmt und dass er eine Schaltzentrale für Verdauung entdeckt hatte, die nicht nur die physischen Funktionen kontrolliert, sondern auch die ausgeklügelte Balance zwischen Nervenbotenstoffen, Hormonen und Sekreten steuert, ahnte er damals noch nicht. Auf die Anwenderebene heruntergebrochen, ist dies im Sachbuch *Darm mit Charme* von Giulia Enders (2017) anschaulich und unterhaltsam nachzulesen.

Das emotionale Erfahrungsgedächtnis (auch als »das Bauchgefühl« populärwissenschaftlich bekannt) lässt uns täglich, stündlich, minütlich unendlich viele, unbewusste Entscheidungen treffen, ohne vorher langwierige Analysen oder Labortests vorzunehmen. Unkompliziertes tägliches Überleben wäre ohne unsere körperlichen Erfahrungsspuren gar nicht möglich, zumindest weitaus aufwendiger und schmerzhafter. Stellen Sie sich vor, Sie stünden jedes Mal neu vor der Entscheidung, ob Sie die Gabel oder das Messer einsetzen, um ihr Fleisch zu schneiden? Oder ob es Sinn macht, auf die Bremse zu treten, wenn auf einer Landstraße ein Wildschwein Ihre Wege kreuzt? Dass uns eingefahrene Spuren und Gewohnheiten in Fleisch und Blut übergehen, merken wir erst, wenn sie uns abhanden kommen. Wir nutzen sie über eine eingebaute intuitive Automatik.

Unsere Somatischen Marker tragen eine enorme Weisheit in sich, mehr als der Verstand mit all seiner Fähigkeit zu Analytik und Reflexion leisten könnte. Diese Fähigkeit, über den Bauch (meist) treffsicher zu entscheiden, lässt Commander Spock aus dem Raumschiff Enterprise oder Borgs, die heute als Cyborgs in der Lage sind, ihren Körper technisch an die veränderten Umstände anzupassen, alt aussehen. Ähnlich wie Roboter können diese nicht auf ein emotionales Erfahrungsgedächtnis bauen, in dem alle Erinnerungen je nach Überlebenswichtigkeit mehr oder weniger tiefe Spuren hinterlassen, aus denen wir Rückschlüsse ziehen, unbewusst bewusst. Wird künstliche Intelligenz einmal in der Lage sein, menschliche Emotionen zu entwickeln und diese bei Entscheidungsprozessen auszuspielen? Ich hoffe nicht. Und derzeit noch schwer vorstellbar.

Intuition ist alles – Intuition ist Empirie

Nach der Einschätzung des renommierten Psychologen Prof. Gerd Gigerenzer (2008) vom Max-Planck-Institut für Bildungsforschung ist Intuition der Schlüssel für Entscheidungen. Intuition beruht auf schnellen, heuristischen Prozessen, die in einer unsicheren, unwägbaren Welt stimmigere und raschere Ergebnisse erzielen als die komplexesten statistischen Verfahren. Der Einsatz von mehr Zeit, mehr Information und mehr Berechnung muss nicht zwingend zielführender sein und ist sogar nicht selten kontraproduktiv. In einer Straßenbefragung von einhundertachtzig Passant(inn)en nach dem Bekanntheitsgrad von Unternehmen, die Professor Gigerenzer auflistete, investierte er 50.000 Euro in die zehn am häufigsten genannten, obwohl deren Aktien als riskant galten. Innerhalb eines halben Jahres erzielte er einen Gewinn von 47 Prozent. Die meisten Laien-Befragten gingen intuitiv vor, und ihr assoziatives Erfahrungssystem fand rasch die richtige Markierung. Demgegenüber ist die Gefahr, dass sich ausgebuffte und mit Informationen reich bestückte Börsenexperten in der Fülle verlieren können, ziemlich hoch.

Experten sind sich einig: Wer nicht auf die Stimme der Intuition hört, verzichtet auf den größten Teil seines Wissens. Auch der israelisch-amerikanische Psychologe Daniel Kahnemann, dessen Forschungen zum menschlichen Entscheidungsverhalten 2002 (gemeinsam mit Vernon L. Smith) mit dem Nobelpreis gewürdigt wurden, ging der Frage nach: Wie treffen Menschen Entscheidungen? Dabei stieß er auf den Fall eines Feuerwehrhauptmanns, der bei einem brenzligen Einsatz instinktiv und intuitiv das Zeichen zum Rückzug gab, kurz bevor das Haus einstürzte. Erklären konnte dieser seine Entscheidung nicht. Seine somatischen Marker hatten ihn angetriggert und seine Intuition rettete seinem Team das Leben. Auch der Pilot des Airbusses, der am 15. Januar 2009 nach dem Ausfall eines Triebwerks kurz nach dem Start auf dem Hudson River notlandete, handelte unbewusst-intuitiv. Zeit für Checklisten und Expertenbefragungen hatte er nicht. Als *Wunder vom Hudson River* gingen er und seine lebensrettende Bauch-Entscheidung in die Geschichte ein.

WER NICHT AUF DIE STIMME DER INTUITION HÖRT, VERZICHTET AUF DEN GRÖSSTEN TEIL SEINES WISSENS

Auch fragen wir uns: Was hat den Ersten Offizier am Kommandopult der »Titanic« bewogen, beim Auftauchen des Eisbergs die Steuer des Schiffskolosses auf Rückwärts zu setzen? Panik? Angelerntes Seemannswissen? Fluchtinstinkt? Wir wissen es nicht, denn er konnte nicht mehr befragt werden. Falsch war sein Befehl allemal.

Nach Kahnemann (2016) stehen uns zwei Systeme zur Verfügung, die wir in Entscheidungssituationen anzapfen können – das Erfahrungsgedächtnis und der analytische Verstand. Präzise abtrennbar voneinander sind sie nicht. Allerdings sieht er im Erfahrungssystem den Autopiloten und im analytischen System den Piloten. Es ist gerade in komplexen Entscheidungssituationen von Vorteil, beide Systeme bewusst einzuschalten. Komplexe Situationen vollständig analytisch zu erfassen, ist schier nicht möglich.

Kann sich der Bauch auch mal täuschen?

Irren ist menschlich. Unser Bauchgefühl bildet Hypothesen aufgrund von Erfahrungen, und diese können richtig oder falsch sein. Der systemische Berater Andreas Zeuch (2010), der zum Entscheidungsverhalten der Menschen promovierte, plädiert für das «Professionalisieren der Intuition«. Ein unreflektiertes Beharren auf unbewussten Mechanismen kann nämlich ganz schnell ins Leere laufen. Warum sich Führungskräfte mit intuitiven Entscheidungen schwer tun? Für Zeuch liegt der Grund in ihrer unkontrollierbaren Unbegründbarkeit. Wir sind in der Geschäftswelt stets gefordert, unsere Entscheidungen anhand von konkretisierten Zahlen, Daten und Fakten zu rechtfertigen. Intuition ist dagegen nicht begründbar. Intuition ist der Mehrwert, den wir nicht erklären oder beweisen können.

Kurzer Methodenüberblick – Die Vierer-Entscheidungsregel

Vier Schritte können helfen, sich über die Bewertung von intuitiver und analytischer Entscheidungsbildung klar zu werden.

1. Was möchte ich mit der Entscheidung wirklich erreichen? Woran kann ich hinterher erkennen, ob die Entscheidung wirklich richtig war?
2. Betrachtung der Entscheidungsoptionen aus System 1 – dem Bauchgefühl: Wie fühlen sich die verschiedenen Entscheidungsoptionen an? Was spüre ich?
3. Betrachtung der Entscheidungsoptionen aus System 2 – dem analytischen Verstand: Wie bewerte ich die verschiedenen Optionen aus einer rein analytischen Sichtweise?
4. Die Verhandlung mit mir selbst: Wo decken sich die Ergebnisse aus System 1 und System 2? Wo widersprechen sie sich?

Aber ist es überhaupt noch eine Bauchentscheidung, wenn der Kopf bereits die Bewertung übernimmt?

Goethes Faust seufzt: »Gefühl ist alles. Namen sind Schall und Rauch.«

Nun ist er natürlich gerade als Verführer unterwegs und geht daher strategisch vor. Doch sagen wir nicht auch: »Mein Gefühl rät mir …«? Aber der Verstand entgegnet: »Vorsicht! Gefahr!« Sicherlich ist es auch typ- und prägungsbezogen, inwieweit sich das jeweilige Individuum auf eine Einladung der Intuition einlässt. Manche hören die Stimme ihrer Intuition gar nicht oder haben gelernt, sie tunlichst zu ignorieren. Letztendlich ist nichts wirklich sicher – wir wissen, dass wir nichts wissen (das wussten bereits kluge Köpfe wie Plato, Sokrates und Cicero) – und manchmal ist das auch gut so. Leben ist Risiko. Gehen wir dieses Abenteuer ein! Was sich als Misserfolg erweist, kann eine Tür zu Neuem öffnen.

Mehr Futter fürs Gehirn gibt's hier

Giulia Enders (2017): Darm mit Charme. Alles über ein unterschätztes Organ. Ullstein, Berlin.

Gerd Gigerenzer (2008): Bauchentscheidungen. Die Intelligenz des Unbewussten und die Macht der Intuition. Goldmann, München.

Daniel Kahneman (2016): Schnelles Denken, langsames Denken. Penguin, München.

Harald Neidhardt; Jennifer Schenker; Pablo Rodríguez et al. (2019): Moonshots for Europe. Futur/io Institute, Hamburg.

Andreas Zeuch (2010): Feel it! So viel Intuition verträgt Ihr Unternehmen. Wiley-VCH, Weinheim.

#11 Fail-fast-Prinzip: Scheitern erlaubt!

- ➲ Schnell zu scheitern, ist in digitalen Wandelzeiten ein Mittel zum Zweck: Je früher man die Fehlerquelle entdeckt, desto rascher kann man den Kurs korrigieren.
- ➲ Vor Fehlern ist niemand sicher. Die Kunst besteht darin, denselben Fehler nicht zweimal zu machen, sondern daraus zu lernen.
- ➲ Der Drang nach Perfektionismus und Sicherheit schafft keine neue Lern- und Innovationskultur. Kalkulierte Risikovermeidung belässt alles beim Alten – das Unternehmen tritt auf der Stelle.

Eine Studie von Karen Adolph im Jahr 2012 ermittelte, dass Kinder beim Unterfangen, laufen zu lernen und ihr Umfeld zu erobern, täglich bis zu vierzehntausend Schritte schaffen und dabei etwa hundertmal stolpern oder fallen. Das scheint sie aber nicht zu hindern, immer wieder aufzustehen und unbefangen die Welt zu erkunden. Die kleinen Stehaufmännchen fragen immer wieder nach und können Erwachsene damit ganz schön nerven. Sie geben sich nicht zufrieden, bis sie wissen, was Sache ist, wenn Erwachsene schon längst resigniert oder auf halbem Wege aufgegeben haben. Wenn man sie lässt. Denn unsere Gesellschaft ist auf Erfolg gepolt, von früh auf werden Kinder – heute mehr denn je – in vermutlich bester Absicht in ein disziplinierendes Geflecht von Pflichten und Rollen gepackt. Wohlmeinende Eltern meinen, so in bester Absicht die Entwicklung und die Diversität der Talente zu fördern. Eine Erfahrung wie Misserfolg oder Kapitulation steht dabei nicht auf dem Plan.

»Stets versucht. Stets gescheitert. Egal. Noch mal versucht. Wieder gescheitert. Besser gescheitert.«

(Napoleon Hill)

Gerade wächst hierzulande eine neue Kultur des Scheiterns, nachdem wir Deutschen lange mit Blick auf unsere Erfolge in Technik und Wirtschaft, Forschung und Wissenschaft innerhalb der Staatengemeinschaft bestens bewertet wurden. Wir galten als Musterknaben, Ordnungsfanatiker, Vorzeigeschüler bei Innovation, Disziplin, Organisation, Korrektheit, Zuverlässigkeit, Ratio. Waren wir auch sympathisch? Haben wir nicht in der Schule den Klassenprimus insgeheim leicht verächtlich Streber genannt? Sie wurden später oder gar nicht in das Volleyballteam gerufen und in der Pause hatten sie die Aufsicht im Hof, während ihre Kameraden sich austobten.

Im Zuge der digitalen Revolution drangen die Einflüsse der Gründer- und Weltkonzernschmiede Silicon Valley nach Europa vor. Ein beinahe revolutionär erscheinendes Gedankengut ist gerade dabei, sich auch auf Vorstandsetagen und Führungsebenen einzunisten. »Wir geben lieber einem Gründer Geld, der bereits ein- oder zweimal gescheitert ist«, bekundet Silicon Valley-Investor Corey Ford. Wenn Ford sich an Geschäftsvorhaben beteiligen soll, muss der Aspirant über diese besondere Qualifikation verfügen: Erfahrung im Wiederaufstehen nach einem Scheitern. Und von »Flop« oder »Versagen« würde im goldenen Tal der Aufsteiger auch niemand sprechen. Dort wird eine nicht reüssierende Gründung freundlich-nachsichtig und motivierend als ein Versuch gesehen, der sich, nachdem damit experimentiert wurde, als nicht praktikabel herausstellte. Jetzt gilt es durchzuatmen und auf Reset zu drücken.

Weit entfernt vom Perfektionismus und Sicherheitsdenken der deutschen Wirtschaft ist die im Tal der Gründer geübte Kunst des Neuanfangs eine hohe Tugend. Was bei uns als ein stigmatisierender Fehlschlag ankommt, wird über dem großen Teich als chancenorientiertes, mutiges und unternehmerisches Wagen auf einer testbasierten Vorgehensweise empfunden: »fail fast, fail cheap.« Die Aussicht, bei einer sich als Flop erweisenden, negativ bewerteten Idee als Sündenbock gebrandmarkt zu werden, muss jede Initiative von vornherein im Keim ersticken. Jede ambitionierte Innovation muss sich frühzeitig erschöpfen, wenn sie vor dem Realitätscheck mit Analysen, Vorbehalten, Einwendungen und Zweifel zu Tode drangsaliert wird. Lernende, agile und digital getriebene

Unternehmen dagegen geben realistisch scheinenden Ideen und kalkulierbaren Risiken eine Chance. Wenn sie es nicht tun, macht es vielleicht ein anderes. Diese Disruption von außen wollen traditionell agierende Unternehmen nicht riskieren. Die Haltung »Richtig und zügig scheitern« kalkuliert das Risiko einer Sackgasse von Anfang an mit ein und versteht es mitnichten als Blamage, wenn die Idee nach erfolglosem Test wieder verworfen werden muss. Zumindest hat man es versucht. Und klug genug erkannt, wann Stop gesagt werden muss. In Österreich gibt es einen Spruch: »Nicht g'schossen ist auch daneben.«

Gerade im digitalen Wandel, wenn nichts mehr sicher scheint, ist nicht risikovermeidendes Beharren, sondern beharrliche Risikobereitschaft der Weg zum Erfolg. Es versteht sich, dass wir hier nicht von Risiken sprechen, die das ganze Schiff versenken könnten, sondern von realistischen, kalkulier- und in Maßen einschätzbaren Risiken, die ein solides Schiff nicht in Seenot brächten. Disruption wird gefürchtet, aber sie kommt in der Regel von außen aus dem Hinterhalt, wenn alte Tanker nicht frühzeitig genug ihr Geschäftsmodell überdenken. Ein Change in der Denkhaltung und in der gesamten Unternehmenskultur beugt Karambolagen vor. Dass sich das im Silicon Valley beinahe schon rituell vollzogene und gebetsmühlenartige Feiern des Scheiterns »trial and error« wohl nicht eins zu eins auf europäische, vor allem deutsche Verhältnisse übertragen lässt, vielleicht auch gar nicht opportun wäre, liegt auf der Hand: Solche Visionen zu hegen, verbietet sich angesichts einer andersartigen Mentalität, eines begrenzten Marktes, der traditionellen Dominanz von Finanzstrategen bei Unternehmensentscheidungen und einer vergleichsweise deutlich niedrigeren Investitionsbereitschaft der Geldgeber. Im Silicon Valley hatten und haben von Anfang an IT-Experten das Heft des Handelns in der Hand, und diese sind von Haus aus experimentier- und risikofreudiger, – das müssen sie auch sein. Der Prozentsatz des kalifornischen Scheiterns ist hoch: Die meisten Start-ups gehen nach Erhebungen des führenden Marktforschungsunternehmens CB Insights nach zwanzig Monaten den Weg alles Irdischen. Was ihre Investoren nötigt, im Schnitt eine Finanzierungssumme von 1,2 Millionen Dollar abzuschreiben.

Dennoch – oder gerade deswegen: Was können wir hierzulande aus der Kultur des kalkulierten Scheiterns lernen?

Zunächst wäre es gut, den noch vielfach vorherrschenden hohen Level an Perfektionismus und Sicherheitsstreben dem digitalen Zeitalter gemäß anzupassen. Tatsächlich scheinen viele Unternehmen noch immer in einer Fehler-Vermeidungskultur zu verharren, die sich lähmend auf den ganzen Unternehmenskörper auswirkt. In digitalen Wandelzeiten von hoher Dynamik, Ungewissheit und Undurchschaubarkeit, wie sie uns die digitale Transformation beschert, sind Fehler unvermeidlich. Der FDP-Politiker Christian Lindner würde wohl sagen: »Fehler sind nur dornige Chancen, nachhaltig zu lernen«. Er muss es wissen, dieses unternehmerische Risiko ist er selbst eingegangen. Und er ist dabei fulminant gescheitert! Digital transformierte Unternehmen erwerben ganz automatisch eine ganz frische Lernkultur über die Notwendigkeit, schnell zu experimentieren, Fehler zu wagen, zu reflektieren und Dinge neu zu denken. Wir nennen es gerne »Querdenken« – was erstaunlicherweise hierzulande eine negative Konnotation genießt. Die Qualität »durch Fehler schneller zu lernen als andere« verschafft Unternehmen in einer digitalen Zeit unschätzbare strategische Wettbewerbsvorteile. Warum also darauf verzichten?

Das Prinzip ist so alt wie die Menschheit. Das mythische Paar Adam und Eva beging einen Fehler (was das Alte Testament »Sünde« nennt) und aus war's mit dem Paradies. – Na und, haben sie deswegen gleich aufgegeben? Nein – Sie passten sich den Gegebenheiten an und gründeten das Geschlecht der Menschen (sagt die Bibel).

»Fehler zu machen ist nicht schlimm, nichts aus ihnen zu lernen schon!« Das sagten so oder so ähnlich ganz unterschiedliche Persönlichkeiten wie der Heilige Franziskus, Warren Buffet, Sebastian Vettel und Friedrich Schiller, und Murphy's Law orakelt: »Alles was schief gehen kann, wird auch schief gehen«.

Was hat ein Heldenmythos mit einer disruptiven Innovation, mit bahnbrechenden Erfolgen gemeinsam? Die Heldenreise gelingt nicht ohne anfängliche Zweifel, ohne Fehler, Rückschläge und Hindernisse. Aber der Held kommt zum Ziel! Viele erfolgreiche Menschen wie etwa Bill Gates bezeugen, dass erst ein fulminanter Fehler sie und ihre großen Ideen herausforderte und zu Höchstleistungen antrieb. Auch Steve Jobs kannte die Mühsal der ersten Schritte. Er blieb bei der Stange, weil er von seiner Mission überzeugt war. Menschen, die etwas realisieren wollen und auf Hindernisse stoßen, geraten in eine Lage, in der sie ihre Strategien und Ideen überdenken, Resilienz und Ausdauer angesichts von Widrigkeiten oder Widerständen entwickeln müssen, wollen sie nicht vor der Zeit aufgeben. Sie erleben Hindernisse als Stationen auf dem Weg zum leidenschaftlich angestrebten Ziel.

Viele, heute berühmte Persönlichkeiten hat man vor einem Neustart gewarnt: »Das funktioniert nie!« Walt Disney wurde entgegengehalten, dass eine Maus als Comic-Figur weibliche Leser in die Flucht schlagen würde. Oprah Winfrey wurde im Alter von zweiundzwanzig Jahren als TV-ungeeignet aus ihrem Reporterjob entlassen.

SCHEITERN IST NICHT SCHLIMM, NICHTS DARAUS ZU LERNEN SCHON!

Und die Künstler, Schriftsteller und Musiker, die in frühem Alter absolut erfolglos blieben, aber dennoch weiter ihrem Stern folgten, sind Legion. Viele von ihnen haben den Erfolg niemals selbst erlebt, aber er bescherte den Nachkommen nicht selten posthum ein Vermögen.

Die Psychologen Ryan Babineaux und John Krumboltz (2013) lehren »Fail Fast, Fail Often« an der Stanford University und beschreiben den Gewinn von vielen und schnellen Fehlern in ihrem gleichnamigen Buch. Die Autoren postulieren die Emanzipation des Erwachsenen von den Glaubensmustern ihrer Eltern, die Kinder zu zurückhaltender Vorsicht mahnen. Sie fanden heraus, dass erfolgreiche Menschen weniger Zeit mit Planung verbringen, sondern rasch dazu bereit sind, Neues in einer Nullphase zu testen – und dabei sogar zu scheitern. Sie warten nicht langwierige Abläufe ab, in denen ihre Ideen zur höchsten Reife entwickelt werden, sondern gehen zügig in die Anlauf- und Testphase, um schneller zu neuen Ufern, sprich neuen Lösungen, zu gelangen, falls die erste nicht funktioniert. Zu lange Planung kann lähmen, zu wenige Ideen engen ein, zu viel Vorsicht macht kurzsichtig. Schnell und frühzeitig als

Fehler erkannte Aktionen wird man später nicht wiederholen. Anfängliches Scheitern mit Erkenntnisgewinn kann den Erfolg sichern – on the long run.

Das amerikanische Vokabular kennt den Begriff der »Error Recovery«. Er zielt auf die Eigenschaft von Systemen ab, sich nach einer Fehlentwicklung behände zu erholen oder bei einem Irrtum die Grundfunktionen weiter aufrechtzuerhalten. So richtig populär wurde »Fail Fast« in der agilen, digitalen Welt. Dem Prinzip ist immanent, dass Irren ganz automatisch zu innovativem Handeln gehört, ein Fehlschlag konzeptionell vorgesehen ist und Misslingen sich hervorragend als Lernplattform eignet. Fehlern, die auf Unwissenheit oder mangelnder Erfahrung beruhen, gelten als sanktioniert. Leichtfertiges, unüberlegtes Agieren gegen besseres Wissen mit einem Flop am Ende ist dagegen uncool und unklug.

Kurzer Methodenüberblick – Lernkultur etablieren

Wie lässt sich eine konkrete Fehlerkultur implementieren? Vielleicht helfen Ihnen die folgenden Ansätze, eine eigene Struktur zu entwickeln.

1. Vom Flop zum Top!

Fragen Sie sich, welche Fehler auf dem Weg gemacht wurden, der Sie zu dem gemacht hat, was Sie heute sind. Welche Misserfolge haben sich später als bahnbrechend erwiesen? Welche Fehlentscheidungen führten zu welchen Misserfolgen? Was habe ich bei der Entwicklung einer bestimmten Idee versäumt? Vor dem Hintergrund meiner heutigen Erkenntnisse – Was würde ich jetzt anders machen?

2. Fuck-up-Nights oder was wir daraus lernen können

Ursprünglich in Mexiko geboren, gibt es die Fuck-up-Night mittlerweile überall. Eine Performance, bei der Menschen als Speaker dem interessierten Publikum im Saal nahebringen, was sie selbst falsch gemacht und was sie künftig vermeiden wollen. Hier geht es also darum, bei der Entwicklung einer eigenen Fehlerkultur von anderen zu lernen. Dieses Konzept lässt sich auch leicht auf eine unternehmensinterne Veranstaltung kopieren. Laden Sie Ihr Team dazu ein, gemeinsam in freier und lockerer Atmosphäre über persönliche Misserfolge zu sprechen und darüber zu diskutieren, wie man sie verhindern kann.

3. Irrtümern und ihren Konsequenzen ein Denkmal setzen

In der Steiermark gibt es den vermutlich originellsten Friedhof der Welt, zumindest innerhalb der Businesswelt. Weil bei der Zotter Schokoladen Manufaktur viel mehr Ideen geboren (mehr als siebzig pro Jahr) als umgesetzt wurden, hat man den nie realisierten Schokoladensorten mit dem Friedhof eine bleibende Erinnerung verschafft. Zu besichtigen im österreichischen Riegersburg im essbaren Zotter-Tiergarten. Ein ungewöhnliches Beispiel, um Wissen zu materialisieren.

Wie wirkt sich eine durchdachte und wohl einkalkulierte Kultur des Scheiterns in der Geschäftswelt aus?

Psychologie und Managementlehre werden sich wieder bewusst, dass Entscheidungen mitunter höchst irrational fallen, und dass Entscheider offensichtlich gut dabei fahren. Als ein Pionier in der Erforschung des Unbewussten gilt Gerd Girgerenzer (2008), sein Wissen teilt er in dem Buch *Bauchentscheidungen*. Der Versuch, Emotionen, Intuitionen und Bauchgefühl aus unseren Entscheidungen herauszufiltern, muss letztlich scheitern – jegliches Bemühen, Entscheidungen zu rationalisieren, erweist sich früher oder später als Bumerang (Dies bitte auch als Warnung vor allzu unreflektierten Balanced Score Card Einsätzen verstehen. Der Verfasser). Weder existieren der Homo Oeconomicus noch simple Kausalitäten in sozialen Organisationen.

Haben wir einmal erkannt, dass die Intuition bei unternehmerischen Entscheidungen ein starkes Wort mitredet, können wir nicht anders, als professionell damit umgehen und nicht einseitig handeln. Die Bauchentscheidung und ihre Aussagekraft sollten nicht als sakrosankt oder unfehlbar hingenommen werden. Spontaneität verleiht einer Idee Frische und Begeisterung, sie auf den Realisierungsfaktor hin abzuklopfen, schadet diesen Qualitäten kaum, macht sie aber wasserdicht. Eine Symbiose aus innerer Stimme mit konkreten Fakten und Datenmaterial ebnet den Königsweg.

Bauchentscheidungen sind auch eine Frage des Naturells: Steht etwas auf dem Spiel, ist es sinnvoll, Menschen mit unterschiedlichen Haltungen und emotionalen Potenzialen gemeinsam entscheiden zu lassen. Professor Erhard Meyer-Galow, der langjährig im Topmanagement von Chemieunternehmen zuhause war, stellt Managern ein schlechtes Zeugnis aus: »Sie nehmen sich keine Zeit, Stopp zu sagen und einmal nach innen zu blicken.«

Mehr Futter fürs Gehirn gibt's hier

Ryan Babineaux; John Krumboltz (2013): Fail Fast, Fail Often. How Losing Can Help You Win. TarcherPerigee, New York, USA.

W. Chan Kim; Renée Mauborgne (2018): Blue Ocean Shift. Jenseits des Wettbewerbs. Vahlen, München.

Mathias Schrader (2017): Transformationale Produkte. Der Code von digitalen Produkten, die unseren Alltag erobern und die Wirtschaft revolutionieren. Next Factory Ottensen, Hamburg.

Ihr persönlicher Boxenstopp

Die zentrale Transformationsfrage:
Wie kommen wir vom Wissen zum Lernen?

Wie gehen wir mit Ungewissheit um?
(Denken Sie an das *#9 Improvisationsprinzip: Souveränität trotz völliger Ahnungslosigkeit!*)

Wie integrieren wir noch besser unser Bauchhirn bei komplexen Entscheidungen?
(Nutzen Sie die Impulse aus dem *#10 Feel-it-Prinzip: Das Bauchhirn weiß es (meist) besser.*)

Wie schaffen wir eine Fehler-/Lernkultur?
(Beleuchtet im *#11 Fail-fast-Prinzip: Scheitern erlaubt!*)

Teil 2 | Digitale Transformation durchdringt Prozesse und Strukturen

Felder der Transformation von Prozessen und Strukturen

DIGITAL TRANSFORMATION DESIGN CANVAS

Das war schon mal starker Tobak: Lernkulturen, Bauchgefühl, Improvisation, Fehlerkultur – Grundsatzwissen, um sich für das zu rüsten, was uns bereits intensiv umtreibt. Die digitale Transformation nicht als Schreckgespenst sehen – sondern sich organisatorisch und prozessual gut gewappnet, informiert und motiviert ihren Herausforderungen und Chancen stellen. Darum geht's jetzt gleich. Halten Sie durch!

Arbeitsweise

Organisationsstruktur

Performance Management

6.
Organisationsstruktur: Vom Superheld zur Gummibärenbande

Hierarchie kann mit

Komplexität nicht umgehen.

Frederic Laloux

#12 Holokratie-Prinzip: Im Kreis der Gleichgesinnten

- ⮞ Zwischen hierarchischer Entscheidungsstruktur und strukturlosem, super-flachem Entscheidungsmodus bietet die Holokratie einen gangbaren Mittelweg.
- ⮞ Doch nicht jeder will und kann mit soviel Freiheit und Entscheidungsspielraum umgehen. Das Gedankenmodell der Holokratie ist daher vielmehr als eine Anregung zu verstehen, hierarchische Strukturen zu überdenken, zu modifizieren, zu ergänzen oder weiterzuentwickeln.
- ⮞ Vorausgesetzt, das Holokratie-Mindset wird konsequent gelebt, bestehen gute Chancen, dass sich rasch positive Veränderungen im System bzw. in der Organisation sichtbar machen.

In digitalen Unternehmenswelten wirkt es nicht nur anachronistisch, sondern auch schädlich, wenn Entscheidungen noch immer nach Gutsherrenart ausschließlich von oben nach unten getroffen werden. Die Zeiten wurden tougher, schnell, dynamisch und wechselhaft, so dass der Weg, die eine Entscheidung von unten (vom Sachbearbeiter) nach oben (zur Geschäftsführung, zum Manager oder Abteilungsleiter) nehmen muss, zur Stolperstrecke für neue Ideen und Projekte werden kann. In flexiblen, agilen und anpassungsbereiten Arbeitswelten sind Modelle zielführend, die vom starr-hierarchischen Denken abweichend Ordnungsmodule schaffen, die geschmeidig auf die Entscheidung vieler Beteiligter setzen. Und das, ohne dabei ein Chaos zu produzieren.

Denn in der digitalen Geschäftswelt gilt: Selbstorganisierte Steuerung statt Top-down-Entscheidung!

Kühner Sprung in das Neolithikum

Wagen wir einen Rückblick in die Jungsteinzeit, bekommen wir eine Ahnung davon, wie eine Horde von Menschen in sich reguliert und strukturiert war. Zwei bis drei Dutzend Menschen befanden sich damals innerhalb einer Gruppe. Man erinnere sich: Die bekannte Welt machten sich nur wenige Menschen untertan – oder war es nicht eher umgekehrt? Zu dieser Zeit formten sich die bis lange in die Moderne gültigen Geschlechterrollen, als Frauen qua Mutterschaft von der Jagd ausgeschlossen und in der Beschaffung von lebenswichtigem Protein auf die Versorgung durch die männlichen Artgenossen angewiesen waren. Eine Familie im heutigen Sinne war nicht wirklich bekannt. Kinder wuchsen unter der Obhut von Horden-Mitgliedern auf, die nicht unbedingt ihre Eltern sein mussten. Das hierarchische Gefüge war von der Fähigkeit zum Jagen geprägt, was eine explizite Führung nicht erlaubte. Vermutlich wurden die ältesten Männer – die mit der profundesten Jagderfahrung – am meisten respektiert. Das explizite Überlebensprinzip prägte die Stämme.

Alle Mitglieder der Horde, einschließlich der kleinen, bekamen täglich neu Aufgaben zugewiesen. Nahrungssuche fand jederzeit statt, denn wir sprechen hier zwar von der Eiszeit, doch Kühlschränke waren noch Zukunftsvision und Besitzdenken noch unbekannt. Kybernetik – die Steuerung von Maschinen, Organisationen und sozialen Systemen – war in der Steinzeit wohl ebenso nicht existent, aber instinktiv folgten die Steinzeitmenschen einem Prinzip, das sich bewährte und in der Antike für die Fähigkeit zu leiten und zu führen angewandt wurde. Die Kybernetik, die Norbert Wiener Anfang des zwanzigsten Jahrhunderts begründete, bündelt Kernbegriffe wie Anpassung, Selbstregulation, Varietät, Rückkoppelung und Homöostase (= Aufrechterhaltung eines Gleichgewichtszustandes eines offenen dynamischen Systems durch einen internen regelnden Prozess).

Ein hochtransparentes und flexibles Entscheidungssystem, das auf die Beteiligung aller Kräfte setzte

Man könnte sagen, dass bereits eine Ahnung von dem vorhanden war, was der amerikanische IT-Experte Brian Robertson 2010 aufgreifen und weiterentwickeln sollte und dem er mit dem Begriff »Holokratie« eine wissenschaftliche Ausprägung verlieh. Holo = ganz, ganzheitlich, vollständig, Kratie = Herrschaft. Also die Herrschaft von allen (Gleichberechtigten). Transparenz, Partizipation, vielschichtige Beteiligung scheinen hier auf, Entscheidungsfindung auf ganzer Ebene. Hinter dem Begriff verbirgt sich ein Regelwerk, die *Holokratie-Verfassung (Holocracy Constitution)*. Ihre Philosophie setzt auf Selbstorganisation, kybernetische Anklänge, agile Methodik und kollektive Intelligenz. Sozialdynamische Qualitäten treten hinzu, wie die Beteiligung aller, Ermutigung und Befähigung von vielen. Das Prinzip setzt die traditionelle Zuordnung nach Funktion und hierarchischem Grad außer Kraft und schafft dennoch kein Chaos. Es baut darauf, den Mitgliedern innerhalb von Arbeitsteams verschiedene Rollen zuzuweisen und sie in sogenannten Kreisen und Unterkreisen zu organisieren. Diese sind hierarchisch angeordnet und können jeweils auch Teil eines anderen Kreises werden.

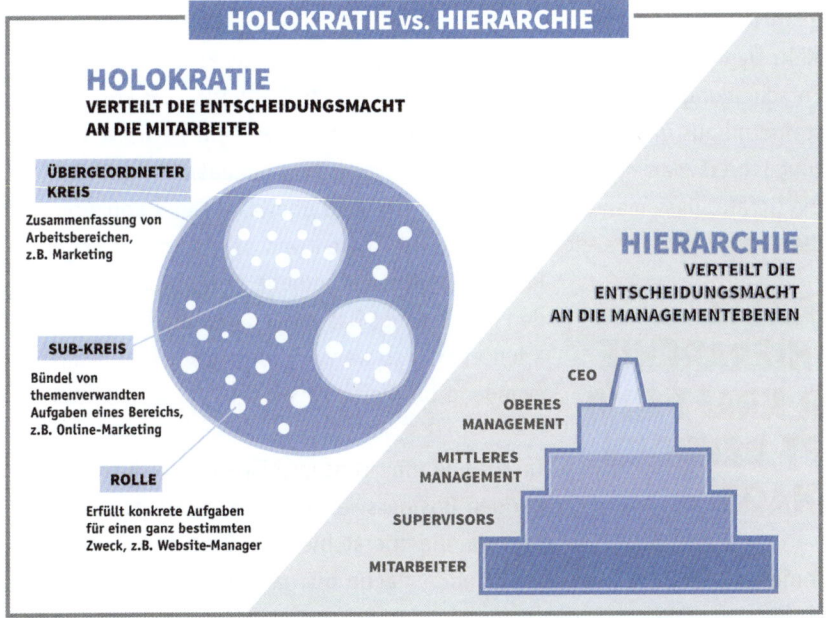

Quelle: In Anlehnung an www.xpreneurs.co

Der entscheidende Vorteil: Holokratie kann mit Komplexität umgehen

Hierarchische, wie die am flächendeckenden Konsens orientierten Systeme, buddeln in der Entscheidungsfindung Stolpersteine aus, die den Lauf einer Idee oder einer Entwicklung gewaltig hemmen können. Sie machen die Organisation schwerfällig und hüftlahm. In der Holokratie herrscht das Prinzip der »Integrativen Entscheidungsfindung«. Sie zieht eine auf Dynamik ausgerichtete Steuerung vor und erlaubt während des Entwicklungsprozesses kleinere oder größere Kurskorrekturen, rechtzeitig genug, bevor Fehler und Schwachstellen das Ganze blockieren und den Erfolg gefährden können.

Welche Vorteile bietet der Holokratie-Entscheidungsmodus gegenüber zentralistischen Top-Down-Entscheidungen?

Mehr Dynamik entsteht. Die Claims werden neu abgesteckt, der Weg, den die Entscheidung geht, vereinfacht und entzerrt sich. Das wirkt sich kreativitätssteigernd aus und nimmt jeden einzelnen Mitarbeiter mehr in die Verantwortung. Nutzt man den klassisch-hierarchischen Weg dagegen, vergrößert sich die Gefahr, dass man dem Wettbewerb das Feld überlassen und Konkurrenten die Chance gibt, die eigene Idee zu usurpieren und selbst zu nutzen. Brian Robertsons Ansatz bedient sich einer grundlegenden Überlegung: Das Wissen und die Ideen der Mitarbeiter sind so wertvoll, dass das Unternehmen es zwingend für Weiterentwicklung nutzen sollte.

HOLOKRATIE SETZT HIERARCHIE AUSSER KRAFT UND SCHAFFT DENNOCH KEIN CHAOS

Im Grunde eine Binsenweisheit – doch in der bisherigen Businesswelt bisher nur schwer durchsetzbar, da die hierarchischen Ordnungen ihr Recht forderten. Das gegenläufige Extrem – flache bis gar nicht vorhandene Hierarchien – gebiert dagegen seine eigenen Schwachpunkte (Chaos). Ein schönes Beispiel gelungenen Gemeinschaftssinnes ist das Konzept der Hotelkette Upstalsboom, das eine neue Kultur schuf mit Selbstorganisation, Befähigung, Freiheit, gemeinsamer Entscheidung und Werteorientierung – zur hohen Zufriedenheit der sechshundert Mitarbeiter.

Give peace a chance – Give your people a chance!

So hangelt sich das Prinzip der Holokratie behände zwischen »hierarchischem Modell« und »strukturloser, flacher Hierarchie«, der eine gewisse Effizienzhemmung immanent ist, auf ein gesundes Level an Förderung, Mitentscheidung und Flexibilität ein, das auf klare Absprachen nicht verzichtet. Doch Vorsicht: Nicht jeder Mitarbeiter ist dafür reif und bereit und könnte sich innerhalb des Systems als Hemmschuh erweisen. Unternehmen sollten das Prinzip Holokratie tunlichst nicht unreflektiert übernehmen und anwenden.

Kurzer Methodenüberblick – Ein Modell auf vier Säulen

Das Prinzip der Holokratie stützt sich auf ein ausführliches Regelwerk und bedient sich aus vier Prinzipien:

1. Die doppelte Verbindung (double linking): Hierarchisch angeordnete Kreise teilen die Organisation nach den Erfordernissen der Arbeitsteilung auf. Intern arbeiten sie selbstorganisiert, stehen allerdings in ihrer Wirkung nach außen durch repräsentative Vertreter mit höheren (Rep-Link) und unteren (Lead-Link) Kreisen in Verbindung. So kann zwischen Mitarbeitern und Führung eine effiziente Kommunikation fließen, die Transparenz schafft und Wirkung zeigt.

2. Die Trennung von Steuerungstreffen und operativen Treffen: Jeder Kreis organisiert seine eigenen Steuerungstreffen, bei denen die Zuständigkeiten und Entscheidungsbefugnissen zugeordnet werden. Hier geht es explizit nicht um Ressourcenentscheidungen, um den Ideenfluss nicht zu hemmen. Zu diesem Zweck finden Strategie Talks und Steuerungsmeetings statt, die Ziele und Erreichbarkeit kontinuierlich überprüfen und die nächsten Handlungsschritte (Next Actions) definieren.

3. Die Rollenverteilung: Auch wenn traditionelle, formelle Hierarchien qua Amt und Funktion in diesem Konzept keine oder lediglich eine sehr untergeordnete Rolle spielen, wird den einzelnen Mitarbeitern zugewiesen, welche

Funktion sie in welchem Vorgang innehaben. Kompetenzgerangel und interne Missverständnisse schließen sich somit aus.

4. Die dynamische Steuerung: Die Kreise treffen jeder für sich ihre eigenen Steuerungsentscheidungen über den Weg der »integrativen Entscheidungsfindung«, das heißt über sachbezogene Entscheidungsprozesse. Kein einstimmiger Konsens wird angestrebt, sondern brauchbare Entscheidungen, die alle mittragen können. Jeder wird ermuntert, seine Meinung ungebremst zu äußern. Stellt sich heraus, dass die bisherigen Entscheidungen nicht funktionieren, wird nachgebessert. So hofft man einen höchstmöglichen Grad an Agilität, Flexibilität und Reaktionsklarheit herzustellen – wenn sich etwas nicht bewährt, kann jederzeit nachjustiert werden. Auf diese Weise soll das System so reaktionsschnell, anpassungsfähig und beweglich wie möglich gemacht werden.

Dass amerikanische Unternehmen wie die Amazon-Tochter Zappos nach diesem Prinzip arbeiten, überrascht kaum. Staunenswerter ist sicherlich, dass hierzulande die Deutsche Bahn Ansätze startet, das Holokratie-Modell einzuüben. Die Umsetzung der Holokratie wird desto komplexer, je größer das Unternehmen ist. Konzerne tun sich also schwer mit ihr. Mitarbeitern muss ein hohes Maß an Engagement und Einsatzfreude abverlangt werden, soll das Prinzip sich nicht in das Gegenteil verkehren. »Placet experiri!« Ein Allzweckrezept ist die Holokratie daher nicht, aber sie kann als eine der digitalen Zeit angepasste Anregung, die bisher dominierenden Hierarchiestrategien innerhalb der Unternehmen zu modifizieren, zu optimieren oder weiter zu entwickeln, verstanden werden.

Mehr Futter fürs Gehirn gibt's hier
Brian J. Robertson (2016): Holokratie. Ein revolutionäres Management-System für eine volatile Welt. Vahlen, München.

#13 Empowerment-Prinzip: Zwerge zu Riesen machen

- ➲ Empowerment ist zu einer vitalen Führungsaufgabe gewachsen. Richtig verstanden sind die Bemühungen, Mitarbeiter mit dem Recht auf Eigenverantwortlichkeit zu motivieren, Teil eines neuen Mindsets, einer gewandelten Unternehmenskultur, die Führungskräfte vorleben.
- ➲ Führungskräfte achten dabei verstärkt darauf, sich wie der Kommandant einer Feuerwehrtruppe zu verhalten, der nur die Rahmenbedingungen (das WAS) bei Einsätzen sichert und die intuitiven notwendigen Schritte, das Prozedere (das WIE) den Einsatzleuten selbst überlässt.
- ➲ Empowerment setzt die Bereitschaft zu Vertrauen voraus sowie ein ausgezeichnetes Zusammenspiel und gemeinschaftliches Agieren.

In Zeiten digitaler Transformation erkennen immer mehr Unternehmen, das sie mit Hochdruck daran arbeiten müssen, ihr Geschäftsmodell anzupassen, ihre Prozesse effizienter und schlagkräftiger zu gestalten und über neue digitale Produkte oder Dienstleistungen die Kundenwelt zu revolutionieren. Das Investment in talentierte Mitarbeiter, Wissen, Potenziale, Anreize, Unternehmens-, Rekrutierungs- und Arbeitsplatzkultur bekommt die Bedeutung einer Überlebensfrage.

Zukunftsfähige Unternehmen setzen auf Mitarbeiter, die sich mit einem gewissen Enthusiasmus eigenverantwortlich fühlen, für sich selbst und für die Prozesse, die sie ausführen und begleiten. Die weiterdenken und selbstbestimmte Entscheidungen treffen wollen, soweit ihnen dies ermöglicht wird. Digital Leadern ist bewusst, dass sie Freiräume schaffen müssen, in denen Mitarbeiter und Teams mehr Autonomie leben.

Zumal sich diese Vorgaben mit den Erwartungen der Generation Y decken, die Sinngehalt und Essenz in dem sucht, was sie an ihrem Arbeitsplatz beschäftigt. Dabei geht es – laut Greg Tomb, Präsident der SAP Human Capital Management Solutions – um mehr als eine singuläre Verbesserung, sondern um eine Rundum-Stärkung der Belegschaft. Zu Recht postuliert er daher auch, dass die Sorge um begabte Mitarbeiter wichtiger sei als die um neue Technologien, die Investition also konsequenterweise den Menschen fokussieren sollte und nicht die Technik.

Was soll es bewirken?

- Überbrückung der Talent-Knappheit-Lücke – von der Kreativität und Eigenverantwortung der Mitarbeiter und der Fähigkeit, komplexe Probleme zu lösen, hängt die Zukunft der Arbeit ab.
- Anpassung an sich ändernde Arbeitspraktiken – und so Veränderung, Flexibilität und Anpassung, Wachstum und persönlichem Erfolg mehr Raum geben.
- Ergebnisse erzielen, die zählen und bedeutsam sind – durch bestmögliche Voraussetzungen: Nutzen und Anreize mit Blick auf die Work-Life-Balance.
- Innovation am Arbeitsplatz – Mitarbeiter sind heute bereits in ihrer persönlich-privaten Lebensführung an modernste Tools und aktuelle Techniken gewöhnt. Hier muss die Arbeitswelt mitziehen, etwa mit innovativen Onboarding- und Schulungsprogrammen oder raumgebenden Arbeitsbedingungen.

Die Implementierung einer neuen digitalen Kultur setzt auch bei den Mitarbeitern unternehmerisches Denken, autonome Eigenführung, Urteilsvermögen und Reflexion voraus respektive drängt auf Herstellung eines neuen Mindsets. Hier ist das Management in der Pflicht, eine veränderte Kultur in einen veränderten Organisationskontext einzufügen und Delegation, Förderung von Autonomie und Selbstermächtigung zu fördern. Empowerment – Befähigung – ist in digitalen Zeiten ein Must. Und ist so neu ja gar nicht!

Empowerment findet per se bereits innerhalb des Familienverbands statt

Traditionen, Riten, Gewohnheiten, Fähigkeiten werden von Generation zu Generation weitergereicht. Jede neue Generation kann aus tradierten und bewährten Kenntnissen Nutzen ziehen. In der Moderne und explizit in der digitalen Change-Zeit schlägt ein paradoxes Phänomen Wurzeln: Einerseits wird technologisch und transformationistisch vieles, ja so gut wie alles auf den Kopf gestellt, andererseits sehen viele Menschen gerade in überkommenen Werten und Traditionen umso mehr Halt, je drastischer der digitale Wandel in das persönliche Leben, in Beziehungsverhalten und Emotionalität einzugreifen droht.

Eltern und wichtige Bezugspersonen begleiten qua Verantwortung ihre Nachkommen durch Unterstützung, Anleitung, Fürsorge und Liebe in das Erwachsenenleben (sollten es zumindest) und machen sie gerüstet für die Anforderungen des Erwachsenenseins. Im besten Fall findet dies in Reinkultur statt, im wirklichen Leben wohl eher in modifizierter Form. So ist es nur logisch, dass das Prinzip des Empowerments sich in Führungskonzepten wiederfindet, die Mitarbeiter stärker einbinden und über Eigenverantwortlichkeit zu selbstständigem Denken, eigenständiger Initiativkraft und selbstbestimmten Arbeiten motivieren wollen. Nach langen Jahrzehnten des eher hierarchischen Führungsstils sind hier neue Werte und Methodiken angekommen.

Kleine Ursache, große Wirkung

Wir haben es vermutlich alle selbst einmal erlebt: Ein kleiner Sinneswandel kann einer ersten, durchschlagenden Verwandlung den Weg ebnen. Warum sollte es in der Arbeitswelt anders sein? Umdenken beginnt mit Loslassen – und den Mitarbeiter innerhalb einer gewissen Bandbreite selbstständig machen lassen. Falls notwendig und opportun, erst einmal dort, wo finanziell überschaubare Summen auf dem Spiel stehen.

Hotel-Unternehmer und Business-Coach Carsten K. Rath (2017) zeigt in seinem Buch *Ohne Freiheit ist Führung nur ein F-Wort* den kontraproduktiven Charakter eines hierarchisch geprägten Führungsverhaltens auf. Persönliche Fallstudien verdeutlichen dies recht anschaulich. Dagegen führt Rath genauso eindrücklich vor, wie Leadership erfolgreich wirken kann, wenn sich die Führenden von eigenen Zwängen befreien und Mitarbeitern durch gewisse Freiheiten in die Lage versetzen, ihren Job auf eine optimale Weise auszuführen. Rath vertritt die feste Überzeugung, dass Unternehmen, die gerade den Mitarbeitern, die nah am Kunden dran sind, also direkten Kundenkontakt haben, keine Freiheiten einräumen, sondern sie in die Korsette der vom Management vorgefassten Regeln zwängt, ihren Unternehmen schaden. Kontrolle und Abhängigkeiten engen Mitarbeiter ein und beeinträchtigen ihre Befugnisse. Alle Entscheidungsmacht den Führenden? Rath ist ausdrücklich dagegen.

KLUGE FÜHRUNGSKRÄFTE ENTMACHTEN SICH SELBST UND GEWINNEN SO MEHR FREIRAUM!

Rath führte in seinen Hotels eine Reihe von Änderungen durch, und zwar durchgängig gültig durch alle hierarchischen Stufen:

1. Du entscheidest, was der Kunde in diesem Moment braucht – alles, um den Kunden zufrieden zu stellen, ja, sogar glücklich zu machen.
2. Dir passiert nichts, wenn du deine Freiheit im Sinne des Kunden nutzt.
3. Du erhältst die entsprechenden Mittel – bis zu einer vierstelligen Summe pro Anlass – zur freien Verfügung.

Seine Säulen sind das V, das für Vertrauen steht, gefolgt von Vorbild, Verantwortung und Verpflichtung. Diese sind sein Appell an die Leader im digitalen Zeitalter. Vertrauen funktioniert nur, wenn man selbst vertrauenerweckend agiert. **Vorbild:** Selbstbestimmtheit muss glaubwürdig vorgelebt werden. **Verantwortung:** Nur Manager und Vorgesetzte, die sich selbst ihrer Verantwortung über die Teams bewusst sind und dies auch aktiv erkennen lassen, wecken in ihren Teams die Bereitschaft, Verantwortung zu übernehmen.

Verpflichtung: Manager müssen die Mission des Unternehmens voll mittragen und in ihrem Handeln und Denken demonstrieren. Das begeistert auch die Teams.

Der Einfluss von Empowerment auf die intrinsische Motivation

Daniel Pink (2010) sieht hier einen direkten Zusammenhang, wenn er drei Schlüsselfaktoren, die im Zusammenhang zwischen Empowerment mit Selbstbestimmung, Perfektionismus und Sinnstiftung benennt. Nach seiner Überzeugung erreichen Mitarbeiter und Teams auf diesem Wege Höchstleistungen und agieren anpassungsfähig und dynamisch, ziel- und lösungsfokussiert.

Perfektion per se kann man zwiespältig betrachten – einmal positiv: Ein Mensch, der nach höchstmöglicher Selbstwirksamkeit strebt, wird motiviert, seine Fähigkeiten zu entwickeln und sie zum Wohle einer Sache einzusetzen und sogar große Leistungen zu erreichen. Das ist erfüllend. Negativ gesehen ist Perfektionsdrang der Feind der Zufriedenheit und Gelassenheit, der Achtsamkeit und des kontemplativen Glücksgefühls. Doch Daniel Pink folgt einem Verständnis von Perfektion, das im Sinne von Flow und Leidenschaft in Mitarbeitern das Gefühl weckt, nach ihren Möglichkeiten und Fähigkeiten positiv gefordert und gefördert zu werden. Sinnstiftung ist elementarer und daher auch wirkungsvoller als ein äußerer Anreiz, denn erkennt ein Mitarbeiter keine Bedeutung in seinem Tun, wird er auch nicht zu Höchstleistungen fähig sein.

Ketzerische Frage: Wie autonom und selbstbestimmt wollen Sie eigentlich sein?

Bedenken sollten Sie, dass nicht jeder Mitarbeiter ein starkes Bedürfnis nach Autonomie entwickelt, ja, sich unter bestimmten Umständen überfordert und an seine Grenzen getrieben fühlt, was ein kontraproduktives Verhalten bewirken könnte. Seine Mitarbeiter Stück für Stück in eine neue Selbstbestimmung zu führen und in größere Aufgaben hineinwachsen zu lassen ist produktiver und akzeptabler als Ad-hoc-Empowerment.

Der Neurowissenschaftler Gerhard Roth hat in seiner empirischen Forschung herausgefunden, dass die meisten Menschen eher mit einem mittleren Autonomie- und Selbstbestimmungsgrad bestens klarkommen. Die Verteilung folgt nach Roth einer auf dem Kopf stehende U-Kurve. Ganz links – nahe Null sind diejenigen Mitarbeiter verortet, die sich keine oder kaum Autonomie wünschen. Mit zunehmendem Autonomiegrad steigt die Kurve steil an, direkt bis zum Scheitelpunkt. Hier befindet sich der mittlere Autonomiegrad, an dem fühlen sich die meisten Mitarbeiter zuhause. Ganz rechts ist die Kurve wieder nahe null. Auf den ersten Blick finden sich offenbar sehr wenige Mitarbeiter, die am besten mit einer absoluten Autonomie leben können.

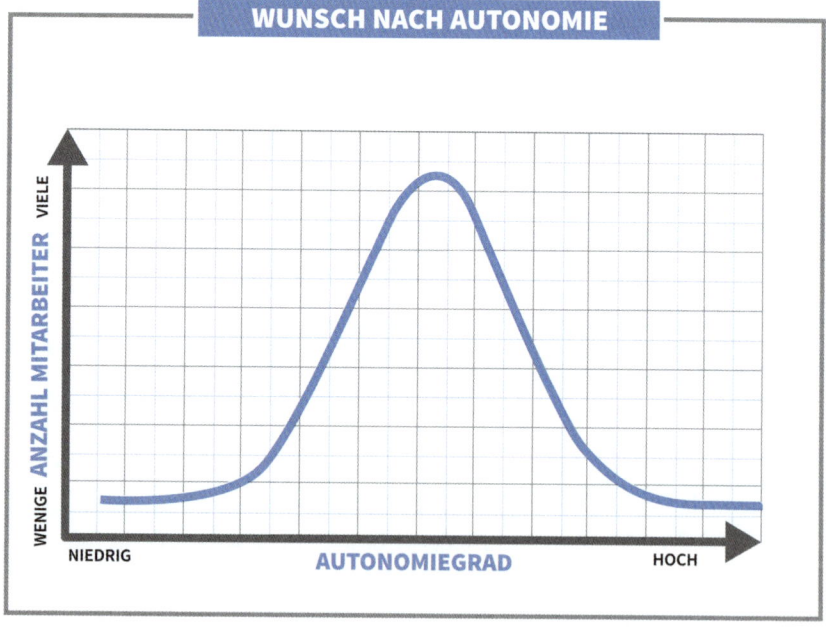

Quelle: Gerhard Roth (2019) in ManagerSeminare (Heft 251)

Mit regelmäßigem Feedback, regem Austausch und vertrauensvoller Kommunikation können Sie in ihrem Team einen Seismograf einbauen, der die neue empowerte Situation kontinuierlich abbildet.

Die wohl wichtigste Empowerment-Regel: Trenne das Was vom Wie!

Im Befähigen von Mitarbeitern nehmen Sie sich am besten die Feuerwehr als Beispiel. Wie im Management auch, agiert ein Feuerwehreinsatz nach einer klaren Kommandostruktur. Rahmenbedingungen werden festgelegt, Teams strukturiert, Strategien und Prioritäten definiert. Jedoch kämen kein Feuerwehrkommandant und kein Einsatzleiter auf die Idee, die Mitglieder an einem Brandherd mit detaillierten, vorgefassten, standardisierten Aufgaben die Hände zu binden, wenn bereits die Flammen aus dem Dach schlagen. Der Einsatzleiter sorgt für den Rahmen – die Feuerwehrleute handeln eigeninitiativ. Und oft aus Erfahrung intuitiv. Diese starke innere Führung hat bereits viele Katastrophen verhindert. Die führende Kraft hat das Was? im Blick, stellt sich damit aber ganz in den Dienst der Einsatzleute. Diese treffen die situative Entscheidung, das Wie?, den eigenen Rhythmus, in dem sie, der Situation angemessen, vorgehen sollten.

Kurzer Methodenüberblick – Delegation Poker und die Kunst des Loslassens

Sind Sie als Führungskraft fit im Delegieren und in der Übertragung von (eigener) Verantwortung auf andere Schultern? In seinem Buch *Management 3.0* beschäftigt sich Jurgen Appelo (2010) mit den sieben Stufen der Delegation und entdeckt einen spielerischen Ansatz im Delegation Poker. Er verlangt Fingerspitzengefühl: Wie weit muss Delegation gehen, wie viel kann der einzelne Mitarbeiter vertragen? Wo beginnt die Stärkung des Teams und wo ufert Bürokratie aus? Wann muss Stopp gesagt werden, um teure Randbegleitungen oder Ausrutscher zu vermeiden?

Der Delegation-Poker klärt die Erwartungen einer Führungskraft und die der Mitarbeiter – und im Rahmen einer konkreten Aufgabenstellung. So lassen sich Missverständnisse und Rückdelegation vermeiden und es formt sich ein förderlicher Gemeinschaftssinn.

Und so geht's:

Die im Pokerspiel enthaltenen sieben Karten markieren unterschiedliche Delegationsstufen:

1. Anweisen: Die Führungskraft macht klare Anweisungen.
2. Verkaufen: Die Führungskraft entscheidet alleine, aber versucht, zu überzeugen.
3. Konsultieren: Die Führungskraft holt andere Meinungen ein und entscheidet dann selbst.
4. Vereinbaren: Führungskraft und Team treffen die Entscheidung gemeinsam.
5. Beraten: Die Führungskraft gibt Rat, lässt aber entscheiden.
6. Erkundigen: Die Führungskraft erkundigt sich, nachdem die Entscheidung gefallen ist.
7. Delegieren: Die Führungskraft delegiert vollständig und muss nicht mehr informiert werden.

In der Praxis verhält es sich so:

Ein Moderator (Führungskraft) gibt eine Aufgabe vor. Jeder Mitspieler wählt eine ihm gemäße Karte mit der für ihn passenden Angabe. Dann werden die Karten offen auf den Tisch gelegt. Jede Karte entspricht einer gewissen Punktzahl, die nun an jeden Spieler vergeben wird. Die Spieler mit der geringsten und der höchsten Punktzahl müssen ihre Entscheidung begründen. Das Spiel zielt auf die höchstmögliche Delegation ab – jedoch mit Augenmaß. Deshalb gewinnt nicht die höchste Delegationsstufe, sondern die Stufe, für die sich eine Mehrheit entschieden hat.

Mitarbeiter und Führungskraft diskutieren also auf Augenhöhe, wie mit den anliegenden Aufgaben und Entscheidungen verfahren werden soll – von Command and Control bis hin zur vollständigen Delegation. Dies ermöglicht es dem einzelnen Mitglied, die Sichtweisen der anderen zu verstehen und führt andererseits über den integrativen Ansatz zu Akzeptanz, Transparenz, Gemeinsinn und Freude am gemeinschaftlichen Vorgehen.

Die Bezeichnung »Poker« ist allerdings missverständlich, vielleicht auch ironisch zu verstehen. Denn das beim Pokerspiel zentrale Bluffen, sich nicht in die Karten schauen zu lassen und nur den eigenen Vorteil zu Lasten der anderen anzustreben, ist hier ja gerade nicht explizites Ziel. Vielmehr fokussiert dieses »Pokerspiel« Offenheit, Vertrauen und gemeinsame Zielerreichung im Sinne einer agilen und selbst organisierenden Führungsverständnisses.

Mehr Futter fürs Gehirn gibt's hier

Jurgen Appelo (2010): Management 3.0. Verlag: Addison-Wesley Professional, Boston, USA.

Daniel Pink (2010): Drive. Was Sie wirklich motiviert. Ecowin, Salzburg.

Carsten K. Rath (2017): Ohne Freiheit ist Führung nur ein F-Wort. Gabal, Offenbach.

#14 Zeitsouveränitätsprinzip: Arbeitest du noch oder lebst du schon?

- ⮕ Digitale Technologien machen es möglich, die Arbeit zu entgrenzen und Arbeitszeit zu liberalisieren.
- ⮕ Weniger Arbeit – mehr Leben – diesen Gedanken verfolgen heute immer mehr Arbeitnehmer. Gerade auf Führungsebenen ist die Furcht vor einem Karriereknick bei reduzierter Arbeitszeit eher unbegründet.
- ⮕ Im Kampf um frische Talente, die die digitalen Wissensspeicher von Unternehmen auffüllen können, setzen immer mehr Unternehmen auf neuartige Arbeitszeitmodelle, die den Mitarbeitern erlauben, Arbeit mit Privatheit und persönlichen Lebensentwürfen in Einklang zu bringen.

Johann Wolfgang von Goethe war Wissenschaftler und Gelehrter, Theaterdirektor, Hofbeamter und Minister, Fürstenerzieher, Dichter und Denker. Seine Werke gehören auch nach zweihundert Jahren unbestritten zur Weltliteratur und werden gelesen, gespielt, zitiert, verehrt. Der Freund der Frauen scheute tieferes Engagement, liebte aber sinnliche Genüsse. Die Forellen auf seiner Weimarer Tafel kamen aus dem damals noch sauberen Rhein, die Mairübchen und der Spargel aus Hessen, der Bordeaux aus französischen Wingerten. Zum gepflegten Mittagsmahl genoss er je eine Bouteille Champagner und Rotwein (heißt es), dazu lud er sich Gäste ein. Seinen Haushalt im stattlichen Haus am Frauenplan hielt sein Bettschatz Christiane in Schuss. Goethe müssen wir uns wohl als einen Mann vorstellen, der seine Zeit gut einzuteilen wusste und seinen Pflichten mit achtsamer Begeisterung nachging. Einmal wurde es ihm doch zu viel. Am 26. September 1786 brach er bei Nacht und Nebel nach Italien auf. Der unter dem Pseudonym Johann Friedrich Möller Reisende hatte mehr als die damals im arrivierten Bürgertum übliche Bildungsreise für junge Herren im Sinn (reisende Damen waren nicht vorgesehen). Sie geriet zu einer Flucht vor der Hofkamarilla und den vielfältigen Verpflichtungen des Weimarer Hofes, die Goethe der literarischen Arbeit entfremdeten. Als er von seiner Antiken-Suche nach beinahe zwei Jahren zurückkehrte, den Staub aus

Verona, Florenz, Rom, Neapel und Palermo aus den Reisestiefeln schüttelte, war Goethe ein anderer.

Also: Raus aus dem Hamsterrad in die Eigenständigkeit und Selbstverwirklichung – das ist Leben!

Frühe Aussteiger aus dem Alltagstrott gab es schon in der Antike: Diogenes, der ein Leben in einer Tonne dem umtriebigen Stadtleben vorzog oder Johannes den Täufer, den Rufer aus der Wüste, später europäische Eremiten und Klausner. Die Flower-Power-Kids der Sechziger und Siebziger sind längst von weiteren Generationen aus Langzeit-Weltreisenden und Ravern, Lebenskünstlern und Sinnfragenden überholt wurden. Mal ganz ehrlich: Wer von uns hätte nicht im Laufe seines Lebens davon geträumt? Und nicht wenige haben dies auch realisiert – aus der Zeit auszusteigen?

Aussteigen heute – Was will das Prinzip Zeitsouveränität uns sagen?

Jahrzehntelang hat man den Arbeitnehmern Flexibilität verordnet: Zeitintensiv zum Job pendeln, egal wie weit entfernt er liegt, ist besser als keinen zu haben. Am Wochenende bei drohenden Deadlines mal eben ins Büro gehen; ein ausuferndes Überstundenkonto, um dem Wettbewerb ein Schnippchen zu schlagen; vieles schlucken, was die Kehle ätzt. Einsatz, Einsatz! Die durchschnittliche Arbeitszeit (bei Vollbeschäftigten) stieg in den letzten zehn Jahren auf einundvierzig Stunden. Jeder vierte arbeitet an Sonn- oder Feiertagen, was noch vor kurzer Zeit ein Privileg von Selbstständigen und Freiberuflern war. Und damit nicht genug: Dank drastisch gestiegener Wohn- und Lebenshaltungskosten kommen drei Millionen Deutsche nur über einen oder gar zwei Nebenjobs über die Runden. Und jetzt schwirrt der Kampfruf »Zeitsouveränität« durch die Luft? Der Chef der IG Metall, Detlev Wetzel, nennt ihn »eine Gegenbewegung zur totalen Ökonomisierung des Lebens.«

Die Lebensrealität heute sieht anders aus als in den Siebzigern: In einer sich immer digitaler gerierenden Welt arbeiten wir immer intensiver, wir sind rund um die Uhr digital verfügbar, die Bürostammzeiten wurden fließend. Unsere Aufmerksamkeit schenken wir einem Bündel an Pflichten. Junge Eltern investieren mehr Zeit in Erziehung als in Freizeitvergnügen, wir schlafen weniger, essen schneller, lieben öfters und kürzer, also keinesfalls erfolgreicher; kein Wunder, dass viele von uns vor allem ein Bedürfnis haben: Einmal aus der Zeit auszusteigen. Wie können innovative, agile Arbeitszeitmodelle bei der Jobbesetzung von Unternehmen dazu beitragen, die vielversprechendsten Talente des Arbeitsmarktes wie Karpfen aus dem Fischteich zu »angeln«?

Digitale Technologien machen es möglich, die tägliche Arbeit im räumlichen, zeitlichen und organisationalen Sinne zu entgrenzen. Die Folge: Bisherig gängige und vorgegebene Arbeitsstrukturen, die durch feste Arbeitszeiten und Einsatzorte definiert waren, brechen auf zugunsten einer neuen, flottierenden Offenheit. Der Vorteil: Die Mitarbeiter bestimmen souverän über Arbeitszeiten, Präsenz und Orte, können neue Vereinbarungen mit ihren persönlichen Bindungen (Familie, Freizeit, soziale Verpflichtungen, Engagements) treffen. Die Konsequenz: Unternehmen, die sich im digitalen Transformationsprozess befinden, stehen vor einen vitalen Herausforderung. Einerseits ringen sie intern um neue smarte Arbeitszeitmodelle, die mit dem Geist von New Work vereinbar sind. Gleichzeitig sollten sie tunlichst die immer noch gültigen tariflichen und gesetzlichen Arbeitgeberbestimmungen bedienen. Darüber hinaus müssen sie ihren Betrieb effizient und effektiv am Laufen halten.

Wie wir arbeiten und was wir dabei nachfragen, hat sich innerhalb kurzer Zeitdauer durch die digitale Revolution rasant verändert. Flexible Arbeitsmodelle machen sich gut bei Arbeitsprozessen, die virtuell handelbar sind, zum Beispiel über virtuelle Teams, die über den ganzen Erdball verstreut sind. Die Segnungen des Internet verleihen flexiblen Arbeitsmodellen eine innere Logik. Das atmet für viele eine bislang unbekannte Freiheit. Aber Vorsicht: Wollen wir der Souverän unserer Zeit sein, setzt dies neue Lebensentwürfe voraus. Ebenso fordert eine alternde Gesellschaft ihren Tribut. Lebensphasenorientierte Arbeitszeitmodelle ermöglichen den Beschäftigten, ihre Arbeitszeit in bestimmten Lebensabschnitten herunterzufahren, etwa um eine Vereinbarkeit mit Familie, Zweitstudium oder Weiterbildung, Auslandsaufenthalt oder Sabbatical herzustellen. Die im klassischen Sinne erhobene Forderung nach hoher Anwesenheit am Arbeitsplatz (wer nicht da ist, arbeitet nicht und leistet nichts!) wird zugunsten einer Zeitsouveränitätsvereinbarung aufgebrochen. Neue Arbeitszeitmodelle fokussieren Ziel- und Ergebnisvereinbarungen unter gleichzeitig maximaler Arbeitsflexibilität.

Aber Vorsicht! Die positive Diskussion über neue Arbeitszeitmodelle darf nicht eindimensional ausschließlich aus der Sicht der digitalen Boheme geführt werden. Deren Arbeitswirklichkeit unterscheidet sich doch oft erheblich von den engen Gepflogenheiten und Zwängen, die einen Großteil der Beschäftigten des Landes an ihren Schreibtisch oder ihre Werkbank binden. Auch Start-ups reüssieren nicht ohne einen hohen zeitlichen Einsatz, ohne Überstunden und ideellen Verzichten,

ZEITSOUVERÄNITÄT: WAS ZÄHLT IST DAS ERGEBNIS UND NICHT DIE ANWESENHEIT

von nicht existierender Arbeitsplatzsicherheit und knallharten Abhängigkeiten von einem volatilen Marktgeschehen ganz zu schweigen. Für den, der so in die Pflicht genommen wird, stellt sich die Option eines Arbeitszeitmodells nicht. Führungskräfte und Manager stehen unter vielfachem Druck, nicht zuletzt der hohen Erreichbarkeit und Verfügbarkeit auch außerhalb der üblichen Bürozeiten. Zeitsouveränität und Freizeit sind in solchen beruflichen Konstellationen immer weniger planbar.

Ulrike Hellert (2014) legt den Finger auf die Schwachstelle und stellt anhand unterschiedlicher Arbeitszeitkonzepte fest: Arbeitszeitmodelle von der Stange gibt es nicht. Zeitsouveränität funktioniert nur über individuelle, maßgeschneiderte Lösungen, die unternehmensspezifische und mitarbeiterimmanente Anforderungen berücksichtigen. Eine strukturierte und transparente Vorgehensweise, die die unmittelbare Unternehmenssituation fokussiert, ist unerlässlich. Bleiben hier die Bedürfnisse und Lebensbedingungen der Mitarbeiter unberücksichtigt, verharrt man beim Wollen.

Zeitsouveränität – wie geht das? Sieben Modelle im Vergleich

1. Die Funktionszeit

Hier gibt es keine Kernzeit oder Anwesenheitspflicht. Mittelpunkt des Modells ist die garantierte Funktionsfähigkeit des Arbeitsbereichs und die präzise definierten Anforderungen, soll heißen: Es muss laufen! Adaptierbar ist es für Bereiche, in denen Mitarbeiter sich gegenseitig vertreten können und Vorgesetzte eine rein moderierende Haltung einnehmen. Die Verantwortung wird auf mehrere Schultern verteilt. Ein Arbeitszeitkonto erfasst und kontrolliert Soll und Haben.

2. An Ergebnissen orientierte Vertrauensarbeitszeit

Hier geht es um konkret formulierte Ziele und Aufgaben, die unter Verzicht auf feste Arbeitszeiten geleistet sowie planmäßig und erfolgreich erfüllt werden müssen. Unter dem Strich zählen Einsatz, Produktivität und Resultate. Das funktioniert gut in Bereichen, in denen Mitarbeiter einen unterschiedlichen Arbeitsrhythmus und von einander abweichenden Zeitbedarf haben. Die Philosophie dahinter besagt: Die reine Anwesenheit ist kein Indikator für den Grad an Produktivität. Sie stellt ein gutes Modell für Arbeitende dar, denen die Ergebnisse am Herzen liegen und nicht die Länge ihres Aufenthaltes am Arbeitsplatz.

3. Die Vier-Tage-Woche

Vollzeitjobs erstrecken sich in der Regel auf vierzig Wochenstunden, verteilt auf fünf Tage. Flexibler halten es moderne Unternehmen wie Amazon. Die Vier-Tage-Woche gewährt Arbeitnehmern, die ihre Aufgaben auch in kürzerer Zeit erledigen können, einen zusätzlichen Tag pro Woche frei zu haben. Das stellt sich so dar: Innerhalb einer Zweiunddreißig-Stunden-Woche mit entsprechend angepasstem Gehalt oder im Rahmen einer Vierzig-Stunden-Woche, die ohne Verdiensteinbuße auf vier Tage verteilt werden. Der freie Tag entlastet den Arbeitnehmer und erlaubt zusätzliche Aktivitäten außerhalb des Berufs. Erfahrungen bei Konzernen zeigen, dass eine Verkürzung der Arbeitszeit auf etwa 80 Prozent bei gleichzeitig voller Bewältigung der Aufgaben bei den Betroffenen keineswegs zu Karriereeinbußen führen muss, eher im Gegenteil. Denn die so entlasteten Mitarbeiter gewinnen mehr Energie und Motivation durch das Gefühl gelebter Selbstverantwortung und Selbstbestimmung.

4. Homeoffice

Im Homeoffice genießen Mitarbeiter freie Zeiteinteilung und in der Regel ein höheres Maß an Konzentration, weil die büroüblichen Ablenkungen entfallen (kleiner Schwatz in der Teeküche, Störungen, Leerlauf). Kommuniziert wird dennoch intensiv – über Meetings per Telefon, Skype, Videokonferenzen, Google Hangouts oder E-Mail. Das Vertrauensverhältnis ist gegenseitig, ohne Zuverlässigkeit und Transparenz geht hier nichts. Mitarbeiter verantworten selbst, dass sie ihre Deadlines einhalten, die übertragenen Jobs erfolgreich handeln und produktiv arbeiten, auch wenn sie nicht am Arbeitsplatz präsent sind. Wer unter hohem Einsatz von Konzentration und Mentalpower arbeiten muss, profitiert am meisten (wobei nicht ausgeschlossen ist, dass auch im Homeoffice Störenfriede lauern). Es kann, bewusst durchgeführt, eine Win-win-Situation für Unternehmen und Mitarbeiter sein.

5. Remote Work

Das Modell »Remote Work« geht noch einen guten Schritt weiter als das Homeoffice und bietet 100 Prozent Flexibilität. Die Mitarbeiter sind in virtuelle Teams integriert und arbeiten ausschließlich ohne Office-Präsenzzeit. Empfehlenswert und operabel ist es etwa bei internationalen Kooperationen, wenn Teams an unterschiedlichen Unternehmensstandorten zeit- und ortsungebunden tätig sind. Europa- oder weltweit agierende Unternehmen können auf diese Weise die besten Potenziale vor Ort binden und in virtuellen Arbeitskonstellationen zusammenführen. Die Diversität der Teams ist ein weiterer Vorteil: Sie fördert neue Sichtweisen, Haltungen, Ideen und Ansätze und bündelt die Erfahrungsschätze und Wissensvorkommen aus globaler Sicht.

6. Coworking

Die flexiblen Arbeitsmodelle Homeoffice und Remote Work zeigen klar, wie stark das jeweilige Arbeitsumfeld auf erfolgreiches und produktives Arbeiten einwirkt. Die Grundidee der Gemeinschaftsbüros, sogenannte Coworking Spaces, setzt auf produktives Arbeiten in einer möglichst freien, entspannten und kreativen Atmosphäre. Und das geht so: Ein Coworking-Space-Anbieter vermietet eingerichtete Einzelarbeitsplätze oder Büroräume auf Jahres-, Tages- oder Monatsbasis. Offene Arbeitsflächen mit Einzel- oder Doppelarbeitsplätzen, Büro- und Meetingräumen, Technik, Teeküche und Toiletten, manchmal auch Terrassen oder Freigeländen oder Eventflächen, fördern den Austausch zwischen unterschiedlichen Branchenvertretern und das Netzwerken in der Community.

7. Job Sharing

Das flexible Arbeitsmodell Job Sharing, also Arbeitsplatzteilung, fußt auf der Aufteilung eines Vollzeit-Arbeitsplatzes auf mindestens zwei Personen. Unternehmen wie die Deutsche Bahn oder Beiersdorf haben sich bereits dem Job-Sharing-Modell geöffnet. Mittlerweile hat sich Job Sharing in Versionen differenziert:

Job Splitting: Zwei oder mehrere Arbeitnehmer teilen sich eine Vollzeitstelle. Sie betreuen sehr ähnliche Aufgabenbereiche und arbeiten unabhängig von einander an unterschiedlichen Tagen. Ihre Aufgaben und Zeitaufteilung organisieren sie gemeinsam.

Job Pairing: Job Pairing bindet zwei oder mehr Partner enger aneinander. Auch hier teilen sie sich eine Vollzeitstelle, arbeiten jedoch bei der Erfüllung der gemeinsamen Aufgaben miteinander. Die Sharing-Partner tragen gleiche Verantwortung für gemeinsame Projekte, sorgen für kontinuierliche Abstimmung und treffen gemeinsame Entscheidungen. Dieses Modell funktioniert nur auf der Basis einer reibungslosen, verlässlichen Teamarbeit.

Vereinbarkeit von Arbeitszeit und individueller Lebensplanung – Wunschtraum oder Realität?

Einige Unternehmen sind bereits auf den Trichter gekommen und haben Arbeitszeitmodelle geschaffen, die Mitarbeitern mehr Freiraum bezüglich der Wahl ihrer Arbeitszeit und ihres -ortes einräumen. Denn künftig wird es für Unternehmen von immer größerer Bedeutung werden, auf die individuellen Zeitbedürfnisse ihrer Mitarbeiter einzugehen und flexible Arbeitsmodelle im Portfolio zu führen. Auf diese Weise kann jeder für sich selbst herausfinden, welche Arbeitsweise am effektivsten und am meisten zufriedenstellend und kompatibel mit dem persönlichen Leben ist. Viele Menschen haben erkannt, dass Arbeit nicht das eigentliche Leben darstellt, sondern »nur« eine starke Basis, auf der anderes aufbauen kann. Dass wir auch zunehmend eine hohe Flexibilität darin entwickeln werden, innerhalb eines Lebens mehrere Karrieren zu durchlaufen, steht außer Zweifel. Menschen haben heute andere Ideale als unsere Vorväter, sie denken mehr über Selbstbestimmung und Verwirklichung nach und legen höheren Wert darauf, auf die Fragen der Zeit eine individuelle Lösung zu finden. Je unstabiler die Welt scheint, desto mehr verlangen Menschen nach Sicherheit. Und diese finden sie mehr denn je neben der Arbeit in kraftvollen Bindungen, Verpflichtungen, Engagements und – in sich selbst. Arbeitszeitmodelle bauen hier Brücken.

Kommt die Zweiunddreißig-Stunden-Woche?

Nach einer Studie von Bain & Company sind 80 Prozent der männlichen Führungskräfte in Deutschland daran interessiert, ihre Arbeitszeit zu verringern, allerdings fordern sie dies noch nicht mutig genug gegenüber ihren Unternehmen ein. Dabei könnte dies Platz schaffen für Frauen, die sich heute noch scheuen, das männliche Monopol zu durchbrechen. Nicht nur in einfachen Positionen, sondern auf Führungsebenen. »Auch die ungleiche Bezahlung von Männern und Frauen und die schlechteren Aufstiegschancen von Müttern würden allmählich verschwinden«, sagt Jutta Allmendiger, Präsidentin des Wissenschaftszentrums Berlin. »Der neue Kampf um die Arbeitszeit ist auch ein Kampf für die Gleichberechtigung von Mann und Frau.« Allmendiger ist überzeugt, dass immer mehr junge Arbeitnehmer ganz selbstbewusst

Heim- und Teilzeitarbeit fordern werden, was bisher hauptsächlich bei älteren Arbeitnehmern beobachtet wurde, die zum Beispiel Verpflichtungen in der Familie oder bei alternden Eltern wahrnehmen wollten. Heute scheint sich dies anzugleichen. Es gleicht einem Paradigmenwechsel, wenn heute »weniger Arbeit, mehr Leben« offen postuliert werden darf. Gerade bei scheinbar konservativ geprägten Unternehmen wie Bosch im konservativen Musterländle Baden-Württemberg macht man sich gezielt Gedanken über eine innovative Personalentwicklung durch neue Arbeitszeitmodelle, die bereits etabliert sind.

Mehr Futter fürs Gehirn gibt's hier

Ulrike Hellert (2014): Arbeitszeitmodelle der Zukunft. Arbeitszeiten flexibel und attraktiv gestalten. Haufe, Freiburg im Breisgau.

#15 Selbstorganisationsprinzip: Die Befreiung aus der tayloristischen Unmündigkeit

- ⮒ Der preußische Untertanengeist im Oben-und-Unten-Denken ist Vergangenheit. Was in dynamischen Umfeldern zählt, sind Selbstverantwortung und Selbststeuerung.
- ⮒ Führungskräfte erlangen mehr Freiräume für die Arbeit AM Unternehmen, wenn sie die Verantwortung des operativen Geschäfts IM Unternehmen abgeben.
- ⮒ Marktwendigkeit beginnt bei den Mitarbeitern. Sie zu ermächtigen ist das Gebot der digitalen Stunde.

Sie erinnern sich doch an den Hauptmann von Köpenick? Ein gewitzter Schuster mit einer ausgeprägten Affinität zum Militärwesen und zu dessen Hierarchieverständnis schlüpft in eine ausgediente Hauptmannsuniform, rekrutiert eine Handvoll Soldaten, die seine Befugnis nicht hinterfragen und überzeugt den Stadtkämmerer von Köpenick, ihm die Stadtkasse auszuhändigen. Was dieser ohne Gegenwehr auch tut. Fürwahr musterhaft treue Pflichterfüllung gegenüber einem Amts- und Würdenträger, der sich selbst legitimiert durch seinen wilhelminischen Habit (Uniform und Auftreten). Den preußischen Leutnant, sagte bereits Heinrich Mann in seinem Roman *Der Untertan* (1918), den macht uns so leicht keiner nach. – Kleider (und die entsprechende Haltung) machen eben Leute!

Das deutsche Erziehungswesen folgte lange den Errungenschaften der Aufklärung und des Humanismus. Im ausgehenden neunzehnten Jahrhundert und im zwanzigsten Jahrhundert ging Deutschland in Preußen auf. Die Folge: Der Preußische Militarismus prägte lange Zeit auch die Erziehungsmethoden in Deutschland. Disziplin, Gehorsam, Obrigkeitsgläubigkeit, Autorität qua Amt und nicht qua Persönlichkeit und Eignung. Noch heute ist das moderne Ingenieursland Deutschland davon geprägt. »Perfektionismus und Zuverlässigkeit der Erzeugnisse werden im Ausland hoch geschätzt, aber so sein wie wir wollen sie eigentlich nicht«, sagte mir kürzlich ein Deutsch-Brasilianer, der in Sao Paulo aufgewachsen war und dort Geschäfte betreibt. Was fehlt? Eine gewisse Lockerheit, fern von Kontrolldrang und Disziplin? Denken. Handeln. Zwei Paar Stiefel? Nö. Nicht in agilen Organisationen.

Welche Qualität ist für den Unternehmenserfolg entscheidender? Die Zufriedenheit der Mitarbeiter oder die der Kunden? Eine etwas tückische Frage! Schließlich sind es die Kunden, die das Unternehmen zu einem solchen machen. Oder? ... grübel, grübel ... Sind es nicht die Mitarbeiter, die das Unternehmen überhaupt erst zum Kunden bringen? Heute können sich Unternehmen in ihren Personalentscheidungen nicht mehr hinter veralteten Prinzipien verstecken, wenn sie die frischesten und bissfreudigsten jungen Talente für sich gewinnen wollen. Sie müssen ihnen mehr bieten als materielle Incentives. Sie müssen alte Strukturen lockern. Enge Hierarchien werden als hemmend und nicht mehr zeitgemäß empfunden, eine mangelnde Fehlerkultur blockiert die Freude an Experiment und Invention. Was in agilen Zeiten zählt, ist Selbstverwirklichung.

Was will das Prinzip uns sagen? – Nicht lange fackeln. Handeln.

Dass in der Wirtschaft gerade das hierarchische Modell der Ebenen »Oben« (dem Management obliegt das Denken und die Definition von Zielen, Organisation und Prozessen) und »Unten« (Mitarbeiter führen aus, was ihnen aufgetragen wurde) dominiert, hat historische Ursachen und fußt nicht zuletzt im ursprünglich militaristisch geprägten Verständnis von Gehorsam und Pflichterfüllung gegenüber den Vorgesetzten. Das ist hilfreich bei der Bewältigung von massenhaft produzierten Angeboten, jedoch nicht in Change-Zeiten, in denen vielfach experimentiert und ausgetestet werden muss. In agilen Organisationen und in dynamischen, sich rasant ändernden Parametern funktioniert das tayloristische Prinzip der Trennung zwischen Denken und Handeln, das auf Beharrlichkeit pocht, eher nicht. Die digitale Transformation von Unternehmen stellt einen Paradigmenwechsel dar, der tatsächlich nicht nur Neuerungen bringt. Er erhebt auch den Anspruch, dass Altes schwinden muss.

Das neue Paradigma in der Unternehmensführung lautet »Selbstorganisation und Teilung der Verantwortung«. Gesättigte Märkte verlangen nach Flexibilität, Dezentralisierung und Anpassungsfähigkeit. Schwerfällige Entscheidungswege behindern das Fortkommen. Agilität sichert Effizienz und Überleben. Nicht mehr Kontrolle der Mitarbeiter, sondern Autonomie ist das Gebot der Stunde. Dass wir massive Abwehrreaktionen des Managements erwarten müssen, darauf dürfen Sie wetten. Denn rüttelt hier nicht existenzbedrohende Revolution am Gartenzaun?

Das Prinzip der Selbstorganisation impliziert, dass sich Teams selbst führen und organisieren. Sie strukturieren ihren Arbeitsalltag, tragen Verantwortung und genießen eine hohe Entscheidungsfreiheit. In digitaler Zeit übernehmen sie in Eigenregie die Aufgaben, die üblicherweise Führungskräfte innehatten, stimmen sich mit ihren Kollegen ab und beweisen, dass sich Dinge rasanter umsetzen lassen. Denn Top-down-Anweisungen haben eine lange Vorlaufzeit, oft zu lange, sie können bereits tot sein, wenn sie bei denen ankommen, die sie ausführen sollten. Mitarbeiter, die an der Front stehen, haben ein besseres Händchen für die Belange der Kunden und des Alltagsgeschäfts als diejenigen, die in ihren Elfenbeintürmen über die Essentials des Unternehmenslebens reflektieren.

Verstehen Sie dies jetzt keineswegs abwertend – reine Erfahrungswerte! Selbstorganisation ist explizit pro Führungskräfte gedacht! Vom Alltagsgeschäft entlastet, können sie sich abseits der operativen Fragestellungen wieder den eigentlichen Kernfragen zuwenden – Arbeit am (digitalen) Geschäftsmodell (und nicht im operativen Geschäft), an Strategien, Performance, Ausrichtung, an der großen Linie.

Interessanterweise hat sich bereits in den Achtzigerjahren die US-Armee einer solch gravierend geänderten Denkrichtung gestellt, als sie im Rahmen der »Operation Absolute Agility« das Prinzip Selbstorganisation ausrief. Auf weiter Ebene fand eine Entzerrung von Hierarchien mit Blick auf Selbstorganisation als Erfolgsmoment statt. Die militärische Organisation fand sich auf taktischer Ebene in sogenannten Squads – als kleinste Kampfeinheiten – wieder, die unter dem Dach asymmetrischer Kriegsführung agieren. Seine positiven Wirkungen zeitigte es durch gewachsene Risikobereitschaft, Autonomie und Initiativkraft. Mit dem Internet zog diese Strömung auch in die Unternehmenswelt ein, wo sie mit Blick auf die Unternehmen-Kunden-Wertschöpfungszusammenhänge immer weiter optimiert und fortentwickelt wird.

FÜHRUNGSKRÄFTE ARBEITEN AN DER GROSSEN LINIE. TEAMS ÜBERNEHMEN EIGENSTÄNDIG DAS TAGESGESCHÄFT

Das digitale Unternehmen Spotify adoptierte das Prinzip »Selbstorganisation statt Anweisung« und benannte seine kleinsten Organisationseinheiten ebenfalls Squads (autonome, cross-funktionale, maximal achtköpfige Communities, die kurz- und langfristige Ziele sowie die Spotify-Mission bearbeiten und von Anfang bis Ende eines Projekt die Verantwortung tragen), Tribes (inhaltlich verbundene Squad-Untergruppen) und Guilds (Interessengemeinschaften, die Wissensaustausch fördern). Spotify vergleicht sich gerne mit einer Jazz-Band, in der alle Mitglieder autonom sind und sich dennoch aufeinander konzentrieren.

Selbstorganisation muss sich einspielen, denn ohne präzise Vorgaben, Steuerungs- und Kontrollmechanismen durch Führungs- und Handlungszuweisungen herrscht Irritation auf allen Ebenen. Was also braucht es, um eine klassisch geführte Organisation in eine erfolgreich selbstorganisierte zu wandeln?

Gloger und Rösner (2014) beschreiben ihre eigenen Erfahrungen und beschäftigen sich vor allem mit der Frage: Wie können Manager ihre Mitarbeiter zur Selbstorganisation befähigen und gewinnen?

Selbstorganisation ist für die Autoren kein Selbstzweck. Sie verstehen diese als Grundlage für extreme Produktivitätssteigerung und Anpassungsfähigkeit bei allen Arten von Teams. Die Führung von selbstorganisierten Teams basiert nach ihrer Auffassung auf sehr einfachen Grundregeln des menschlichen Zusammenlebens, die wir auch im persönlichen Gebrauch einhalten sollten: Zuhören, mein Gegenüber wahrnehmen, es als ebenbürtig anerkennen und wertschätzen, einfach mal ein »Gut gemacht!« aussprechen, nonverbales Feedback geben, auf Augenhöhe kommunizieren – viel mehr braucht es oft nicht, um Menschen zu motivieren.

Damit Teams in die Lage versetzt werden, selbstorganisiert zu agieren, eigenverantwortlich zu entscheiden und zu handeln, müssen Transparenz und Klarheit herrschen: Wer ist wofür verantwortlich? Wer darf welche Entscheidungen treffen?

Ohne Struktur, Regeln, Rahmenbedingungen und Kommunikation funktioniert keine Selbstorganisation. Die Teams benötigen Klarheit, Orientierung und Sicherheit, die Komplexität der Zusammenarbeit muss für sie überschau- und handhabbar sein. Der Rahmen definiert Grenzen, legt Verantwortungsbereiche fest, gibt Arbeitsstrukturen vor, etabliert Meetingregeln, stattet mit Rollen und Funktionen aus und sorgt für die innere und äußere Legitimation.

Das Spannungsfeld zwischen Grenzen und Freiräumen muss transparent und im Idealfall durch ein gemeinsames Commitment manifestierbar sein.

Was bedeutet Selbstorganisation im klassischen Sinne?

Wir ersticken in Pflichten und Aufgaben. Hier nicht den Überblick zu verlieren, bedeutet Negativspannung = Stress. Die eigene Leistungsfähigkeit und das Leistungsvolumen gut beurteilen und eintakten zu können, heißt sich entstressen und dadurch in weniger Zeit noch leistungsfähiger zu werden. Das generiert gute Resultate, Erfolgsmomente, Zufriedenheit, Ausgeglichenheit, und dies wiederum spornt zu Weiterem an. Was ist der Unterschied zum reinen Zeitmanagement? Selbstorganisation geht über Planung hinaus und orientiert sich viel stärker an der Persönlichkeit, die agiert und der Verantwortung übertragen werden soll. Eine Frage der inneren Verpflichtung: Warum setzt eine bestimmte Person das so um, wie sie es tut? Welche intrinsische Führung ist hier am Werk? Was bewirkt den Erfolg gerade dieser Person? Werden Aufgaben schriftlich und mit Deadlines versehen niedergelegt, stellt sich ein Gefühl von vorauseilender Sicherheit und allmählich auch Routine ein. Einfach beginnen und Schritt für Schritt vorgehen, um sich nicht zu überfordern und Effizienz und Kontinuität zu ermöglichen. Ganz auf Zeitmanagement verzichten kann auch Selbstverantwortung nicht. Wer Aufgaben zeitlich über Deadlines einplant und den Zeitaufwand vorgibt, behält den Überblick und konzentriert sich auf das Wesentliche.

Was für den Einzelnen gilt, ist im Unternehmen unerlässlich. Mit Selbstorganisation im Sinne von Entscheidungsfreiheit lassen sich Ziele besser verfolgen, gerade wenn es um die Verbesserung der Kundenorientierung, Servicequalität, der Zusammenarbeit zwischen hierarchischen Ebenen, um Kostenreduzierung oder die Reaktionsfähigkeit hinsichtlich Störungen geht. Eigenverantwortlich arbeitende Mitarbeiter sind für Unternehmen in rasch wechselnden Marktverhältnissen und unter starkem Innovationsdruck eine lohnende Investition. Führungskräfte profitieren von mehr Freiraum für unternehmerische Aufgaben. Zukunftsgewandte Unternehmen fragen sich daher ganz genau:

- Wie reif sind wir für das Prinzip Selbstorganisation?
- In welchen Bereichen unserer Organisation und zur Erfüllung welcher Aufgaben müssen wir agiler werden?
- In welchen Bereichen sollten unsere Mitarbeiterinnen und Teams eine besonders hohe Kompetenz zu Selbstorganisation und Selbstführung erarbeiten?

Frederic Laloux (2015) spricht sich dafür aus, dass Führungskräfte in agilen Unternehmen für den Aufbau einer gegenseitigen Vertrauensbasis Sorge tragen sollten, für Stabilität in Konfliktsituationen. Nachhaltige Selbstorganisation muss etwas aushalten können, damit die Gefahren des »Umkippens« gebannt werden. Wird bereits beim ersten kritischen Gegenwind reflexartig wieder auf den Command-and-Control-Modus zurückgeschaltet, kann sich das Selbstorganisationsprinzip nicht manifestieren. Führungskräfte müssen dies verinnerlichen und vorleben, denn auch bei flachen Hierarchien sind sie diejenigen, die die Unternehmensaussagen vertreten.

Kurzer Methodenüberblick – Selbstorganisation ermöglichen
Wie gut muss der Boden für Selbstorganisation gedüngt sein?

Voraussetzung 1: Die Führungskraft steht in den Startlöchern und ist bereit, am System statt im System zu arbeiten. Das bedeutet eine Kehrtwende auch im Selbstverständnis der Führungskräfte. Noch sehen viele ihre Kernaufgabe darin, Mitarbeiter anzuleiten, zu steuern und ihre fachliche Arbeitsqualität zu kontrollieren. Kein Wunder, dass deren Arbeitsbelastung im Betriebsalltag hoch ist. Ihnen fehlt (meist neben dem Bewusstsein) auch noch das Potenzial, um an den Rahmenbedingungen für Selbstorganisation und Selbststeuerung zu arbeiten. Wie würde eine gelungene Selbstorganisation aussehen?

- Mitarbeiter kennen das Warum.
- Sie werden gecoacht unterstützt und begleitet.
- Sie sind gut versorgt mit Informationen.
- Sie wissen Bescheid darüber, was Selbstverantwortung für das Unternehmen bedeutet.

Voraussetzung 2: Die Mitarbeiter sind bestens vorbereitet. Sie haben die Verbesserungschancen erkannt und gelernt, wie Problemanalyse und deren Lösung funktionieren. Ohne diese Ressourcen wären sie überfordert.

Voraussetzung 3: Vertrauen ist besser als Kontrolle. Der Aufbau einer Vertrauenskultur ist zentral. Sie wirkt hierarchie- und funktionsübergreifend. Führungskräfte müssen sich sicher sein, dass ihre Teams den Anforderungen gerecht werden, bevor sie ihnen Handlungsbefugnisse einräumen. Alle im Team müssen ihren Kollegen ver- und zutrauen können, dass sie die Vereinbarungen einhalten, um interne Konflikte auszuschließen. Im Umkehrschluss müssen die Mitarbeiter und Teams darauf vertrauen können, dass ihre Vorgesetzten ihnen den Rücken stärken und im Falle, etwas verläuft nicht so gut wie geplant, eine vernünftige Fehlerkultur praktizieren. Fehlt dieses Grundvertrauen, werden sie sich bei anspruchsvollen Aufgaben scheuen, neue Wege zu bestreiten oder sich bei jeder Unsicherheit mit dem Vorgesetzten abstimmen wollen. Das wäre kontraproduktiv und bedeutete keine echte Veränderung.

Voraussetzung 4: Die Mitarbeiter sind zu jedem Zeitpunkt umfassend informiert. Eine Grundvoraussetzung für Selbstorganisation: Mitarbeitern stehen alle Informationen zur Verfügung, die sie für eigenständiges Entscheiden und Verantworten benötigen. Mangelt es den Mitarbeitern und Teams daran, fehlt ihnen die notwendige Grundlage. Sie können nicht entscheiden, welche Schritte und Aufgaben zu erledigen sind, um die übergeordneten Ziele zu erreichen. Sie sind sich auch uneins, wie weit ihre Befugnisse gehen: Bei welchen Problemen und Entscheidungen sollten wir Rücksprache mit unseren Vorgesetzten halten, weil wir fürchten, dass diese Problemlagen mit den Zielsetzungen und der Strategie des Unternehmens kollidieren?

»Probleme kann man niemals mit derselben Denkweise lösen, durch die sie entstanden sind«, sagte Albert Einstein.

Mehr Futter fürs Gehirn gibt's hier

Monika Burg (2017): VUCA verstehen. Der Ursprung des Begriffs in der U.S. Army. Essay 3. In: VUCABLOG [Weblog], 4. Dezember 2017, Online-Publikation.

Boris Gloger; Dieter Rösner (2014): Selbstorganisation braucht Führung. Die einfachen Geheimnisse agilen Managements. Carl Hanser, München.

Frederic Laloux (2015): Reinventing Organizations. Ein Leitfaden zur Gestaltung sinnstiftender Formen der Zusammenarbeit. Vahlen, München.

#16 Diversitätsprinzip: Viele, viele bunte Smarties

➲ Gerade Unternehmen, die den digitalen Wandel angehen, bedürfen einer Unternehmenskultur, die bewusst auf die Intensität unterschiedlicher Kräfte setzt.
➲ Unterschiedliche Erfahrungen, Herkommen und Anschauungen tragen zu einer innovativen, kreativen, aufbruchsbereiten Arbeitsatmosphäre bei.
➲ Bunte Teams spiegeln die bunte Vielfalt der Erfahrungswelt um uns herum.

Kinder lieben ihre Welt bunt. Ihre Buntstifte geraten zu Lernsensoren und im Tante-Emma-Laden der Neuzeit werden sie von quietschbunten Drops, mintgrünen Kaugummis und/oder Gummitierchen in Regenbogenfarben magisch angezogen. Später werden sie gerne ermahnt: »Treibt es nicht zu bunt!« Denn uns Erwachsenen wird es oft schon mal »zu bunt!«. In der Kunst leidet »bunt« im Vergleich mit »farbig« unter einer negativen Besetzung. Ein buntes Bild ist nicht unbedingt ein künstlerisch wertvolles Bild, während man von einer schönen »Farbigkeit« spricht, wenn die Ästhetik ihr Recht bekommt. Bunt gemischt kann Opulenz, Wahllosigkeit oder Beliebigkeit bedeuten, doch der bunte Teller zu Weihnachten macht uns schon visuell glücklich – verheißt er doch genüssliche Vielfalt. Automatisch blühen unsere Geschmacksknospen auf, unsere Nüstern blähen sich auf, die Vorfreude, eingehüllt in ein betörendes Aroma aus Kakao, Zimt und Mandelkern, kitzelt (gefühlt) unsere Zunge. Unsere Sinne scheinen sich auf »bunt« bestens einstimmen zu können, während der Verstand sich damit etwas schwer tut.

Auch unser Straßenbild ist in den letzten Jahrzehnten durch Einwanderung und Internationalisierung »bunter« geworden – als Flaneur auf den Einkaufsstraßen einer größeren Stadt kann man einer Kakofonie an Lauten lauschen, durchsetzt von Idiomen, die man in der Regel nicht in der Schule gelernt hat. Für den einen ist dies spannend, bereichernd und faszinierend – andere mögen es als verstörend empfinden. In den letzten Jahrzehnten zogen die Auswirkungen von Globalisierung und Migration eine Diversität an Menschen in das Land, die nicht nur die Wirtschaft, sondern die Gesellschaft und die Politik und letztlich den Einzelnen beschäftigt.

Vielfalt ist spannend. Vielfalt generiert Reibungspunkte. Aus Reibung entstehen Funkenflug und Feuer

Ursprünglich bildete sich der Begriff Diversität in den USA, als die Bürgerrechtsbewegung in der Bekämpfung des Rassismus gegenüber Schwarzen für Chancengleichheit stritt. Seit Ende der 1990er-Jahre hat auch die Europäische Union diesen Begriff als Leitbild adoptiert, seit 2006 ist er als Gleichbehandlungsgesetz in der bundesrepublikanischen Gesetzgebung verankert und gilt europaweit als modellhaft. De facto hinkt aber gerade Deutschland beim Thema »Gleichbehandlung von Frauen in der Arbeitswelt« vielen anderen Staaten, vor allem dem hohen Standard in Skandinavien, weit hinterher (etwa wenn bei gleichen Positionen Frauen mit einer Gehaltsdifferenz von 21 Prozent diskriminiert werden).

Diversity Management zieht in Unternehmen ein

Zu Recht. Der Begriff steht für die Aussage, dass Mitarbeiter unterschiedlichen Herkommens nicht nur wertgeschätzt und respektiert werden, sondern auch als belebender Faktor im Sinne des konstruktiven Betriebsnutzens gesehen werden sollten. Die Diversität (Vielfalt) in der Wirtschaft ist nicht zufällig, sondern entspricht einer dezidierten Strategie. Diversity Management bezeichnet eine bestimmte Ausrichtung in der Rekrutierungs- und Personalpolitik. Sie vereint bewusst Vertreter mit unterschiedlichen ethnischen, kulturellen und weltanschaulichen Hintergründen in diversen, also bunt gemischten Teams, um deren unterschiedliche Biografien, Erfahrungsschätze und kulturelle Ausprägungen als wertvollen, gerade in digitalen Zeiten sehr erwünschten Anschub zu nutzen. Genormte Teams, deren Mitglieder in sich sehr gleich sind, sollen zwar zufriedener und angepasster sein. Doch wegen der großen Ähnlichkeit ihrer gesellschaftlichen und kulturellen Prägungen und Herkommen entstehen weniger innovative Ansätze und konstruktive Ideen als in heterogenen Gruppen. Denn gerade diese Vielfalt macht kreativere Lösungsansätze und ein extensives Out-of-the-box-Denken erst möglich.

Digitale Transformation braucht Vielfalt statt Einfalt!

Diversität steht also in einem direkten Zusammenhang mit dem Erfolg von digitaler Transformation, wenn agiles und flexibles Handeln und querdenkende Positionen mehr Bewegung ins Spiel bringen sollen. Moderne Führungskräfte müssen heute mehr denn je willens und in der Lage sein, »bunte Teams« zusammenzustellen und souverän anzuleiten.

MITARBEITER UNTERSCHIEDLICHEN HERKOMMENS SIND EIN BELEBENDER FAKTOR FÜR DIE UNTERNEHMENSKULTUR

Unternehmen profitieren von einer gemischten Belegschaft. Viele, viele bunte Smarties: Menschen mit unterschiedlichen Erfahrungshintergründen, charismatisch, vielfältig geprägt, kantig, tragen zu einer gegenseitigen geistigen und kreativen Befruchtung bei. Mitarbeiter verschiedener Herkunft verfügen über ein breiter angelegtes, kulturell spezifisches Wissen, erfassen und lösen Probleme aufgrund dieser Prägung unterschiedlich, smarter und risikobereiter. Der Markt-Vorsprung liegt in der Nutzung unterschiedlicher Perspektiven, die zu besseren Ergebnissen führen.

Dem Sprichwort nach wird ein erstklassiges Team mit einer zweitklassigen Idee erfolgreich, während ein zweitklassiges Team mit einer erstklassigen Idee zum Scheitern verurteilt ist. Bevor Unternehmen Vielfalt als Erfolgsfaktor nutzen können, muss eine offene Unternehmenskultur einen respektvollen Umgang unter- und miteinander etablieren und Sprachreglungen für verschiedene Meinungen und Standpunkte treffen. Zwischen Erkenntnis und Umsetzung im Arbeitsalltag liegt jedoch gerade für Führungskräfte ein steiniger Weg, vor allem, wenn die Psyche diesen einen Streich spielt. Wir alle sind von Vorurteilen nicht frei. Ungewollt schaffen sich oft unconscious bias – unbewusste Stereotypen – Luft, die der Verstand nicht kontrollieren kann. Menschen lieben es außerdem, sich unter »Gleichen« zu bewegen, das ist das Erfolgsgeheimnis von Vereinen, Kluburlauben, schlagenden Verbindungen, Interessenvereinigungen, Familien (!) und ganzen Sippen. Im Paarungsverhalten allerdings sollen Gegensätze sich anziehen – erwiesen ist dennoch, dass Menschen nicht ihr Gegenbild, sondern ihr Ebenbild suchen. Sie wittern den spezifischen Eignungsgeruch heraus. Der evolutionäre Aspekt, einen guten Partner für prospektive Nachkommen zu finden, tut ein Weiteres.

Ein einheitliches, wenn auch unsichtbares Band liegt in der Ähnlichkeit oder gar Deckungsgleichheit von Herkommen, Interessen oder Gewohnheiten. Auch in Personalverantwortlichen und Führungskräften walten geheime Mechanismen, denen sie bei Stellenausschreibungen oder Bewerbungsgesprächen wenig Widerstand entgegensetzen können. Vertraut man auf die Chemie, bevorzugen sie unbewusst Bewerber, bei denen sie den gemeinsamen Stallgeruch wittern. Das oberste Management ist hier aufgerufen, ein Umdenken zu initiieren.

Diversität erzeugt Reibung und diese erzeugt Fortschritt

Der viel zu früh verstorbene Psychologe Peter Kruse (2004) resümierte, dass »harmonische Systeme (wie Teams oder Netzwerke) dumme Systeme« sind. Kruse rät Unternehmen, Unterschiedlichkeiten zu generieren, sprich: Diversität in ein System zu tragen, um so die innere Spannung zu erhöhen. Anders könne man der komplexen Zeit nicht mit komplexen Lösungen begegnen. Erst

Diversität kreiere eine Vielfalt an Perspektiven und Blickwinkeln, was unerlässlich sei, um die immensen Herausforderungen der digitalen Transformation zu schultern.

Diversität bringt digitales Wissen in Unternehmen

Digitales Wissen ist das Pfund, mit dem aktuell Bewerber wuchern können, denn es ist heiß umkämpft und dringend erwünscht. Unternehmen liegen gegeneinander im Rennen um junge Talente, die diese Potenziale einbringen. Die damit generierten Probleme können vor allem durch kreative Angebote und ein von einem neuen Mindset getragenes Unternehmensbild gelöst werden. Doch verkrustete Denkmuster brechen nur ungern auf. Bislang gab eine Vorgängergeneration traditionell ihr Wissen an die nächste weiter.

Heute erstaunt kaum mehr, wenn junge Talente entscheidendes neues Knowhow und digitale Skills als Mitgift in ein Unternehmen einbringen. Nicht jeder bewährte Manager kann sich damit abfinden, dass Mentoring heute innerhalb von zwei Stoßrichtungen verläuft. Reverse Mentoring funktioniert nur in einer von herkömmlichen Hierarchiemustern befreiten Zone. Wenn alle Mitarbeiter, jenseits von Hierarchie-, Generations- und Altersschwellen, sich lernwillig und aufnahmefähig gegenüber einem gegenseitigem Dialog zeigen. Teams mit einem hohen Diversity-Faktor handhaben dies viel lockerer und erfolgreicher als Teams alter Prägung. Ideale Bedingungen also für Wissenstransfer in alle Richtungen.

Diversität resultiert in Innovationsfähigkeit

Diversität stärkt die Innovationsbereitschaft und das innovative Verständnis im Sinne von Erfinden. Homogene Teams beurteilt auch Michael Stuber, einer der führenden Diversity-Management-Experten, nach umfassendem wissenschaftlichen Arbeiten als nicht innovationsfördernd. »Es ist die Vielfalt der Perspektiven, die zu besseren Lösungen und zu cleveren Produkten führt.« Diverse Teams tun sich in der Ideenfindung und kreativen Lösung leichter, müssen sich aber mehr um Konsens bemühen. Am Ende des Tages fahren sie allemal die bessere Ernte ein. Diversität sei ein Schlüsselbereich für erfolgreichen digitalen Wandel.

Kurzer Methodenüberblick – Diversity Management

Zwei hilfreiche Tools sollen hier erwähnt werden. Sie bieten Unternehmen auf dem Weg zum digitalen Wandel Orientierung innerhalb des Themas Diversität. Einmal gibt hier das RKW-Kompetenzzentrum in »Vielfaltsbewusste Führung« entscheidende Impulse. In gleicher Mission, respektive der Nutzung der Diversitätspotenziale, ist der INQA-Check »Vielfaltsbewusster Betrieb« unterwegs. Eine Praxishilfe, die auch mit Hilfe anschaulicher Praxisbeispiele sehr konkrete Handlungsfelder aufzeigt, wie Diversität einzuführen und ergebnisorientiert zu nutzen ist.

Rei Inamoto – ehemals Kreativchef der Londoner Agentur Akqa und heute Kreativ-Unternehmer – stellt die Behauptung auf: »To run an efficient team, you only need three people: A Hipster, a Hacker, and a Hustler.« Hinter Inamotos Behauptung steckt der Grundgedanke, dass ein Team interdisziplinär sein sollte, allerdings mit ausgeprägten Rollenbesetzungen.

Diese drei Rollenmodelle hält er dabei für unabdingbar:
Der Hacker verfügt über ein Verständnis sowie die notwendigen Fertigkeiten, wie Probleme gelöst werden können. Er ist in der Lage, die hinter einer Idee verborgene Technologie zu konzipieren.

Der Hipster ist im kreativ-künstlerischen Sinne derjenige, der nicht nur ein Design entwirft, sondern es auch umsetzen kann. Sein schöpferischer Geist wirkt hoch motivierend auf das ganze Team. Er ist fähig, das Menschliche hinter einem Problem zu sehen und Gewöhnliches und Erwartetes zu hinterfragten (Warum?). Der visionäre Hipster wird dem User-Bedürfnis nach einer User-Experience voll gerecht, weil er ein ausgeprägtes Gespür dafür besitzt, in welche Richtung sich Märkte entwickeln.

Der Hustler ist in seiner dezidierten Kommunikationsstärke fit darin, die Zielgruppe zu erreichen – er weiß zu verkaufen. Was ihn umtreibt, sind Lösungen, die zur Kundenzufriedenheit führen. Daran kann er tagtäglich arbeiten. Der Feind des Hustlers ist der Status quo. Er will mehr. Er ist tatendurstig. Er brennt. Seine Verve und Begeisterung stecken alle im Team an und befähigen sie zu Höchstleistungen.

Treten Sie einmal neben sich zur Seite und schauen Sie sich das Team an, zu dem Sie gehören:
- Welche Rolle(n) spielen Sie gerade (primär/sekundär)?
- Welcher der anderen Teammitglieder besetzt welche Rolle?
- Wie ausgeprägt sind die oben erwähnten unterschiedlichen Rollenausprägungen im Team vorhanden?
- Womit könnten Sie dazu beitragen, dass Unterschiedlichkeit mehr gewürdigt wird und in Ihrer Teamarbeit auch Berücksichtigung findet?

Mehr Futter fürs Gehirn gibt's hier

Peter Kruse (2004): next practice. Erfolgreiches Management von Instabilität. Gabal, Offenbach am Main.

Ihr persönlicher Boxenstopp

Die zentrale Transformationsfrage:
Wie kommen wir vom Superheldentum zur Gummi-
bärenbande?

Wie schaffen wir bereichsübergreifende Organisations- und parti-
zipative Entscheidungsstrukturen?
(Interessante Ansätze aus dem *#12 Holokratie-Prinzip: Im Kreis der Gleich-*
gesinnten.)

Wie führen wir Mitarbeiter auf Augenhöhe und befähigen sie zu
noch mehr Eigenverantwortung und Kreativität?
(Denken Sie an das *#13 Empowerment-Prinzip: Zwerge zu Riesen machen.*)

Wie schaffen wir mehr Zeitsouveränität für Mitarbeiter?
(Konkrete Ideen gab es im *#14 Zeitsouveränitätsprinzip: Arbeitest du noch*
oder lebst du schon?)

Wie bringen wir Teams zu mehr Selbstorganisation?
(Erinnern Sie sich an das *#15 Selbstorganisationsprinzip: Die Befreiung aus*
der tayloristischen Unmündigkeit.)

Wie können wir Diversität und Interdisziplinarität fördern?
(Hinweise dazu im *#16 Diversitätsprinzip: Viele, viele bunte Smarties.*)

7.
Arbeitsweise:
Vom Marathon zum Sprint

*Pragmatismus führt
schneller zur Perfektion als
Perfektionismus.*

Mark Poppenborg

#17 Sprint-Prinzip: In einen schwungvollen Rhythmus kommen

- ➲ Aufgaben und Projekte in einzelne Ziele und definierte Zeiteinheiten einzuteilen und die Zeit, in der sie bearbeitet werden sollen, zu verknappen, nutzt den aus dem Sport bekannten Endspurt. So zeitigen Sie innerhalb kurzer Zeit realistische Ergebnisse.
- ➲ Agiles Sprinten lässt Teams in Schwung kommen. Der so erzielte, definierte Rhythmus fördert den Flow und das gegenseitige Vertrauensverhältnis, puscht Motivation und Selbstbewusstsein.
- ➲ Agiles Sprinten erzielt vor allem auch unter Ungewissheit bessere Ergebnisse.

Die Ziellinie im Visier, alle Muskeln angespannt! Armin Hary, bis dato einziger deutscher und europäischer Weltrekordler im Hundert-Meter-Sprint, legte die Kurzstrecke bei einem Leichtathletik-Meeting 1960 in Zürich in handgestoppten zehn Sekunden zurück, kurz darauf sicherte er sich die olympische Goldmedaille in Rom mit elektronisch gestoppten 10,2 Sekunden. Seine steile Sportkarriere selbst war kurz und knapp, man kann sagen: Er sprintete durch sein sportliches Wettkampfleben. Kurzstrecken haben Vorteile: Die niederländische Siebenkampf-Meisterin Dafne Schippers stieg um auf den Einhundert-Meter-Lauf und bekennt heute: »Das Leben als Sprinterin ist schön, sehr entspannt. Anders als beim Mehrkampf muss ich mich nur auf eine Disziplin konzentrierten.« Wie bringt man sich selbst in Hochform in kürzester Zeit, ja in Bestform? Leistungssportler sind auf ihre volle mentale Stärke angewiesen. Doch gerade Wettkampfsituationen sind bestens geeignet, durch Stress, Leistungsdruck, eigene Erwartungshaltung und Nervenflattern die körperliche Höchstleistung zu verhindern. Mentales Training – sich geistig auf einen Sieg einzuschwören – ist längst Teil der Sportlertrainings. – Was gibt uns dies für die Business-Ebene vor?

Agiles Sprinten im Hochleistungsmodus

Dieses Prinzip hat es in sich: Knapp, konzentriert, das Ziel fest im Blick, besetzen Arbeitsteams im Sprint-Prinzip ihre Startlöcher. In zeitlich kurz gefassten, genau definierten Arbeitsperioden nehmen sie eine spezifische Aufgabe ins Visier. In besonderem Maße kommt es auf der Kurzstrecke auf konzentriertes, themenfokussiertes Denken und Arbeiten an: Alle Muskeln anspannen, um die Arbeitsphase optimal abzulaufen. Am Ende locken die Ziellinie (mit einem Erfolgsergebnis) respektive der nächste Startschuss. Viele Kurzstreckenläufer sehen sich bereits an den Startblöcken mental am Ziel –

BESSER DAS, WAS ZU ABSOLVIEREN IST, IN KLEINEN PORTIONEN REALISTISCH EINPLANEN UND DIE TAKTANZAHL VORGEBEN

sie imaginieren, wie sie sich fühlen, wenn sie den Sprint hinter sich gelegt haben, genießen Vorfreude über die Resultate, hören den Jubel der Zuschauer. Adrenalin pur, das hormonell aufputscht und Serotonin, das die Körperzellen durchflutet.

Agile Sprints im Business sind ebenso knapp getimet. Innerhalb einer Arbeitsperiode von einer bis maximal vier Wochen sollte eine bestimmte Fragestellung, eine spezifische Lösung oder eine Zielsetzung erarbeitet und präzise ausgewertet sein. Was diesen Arbeitsprozess attraktiv macht, sind die Flexibilität und Reaktionsschnelligkeit bei gleichzeitig größtmöglicher Konzentration und Fokussierung. Aufscheinende Probleme werden rasch identifiziert, regelmäßige Checks lassen Anpassungen oder Abweichungen vom Kurs zu, was fulminante Flops oder Fehlentscheidungen großer Tragweite zumindest frühzeitig abfedern hilft. Niemand arbeitet mehr monatelang an einer Sache, die weder Hand noch Fuß hat, und schließlich doch gestoppt wird. Der schwungvolle, fokussierte Rhythmus, die zeitlich limitierte Konzentration auf das Wesentliche schütten erfolgsfördernde Hormone aus, der Blick ist zielgerade nach vorne gerichtet – das Team gerät in Flow und Begeisterung.

Sprinten im Job? So arbeiten die Animateure der digitalen Businesswelt

In seinem Buch *Agile Produktentwicklung – Schneller zur Innovation – erfolgreicher am Markt* gibt uns Autor Axel Schröder (2017) eine einfach nachvollziehbare To-do-Anweisung und Umsetzungshilfe für die agile Produktentwicklung auch jenseits der Software-Industrie. Erfahrungswerte rund um den Sprint zeigen, dass agile Teams in kurzen Sprintstrecken immer besser werden, weil sie die Arbeitsfortschritte hautnah und eng eingetaktet erleben. Was bei Konkurrenten im Wettkampf eher seltener vorkommt, wird hier zum Benimm-Kodex und zur Ehrensache: Alle helfen sich gegenseitig, zollen sich Anerkennung, motivieren und verbessern sich und beflügeln so die Arbeitsatmosphäre enorm. Ein konstruktives Klima der Verbundenheit schützt vor Rivalität oder Animosität, eine sich aufwärts drehende Erfolgsspirale treibt alle an. Wofür sie ihre Muskeln anspannen, wird ihnen ständig bewusst; sie freuen sich über noch so kleine Erfolge. Vielen von Ihnen ist dieses bewegende Moment von der Animation auf dem Kreuzfahrtschiff her bekannt, oder?

Das Prinzip entwickelt Strahlkraft, während im klassischen Projektmanagement zu Projektbeginn eine sogenannte Work Breakdown Structure (WBS) erarbeitet wird. Diese WBS gibt die Einzelstrukturen vor, das heißt, der »Elefant wird in Scheiben geschnitten« und in einzelne Arbeitspakete zergliedert. Aus dem komplexen Ganzen wird ein Sack voller Überraschungseier. Warum macht man das so? Die Zerstückelung in möglichst logische Einzelteile soll die jeweilige Arbeitsdauer ermitteln. Das ist nicht ohne Tücke, und mit der Dynamik der digitalen Transformationsprozesse nicht kompatibel. Denn – Parkinson's Gesetz schlägt zu!

Parkinsons's Law oder die Tücke der Zeit: Jeder braucht so lange, wie er Zeit hat

Zeit dehnt sich. Seit dem 19. November 1955 ist es klar: »Work expands so as to fill the time available for its completion«. »Arbeit dehnt sich in genau dem Maß aus, wie Zeit für ihre Erledigung zur Verfügung steht.« Der Zeitfaktor ist irrelevant und unpraktikabel, denn je mehr Zeit man einer Aufgabe gibt, desto länger braucht man, sie zu erledigen. Ob nun wissenschaftlich determiniert, abgeleitet aus statistisch ermittelten Vergangenheitswerten, einfach nur über den Daumen geschätzt oder ein skurriles Bonmot – es gilt das Gesetz des Termins: Nichts wird vorher fertig! In der letzten Sekunde allerdings laufen die sich Motoren beim Endspurt heiß. Wir kennen das, das Aufbäumen aller Kräfte, wenn die Deadline lauert. Warum nicht den Sprint bereits an den Anfang legen?

The »Students law of Tension«

Prüfungsstress. Klar, kennen wir. Der Termin war lange bekannt, die Vorbereitung sollte diesmal frühzeitig starten. Aus einem nicht erklärbaren Grund laufen wir trotzdem erst kurz vor Toresschluss zur Hochleistung auf. Das ist kontraproduktiv, aber wir tun es immer wieder. Mit wechselndem Erfolg. Es sei denn, man wäre Sheldon Cooper aus der amerikanischen TV-Serie *The Big Bang Theory*, dessen Monstergehirn schlechterdings alles jederzeit abrufbar im Griff hat. Doch uns Normalos steht besser an, nicht abzuwarten, bis massive Angstschübe den Schweiß auf die Stirn treiben, denn das ist in der Regel kontraproduktiv. Besser das, was zu absolvieren ist, in kleinen Portionen realistisch einplanen und die Taktanzahl vorgeben. Manche benötigen tatsächlich ein Höchstmaß an Stress, um auch zur Höchstform aufzulaufen. Diese taffen Persönlichkeiten haben, ohne es zu wissen, den agilen Sprint-Rhythmus bereits verinnerlicht.

Das Timeboxing im Sprint

Das Sprint-Prinzip dreht den Spieß um. Timeboxing fragt nicht: »Wie viel Zeit brauchst du?«, sondern: »Was soll in zwei Wochen geschafft sein?« Das erfordert ein Umdenken, unter Vernachlässigung der miteinander verknüpften, gewohnten Faktoren »Qualität, Kosten, Termin«. Der Zeitfaktor wird fundamental. Ein wenig Eingewöhnung bedarf es allemal, bevor das Prinzip der kleineren Zeiteinheiten in Fleisch und Blut übergeht. Belohnt wird man durch ein Plus an Energie und Kreativität, Teamgeist und Arbeitslust. Und besseren Arbeitsergebnissen.

Das wesentliche Moment liegt im Rhythmus

Der Rhythmus stellt sich ein, wenn es Routine wurde, bestimmte Aufgaben in bestimmten Zeitboxen zu erledigen. Fragen sollte man sich immer nach dem relevantesten Ziel, das innerhalb der kurzen Zeitspanne erreicht werden soll. Durch kontinuierliche Arbeits- und Feedbackschleifen verschwindet das Ziel nie aus den Augen, und während Sie es verfolgen, können Sie bereits den nächsten Sprint konzipieren und in den essenziellen Features planen (Turnus der Treffen, Aufgabenverteilung unter anderem). Nach Ablauf der fixierten Timebox gehen Sie an die Überprüfung der Resultate, werten aus und entscheiden im Bedarfsfall über Revision. Eine Reflexion der Zusammenarbeit ist obligatorisch. Der Erkenntnisgewinn aus jedem Sprint fließt wiederum in die Planung des nächsten ein.

Warum ist dieses Prinzip so schlagkräftig?

Es folgt einem klaren Dreiklang aus: Ziele setzen. Freiraum gewähren. Feedback geben.

Und was bringt's?

- Sie planen effizienter.
- Sie erhalten kontinuierliches Feedback in kürzeren Zeitabschnitten.
- Sie arbeiten verlässlicher und zielorientierter.
- Sie gewinnen ein Bewusstsein für ihre Potenziale.
- Sie sind bereit, Verantwortung zu übernehmen, und erleben Motivation intrinsisch.
- Sie erleben, dass Scheitern nur in begrenztem Umfang möglich ist.
- Sie werden sich selbst bewusster und trauen sich mehr zu.
- Sie formulieren Ziele verbindlicher.
- Sie erzielen bessere Resultate.
- Sie tragen zu einer neuen Vertrauenskultur unter den Teams bei.

Kurze, knackige Zeiteinheiten nutzen den Wert von Wettervoraussagen – für mehr als zwei Wochen lässt sich das Wetter in der Regel nicht verbindlich in die Karten schauen. Menschen geht es ähnlich, sie engagieren sich lieber für

Aufgaben oder Pflichten, die innerhalb einer bestimmten und schlussendlich absehbaren Zeitspanne liegen. Das ist ähnlich wie beim Kurzzeit- oder Langzeitfasten. Verknappung ist nicht zuletzt ein strategisches Mittel, um im Verkauf die Nachfrage anzukurbeln.

Kurzer Methodenüberblick – Design Sprints

Kennen Sie schon den sogenannten Design Sprint von Google Ventures (GV)? Google Ventures führte bereits frühzeitig »Design Sprints« mit über hundert Start-ups und eigenen Beteiligungen durch, um strategisch wichtige Fragestellungen mit Kunden auszutesten.

Innerhalb eines fünftägigen Kunden-Workshops können Probleme analysiert, Lösungen entwickelt und Ideen getestet werden. Der Parcours verfolgt diese Prioritäten:

- Am Tag 1 geht es um das Verstehen der Aufgabenstellung.
- Am Tag 2 versuchen die Beteiligten, verschiedene Lösungsansätze für die Aufgabe zu finden.
- Am Tag 3 werden die schlagkräftigsten Ideen ausgewählt.
- Am Tag 4 müssen möglichst realitätsechte Prototypen entwickelt werden.
- Am Tag 5 kommen Testpersonen ins Spiel: Der Prototyp wird auf seine Funktionalität hin ausgewertet, beurteilt, bestätigt oder durch gezielte Fragestellungen in die Verbesserung geschickt.

DESIGN SPRINT - ABLAUF

MONTAG	DIENSTAG	MITTWOCH	DONNERSTAG	FREITAG

DAS ZIEL VERSTEHEN	**IDEEN SAMMELN**	**DIE RICHTUNG ENTSCHEIDEN**	**PROTOTYP BAUEN**	**MIT NUTZERN TESTEN**

Quelle: Caspar Siebel, www.komfortzonen.de

Sie fragen jetzt zu Recht: Was ist der Benefit?

Design-Sprints greifen die Aspekte von verknappter Zeit, Teamarbeit, User-Feedback auf und schaffen durch den Verzicht auf ein Brainstorming gleichzeitig Freiraum für individuelle Herangehensweisen. Mit der Durchführung eines fünftägigen Designsprints erzielen kleine Teams rasche und messbare Ergebnisse. Übrigens: Nach dem Sprint ist vor dem Sprint.

Mehr Futter fürs Gehirn gibt's hier

Jake Knapp; John Zeratsky (2016): Sprint. Wie man in nur fünf Tagen neue Ideen testet und Probleme löst. Redline, München.

Axel Schröder (2017): Agile Produktentwicklung. Schneller zur Innovation – erfolgreicher am Mark. Carl Hanser, München.

#18 SCRUM-Prinzip: Einer für alle – alle für einen!

➲ In hochdynamischen, komplexen Umfeldern haben traditionelle Wasser-fall-Modelle ausgedient. Empirische Systematiken integrieren Verlässlich-keit mit mehr Eigenverantwortung und Selbstorganisation.

➲ SCRUM (angeordnetes Gedränge) erfordert im Rugby wie im Business ein hohes Maß an Commitment, Einsatz und Teamgeist.

➲ Das Framework SCRUM setzt auf Werte und leistungsstärkende Turbos, wie regelmäßige Teamreflexionen und Coaching.

Was die Drei Musketiere konnten, können wir doch auch, oder? Die Prota-gonisten aus dem Roman *Die drei Musketiere* – Athos, Porthos und Aramis – halten zusammen wie Pech und Schwefel und streiten als Mitglieder der königlichen Garde für die Ehre ihres Herrschers. Duelle waren in der ersten Hälfte des 19. Jahrhunderts noch tagesüblich und entsprachen einem fes-ten Ehrenkodex. Als der junge d'Artagnan zu diesem eingeschworenen Trio stößt, ist das vierblättrige Kleeblatt komplett und feiert Ehrensiege, rettet so manche Dame, verfolgt Intrigen und bestraft Unholde und Königsmörder. Schafft einer eine Aufgabe nicht allein, schultern die anderen sie mit – das Prinzip SCRUM könnte von ihnen erfunden worden sein. Aber dieses ist deutlich jüngeren Datums und stammt in seiner wörtlichen Bedeutung aus dem Teamsport Rugby, wo es ja ebenso um unbedingte Verlässlichkeit und Treue geht.

Rugby (oder Rugby Football) ist *das* Mannschaftsspiel der britischen Inseln und bei uns weniger gängig. Wir finden es auch ein wenig seltsam, und es reizt unsere Lachmuskeln, wenn sich die Spieler in einem angeordneten Ge-dränge (SCRUM) übereinander häufen, weil das Spiel aus unterschiedlichen Gründen (wegen Regelverstößen, unerlaubten Tricks oder nicht statthaften Spielzügen) neu gestartet werden muss. In einer anderen Spielart ist es im Rugby-Union-Sport als »offenes Gedränge« beliebt. Symbolisch steht dieser

Vorgang für das hohe Maß an geradezu Fleisch gewordenem Teamzusammenhalt, der für diesen Sport unerlässlich ist. Warum hat sich dieser Begriff auch im agilen Projektmanagement eingebürgert?

In der agilen Zeit ergänzt und ersetzt das SCRUM-Framework das im Projektmanagement gängige Wasserfall-Modell. In manchen Organisationen wurde es auch verdrängt, weil es sich anfällig für Mehraufwand zeigte und zu schwerfällig war, um bei Anforderungsänderungen flexibel zu reagieren. Ohne Budget- und Termintreue wurde es zu einem potenziellen Kostentreiber und Demotivator des Teams. Dieser mangelhaften Agilität setzt SCRUM als das bekannteste, agile Derivat aus der Softwareentwicklung iterative, anpassungsfähige und dynamische Entwicklungsprozesse entgegen. Die SCRUM-Methode beinhaltet Kontrollmechanismen wie ein kontinuierliches Feedback, was ein geschmeidigeres und gleichzeitig ergebnissicherndes Arbeiten im Team stärkt. Seine hervorstechenden Merkmale – Gruppenzusammenhalt, Kundennähe, stetige Leistungssteigerung – machen dieses Prinzip bemerkenswert und für einen Einsatz attraktiv.

SCRUM SETZT DEM WASSERFALL-MODELL ITERATIVE, ANPASSUNGSFÄHIGE UND DYNAMISCHE ENTWICKLUNGSPROZESSE ENTGEGEN

Wasserfall gegen SCRUM 0:1

Die nach dem Unternehmensberater Henry L. Gantt benannten Diagramme stellen den zeitlichen Ablauf eines Wasserfall-Projekts in Balken dar. Sie lassen die Länge und Abfolge bestimmter Aktivitäten eines Projekts wie eine Art stilisierte Kaskade wirken. Managern und Stakeholdern kommen diese präzise gefassten Pläne entgegen, weil sie meinen, damit einen genauen Überblick über ihre Ressourcen, Zeiten und Finanzen zu gewinnen. Die Beliebtheit dieses Instruments macht es dennoch nicht tauglicher für eine erfolgreiche Projektplanung. Es schwächelt vor allem in einem Punkt: Der Erfolg steht und fällt mit einem einzigen Akteur, dem Projektmanager. Das Team dagegen verharrt im Windschatten und verliert den Überblick, was negative bis monströse Folgen zeitigen kann.

Während die Wasserfall-Methode als linearer Prozess das Projekt auf direkter Linie von A bis Z und nach einem strikt definierten Vorgehen abwickelt, bedient sich die SCRUM-Methode phasenweiser Intervalle. Den Anfang machen die Analyse der Anforderungen und die Vorgaben zu Bau, Testung und Lieferung eines Produkts. Im Wasserfall-Modell steht zu Beginn ein Pflichtenheft, das alle Ziele und Vorgaben präzise festhält. Die Eintaktung in einzelne, klar umrissene Phasen bedingt, dass eine neue Phase erst dann beginnen kann, sobald die alte für abgeschlossen erklärt wird.

SCRUM tauchte ursprünglich als Gegenentwurf zur vorher gängigen Praxis in einem Aufsatz der japanischen Wissenschaftler Ikujiro Nonaka und Hirotaka Takeuchi *The New New Product Development Game* auf. Aus den ersten Ansätzen entwickelten Ken Schwaber, Jeff Sutherland und Mike Beedle in den 1990er-Jahren die Projektmanagementmethode SCRUM. Bis heute sind sie damit beschäftigt, sie zu optimieren und zu verbreiten.

SCRUM-Teams arbeiten – ganz wie im Rugby – als kleine, sich selbst organisierende Einheiten, die von außen lediglich die Richtung erhalten. Als heuristisches Framework berücksichtigt SCRUM den Grundsatz, dass Teams beim Start eines Projekts noch über wenig Transparenz und Kenntnis über die spezifischen Anforderungen und Lösungen verfügen und sich erst durch stetige Erfahrung und Lernen weiterentwickeln. Der flexible Prozessverlauf macht es möglich, dass Teams auf Projektänderungen mit neuen Zielvorgaben reagieren können. Kurze Release-Zyklen befähigen Teams fortlaufend dazuzulernen und sich kontinuierlich zu steigern.

So geht's bestens!

Sutherland hält eine höchstmöglich produktive Zusammenarbeit für den wichtigsten Erfolgsfaktor innerhalb des SCRUM-Frameworks. Wie man seine Produktivität puschen kann, weist er in vier leistungsstärkenden Turbos auf:

Erstens: Lass deine Team-Kollegen entscheiden, wie sie ihre Ziele erreichen wollen.

Zweitens: Gib deinen Mitarbeitern ein gemeinsames Ziel und einen Sinn. Sie müssen wissen und spüren, wofür sie sich engagieren.

Drittens: Teams sollten sich regelmäßig und bereichsübergreifend austauschen. Teams sind idealerweise interdisziplinär besetzt und mit allen Fähigkeiten ausgestattet, die es braucht, um das Projekt zum Erfolg zu führen.

Und viertens: Kleine Teams sind schlagkräftiger. In der Regel sind sieben Leute (plus minus zwei) eine ideale Größe.

SCRUM bedient sich aus vier zentralen Werten (»Agiles Manifest«)

Dargelegt im *Agilen Manifest* der Agilen Alliance (unter Vorsitz von Jim Highsmith) vom 11. Februar 2001.

Beim agilen Arbeiten kommt es mehr denn je auf die richtige Haltung und Einstellung an. Etabliert hat sich daher im SCRUM ein essenzielles Wertesystem aus Selbstverpflichtung und Mut, Fokussierung, Offenheit und Respekt.

Commitment

Psychologie ist alles. Wer sich dem, was er tut, voll verpflichtet fühlt, wird seine Ziele leichter erreichen. Innerhalb einer Iteration sollten sich die Teams also auf ein spezifisches Ergebnis verständigen. Prozesse und Tools sind dazu da, den Mitwirkenden zum Erfolg zu verhelfen. Und nicht umgekehrt!

Mut

Agiles Arbeiten setzt Anpassungsfähigkeit und Flexibilität voraus – sich etwas zutrauen und Verantwortung übernehmen braucht Mut, denn – es könnte ja Folgen haben.

Fokus

Der Blick muss klar sein. Was hilft dem Ziel, was nicht? Umwege und Verschleiß werden vermieden, wenn alle fokussiert sind. Fokussierung ist für das bestmögliche Ergebnis unerlässlich – aber auch unentbehrlich, um überhaupt ein Sprintziel zu erreichen.

Offenheit

Ohne offene Information und transparente Kommunikation können keine durchdachten Entscheidungen fallen. Der Einzelne muss bereit sein, sich auf Neues einzulassen und Transparenz herzustellen.

Respekt

SCRUM ist Teamarbeit. Diese funktioniert nicht ohne Respekt und Toleranz für die individuellen Grenzen, Fähigkeiten, Standpunkte und Entscheidungen der anderen. Die Bereitschaft, auch einmal Anregungen aufzunehmen, seine eigene Haltung zu überdenken, ist essenziell. Als empirische Methode beruht die Effizienz von SCRUM auch auf einem gemeinsamen Wertesystem und einer gemeinsamen Haltung.

Sie wollen mehr wissen?

Malte Foegen und Christian Kaczmarek (2016) liefern mit ihrem Buch *Organisation in einer digitalen Zeit* eine Anleitung zur Etablierung und Skalierung dieser agilen Prinzipien und des SCRUM-Frameworks.

Kurzer Methodenüberblick – SCRUM

Das SCRUM-Framework hat den Vorzug, einfach zu sein, in seinen Regeln und Rollen leicht nachvollziehbar sowie möglichst orientierungsstark. Gleichzeitig bietet es Raum für Individualisierung. SCRUM-Teams bauen auf drei Rollen auf: Product Owner, SCRUM-Master, Entwicklerteam. Ein Blick auf deren Funktionen beweist, dass das Prinzip ähnlich wie bei einem Rugby-Team auf einem ineinandergreifenden Verständnis und auf dezidierter Verlässlichkeit beruht.

Welche Rolle hat der SCRUM-Product-Owner?

Der agile Produktbesitzer übernimmt die Spitzenfunktion. Er verantwortet das Produkt und analysiert die Geschäfts-, Kunden- und Marktanforderungen. Ihm obliegen die Kommunikation mit den Stakeholdern – Kunden, Geschäftsmanagern und Entwicklungsteam – und die Sorge, die Ziele klar zu definieren und die Vision voll auf die Geschäftsziele beziehungsweise den größtmöglichen Wert für den Kunden auszurichten.

Welche Funktion hat der SCRUM-Master inne?

Er ist eine Art Allzweckwaffe: Er befähigt das Team durch zielführende Methoden, vermittelt zwischen den Mitgliedern und baut Brücken, unterstützt bei der Planung der erforderlichen Ressourcen, beseitigt Hindernisse, moderiert die Meetings, klärt zwischen Product-Owner und Team, coacht und deckt das Team vor unberechtigten Eingriffen ab.

Was übernimmt das SCRUM-Entwicklerteam?

Soll ein Team effizient arbeiten, setzt es sich idealerweise aus sieben Personen am gleichen Standort zusammen (Faustregel: fünf bis zehn Personen). Amazon-Chef Jeff Bezos empfiehlt die Pizza-Regel: Ein Team sollte sich zwei Pizzen teilen können. Die Teams arbeiten interdisziplinär und selbstorganisiert und entscheiden selbst über die strukturellen Requirements und die Aufteilung von Funktionen. Tägliche Statusberichte halten alle auf dem Laufenden, Sprint Review Meetings schließen den einzelnen Sprint ab.

Da wir hier keine Eins-zu-eins-Anleitung geben wollen, konzentrieren wir uns auf eine einführende, eher stichpunkthafte Auswahl. SCRUM wird in der Literatur ausführlich und erschöpfend in detaillierten Anweisungen vorgestellt. Verwiesen werden soll hier auf die SCRUM-Artefakte, die in der Arbeit immer wieder auftauchen: Produkt-Backlog (Hauptliste der zu erledigenden Aufgaben, die in den Sprint-Backlog einfließt, der sich während der Entwicklung flexibel weiterschreibt) sowie das Inkrement (oder Sprint-Ziel), das aus dem Endprodukt besteht, das innerhalb eines Sprints erarbeitet wird. Zu wichtigen Komponenten des Frameworks gehören auch die regelmäßig durchgeführten oder auftretenden SCRUM-Ereignisse, die von der Planung bis zur Retrospektive alle während des Sprints stattfinden:

1. Organisation des Backlogs: Aufgabe des Product Owners
2. Sprint-Planung inklusive Sprint-Ziel: konzentriert sich auf das Was und Wie.
3. Sprint: Projektzeitraum, in dem eine Entwicklung auf ein SCRUM-Ziel hin stattfindet.
4. Tägliche SCRUMs oder regelmäßige Stand-up-Meetings zu einer fixen Uhrzeit und am fixen Ort.
5. Sprint-Review: Endsitzung plus Demo, um den Stakeholdern die Ergebnisse zu präsentieren.
6. Sprint-Retrospektive: Evaluierung, die hilft, eventuelle Optimierungen herauszuarbeiten.

Mehr Futter fürs Gehirn gibt's hier

Malte Foegen; Christian Kaczmarek (2016): Organisation in einer digitalen Zeit. Ein Buch für die Gestaltung von reaktionsfähigen und schlanken Organisationen mit Hilfe von Scaled Agile & Lean Mustern. wibas GmbH, Darmstadt.

Jeff Sutherland (2015): Die SCRUM-Revolution. Management mit der bahnbrechenden Methode der erfolgreichsten Unternehmen. Campus, Frankfurt am Main.

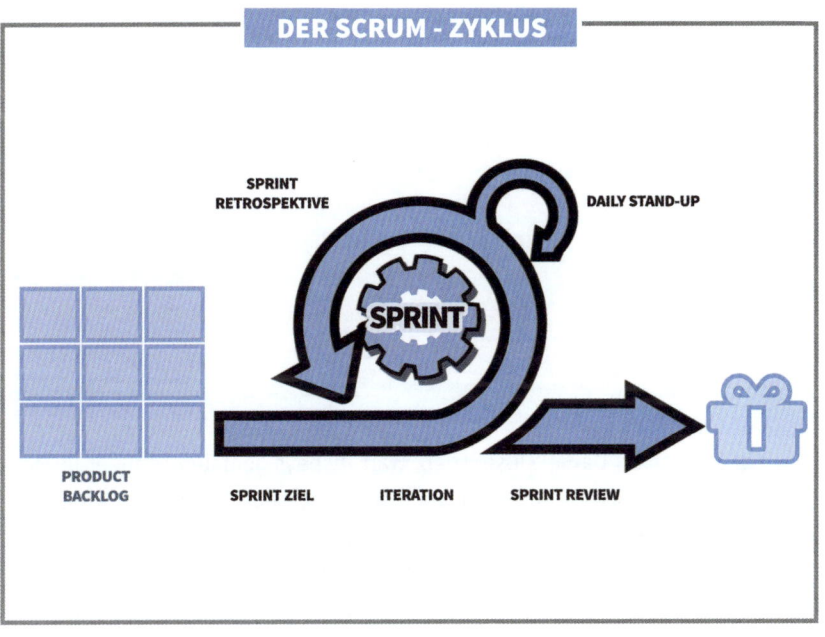

#19 Flow-Prinzip: Hochleistung im Alpha-Zustand

- ⮑ Wer Qualität will, kommt ohne Flow nicht aus. Das gilt für Individuen und Einzelpersönlichkeiten wie für Teams.
- ⮑ Flow bedeutet volle Konzentration, ohne dass man sich dieser bewusst wird, Hingabe und Aufgehen in einer Aufgabe, Verschmelzen mit dem Tun, mit Zeit und Raum, mit der inneren Kraft in sich selbst.
- ⮑ Flow stellt sich besonders dann ein, wenn eine Aufgabe die perfekte Balance aus Herausforderung und Machbarkeit bietet.

Erinnern Sie sich an Daniel Düsentrieb, Walt Disneys genialen Erfinder in Tiergestalt mit Wohnsitz in Entenhausen? Bereits Daniels Vater und Großvater waren Tüftler. Über ihm blitzte immer wieder eine Glühlampe auf – er schien wie elektrisiert zu sein. Sein (deutscher) Wahlspruch: »Dem Ingenieur ist nichts zu schwör!« wurde zum geflügelten Wort. Das war 1952. Deutschland sieht sich selbst und wird in der Welt gesehen als das Land der Ingenieure. Was wurde aus den Dichtern und Denkern? Ist weniger Inspiration und mehr Invention gefragt?

In der amerikanischen Originalfassung geht Daniel Düsentrieb als Gyro Gearloose (Lockeres Zahnrad = in der Nähe von »eine Schraube locker haben!«) durch eine wunderliche Welt. Was ihn antreibt, ist nicht das finanzielle Interesse, sondern die Lust am Schmäh – an aberwitzigen Sachen, die die Welt besser machen sollen: die Brotschmiermaschine, das Dunkellicht oder die Kombination Bügeleisen/Telefon entsprangen seinem Denkerhirn. Wurde die Aufgabe doch einmal zu »schwör«, sprang sein Roboter Helferlein in die Bresche. Welcher Weitblick!

Auch als Erwachsener kann man sich diesem ansteckenden Aberwitz nicht entziehen. Es ist immer wieder ein Aha-Erlebnis, wenn wir Kindern zusehen, die ganz in einer Tätigkeit versunken sind. Der Raum wird dann zur Zeit. Kinder sind noch recht frei in ihren Äußerungen und erzählen ihre Beobachtungen ohne Hemmungen und Bewertungen. Selbstzweifel, Negativerinnerungen oder Erfolgsdruck tangieren sie nicht – sie lassen sich von dem leiten, was ihnen Freude macht. Erwachsene, denen diese Fähigkeit nicht abhanden kam im »Ernst des Lebens!«, empfinden wir als kindlich in der Bedeutung von begeisterungsfähig und urwüchsig, originell.

Warum soll der Ernst des Lebens eigentlich keinen Spaß machen dürfen?

Zugegeben: Der Begriff »Spaß« ist verkommen. Leider. Clowns sind todernst, sie bereiten anderen Spaß. Und ich möchte wetten, sie tun dies nicht, weil es sie traurig macht, nein, auch sie genießen es. Auch wenn Spaßmachen ein ziemlich hartes Business ist. Sie geraten dabei in eine Bewusstseinsebene zwischen Balance und Höhenflug. Im Flow zu sein ist ein intensives Gefühl, in dem Grenzen aufgehoben und Höchstleistungen möglich werden. Ein innere Kraft treibt den an, der in einen Schaffensrausch gerät, aus dem er gar nicht mehr aufwachen möchte. Das gilt für einen Sternekoch sicherlich genauso wie für einen Bildhauer, einen IT-Entwickler oder eine Buchhalterin, vorausgesetzt, sie sind ihrer Tätigkeit mehr als über das geforderte Soll hinaus verpflichtet und empfinden ihren Beruf als erfüllend und beflügelnd.

Frage: *Erfüllt Sie eigentlich Ihr Beruf oder erfüllen Sie Ihren Beruf?*

Wer Qualität schaffen will, kommt ohne den Flow nicht aus, meint Flow-Erklärer und Psychologieprofessor Mihály Csikszentmihályi (2008).

Wie geraten wir eigentlich in den Flow?

Wir erleben das, was wir vorhaben, zwar als Herausforderung, aber als eine bezwingbare, die uns nicht überfordert. Sie nimmt uns so gefangen, dass wir uns intuitiv in einen Zustand begeben, in dem der Alltag um uns herum keine (momentane) Bedeutung mehr hat. Wir sind in engem Kontakt mit einer gestellten Aufgabe, daher spüren wir auch, ob sie gelingt oder nicht. Dabei verfügen wir über selbstregulierende Kräfte. Die Zeit rauscht an uns vorbei, ohne dass wir ein Gefühl für sie hätten. Versagensängste, negative Erinnerungen oder Blockaden aus der Vergangenheit werden intuitiv ausgeschaltet. Die Freude an der Tätigkeit, die uns gerade gefangen hält, lässt keine Zweifel an Scheitern oder Versagen aufkommen. Im Flow befinden wir uns wohl in einer Art Trance. Konzentrieren wir uns voll auf eine bestimmte Aufgabe, hat dies meditativen Charakter. Wenn Sie auf dem Nürburgring bei 250 Stundenkilometer Ihr Rennauto steuern, denken Sie sicherlich (und besser) nicht an Ihre randvolle To-do-Liste auf Ihrem Schreibtisch oder an das nächste Meeting mit dem Vorstand. Sie sind im besten Sinne gefordert, weder über- noch unterfordert. Die Aufgabe ist in diesem Zeitabschnitt die einzig wichtige und wahre, bedarf der ultimativen Hingabe.

Um uns weiterzuentwickeln, bedarf es der Anreize. Redundante Schriftsätze, langatmige Vorträge nerven uns, unterfordernde Berufstätigkeiten werfen uns zurück. Flow entsteht auch in Beziehungen – wenn Menschen im gleichen Augenblick durch Übereinstimmung und Sich-Spiegeln ein starkes Gefühl von Bindung erleben, werden Energieströme materiell greifbar. Deutlich und fühlbar macht sich dieser Zustand vor allem durch körperliche Reaktionen wie Erröten, aufwallende Hitze, Kribbeln in den Gliedern, Spannung oder Entspannung, Bewegungsdrang, Gurgeln im Bauch. Der Körper reagiert.

Auf die Arbeitswelt bezogen stellt sich der Flow als der schmale Grad zwischen Über- und Unterforderung dar, auf dem Menschen und Teams über sich hinauswachsen und Höchstleistungen vollbringen. Auf dem Peak von Konzentration und Schaffenskraft! Wer sich oder seine Mitarbeiter dazu motivieren kann, erhält ein Maximum an Leistungsfähigkeit zurück – Glücksgefühle in einer hochdynamischen Zeit.

Flow ist kompromisslos und kann durch nichts ersetzt werden

Die Handlungsabfolgen fließen nur so. Der Wissenschaftler und Psychologe Mihály Csíkszentmihályi beobachtete das Phänomen 1975 erstmals unter anderem bei Spitzensportlern. Es lässt sich mühelos auf Teamarbeit unter digitalen Vorzeichen übertragen.

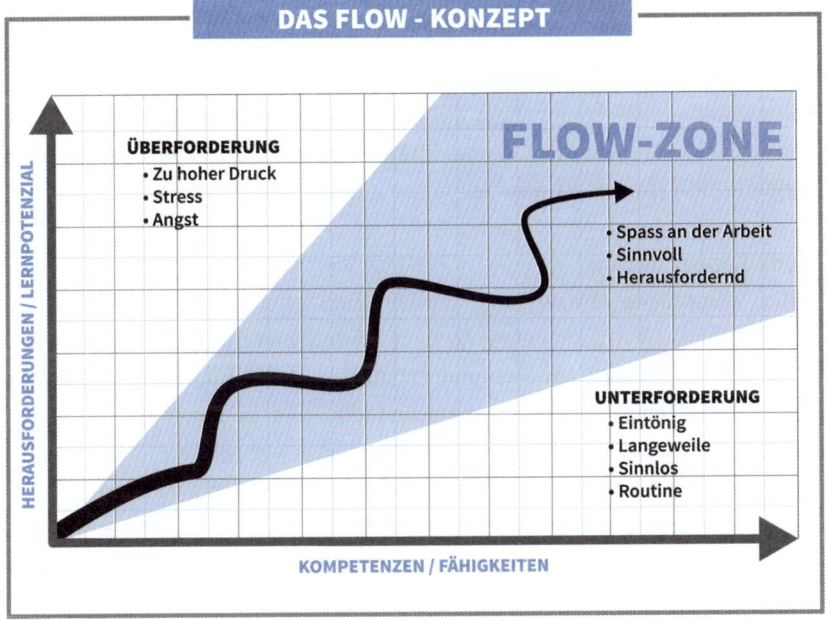

Was benötigt das Flow-Prinzip?

Ein klares (inhaltliches) Ziel

Aber Vorsicht: Wenn wir uns zu sehr auf ein Endergebnis versteifen, geht die Leichtigkeit verloren. Lösen Sie sich von allen Gedanken an das gewünschte Resultat. Das Tun ist hier entscheidend, nicht das Zielergebnis oder der Erfolg. Wie würde Rubens gemalt haben, wenn er sich nur auf den monetären Aspekt konzentriert hätte, das Dollarzeichen in den Augen?

Eine machbare Herausforderung

Flow entsteht, wenn Menschen ihre Fähigkeiten voll ausschöpfen und ihr Bestes geben, um eine Aufgabe zu bewältigen. Fordernde Aufgaben, die realisierbar sind, wenn alle Kräfte angespannt werden.

Intrinsische Motivation

Sie motiviert von innen heraus. »Wenn du liebst, was du tust, musst du nie wieder arbeiten.« (Konfuzius) In dem, was man freudig und den eigenen Fähigkeiten gemäß macht, liegt ein nie versiegender Kraftquell. Im Fachchinesisch wird Flow als autotelische Tätigkeit bezeichnet – nicht das Resultat, sondern die Tätigkeit ist das Ziel.

Hohe Konzentration

Keine willentliche Anstrengung, sondern eine ganz selbstverständliche und selbstvergessene Art, sich einer Aufgabe hinzugeben. Im Flow ist unsere Aufmerksamkeit auf eine genuine und entspannte Weise fokussiert. Diesen Daseinszustand empfinden wir als berauschend und beflügelnd, voll präsent und mit uns im Reinen. In diesen Momenten der absoluten Konzentration, ungestört von Ablenkungen, geraten wir in einen zeit- und raumlosen, fokussierten Zustand. Dazu ist es allerdings erforderlich, dass wir uns ein Umfeld schaffen, in dem wir uns konzentrieren können, ohne von analogen und digitalen Ablenkungen gestört zu werden. Sich einer Aufgabe voll widmen anstatt im Multitasking-Modus zu agieren.

Was im Flow passiert

Der Flow ist ein Daseinszustand, der jenseits der mentalen oder willentlichen Beeinflussbarkeit liegt. Man erkennt ihn an seinen spezifischen Charakteristika:

Wir sind voll präsent und hellwach!

Man könnte eine Kanone neben uns abdonnern – das brächte nix! Negativ-Erfahrungen sind gerade ausgeblendet. Vergleichbar ist der Flow anderen wissenschaftlich schwer erklärbaren Zuständen wie der Trance oder dem Somnambulismus (Schlafwandel). Allen ist gleich, dass wir uns von einer inneren Steuerung leiten lassen.

Alles gelingt uns scheinbar mühelos!
Jeder Schritt folgt organisch dem anderen. Alles ist im Lot. Wir erschöpfen uns nicht, sondern kommen erfrischt und mit neuem Antrieb aus diesem Zustand heraus.

Der Körper leitet uns
Er weiß genau, was er will. Die Kontrollstation im Gehirn hat Pause. Wir sind ganz bei uns und bei der Sache.

Wenn die Zeit dahinfliegt, ohne dass es uns bewusst wird

Zeit- und selbstvergessen wie ein Kind. Der Flow-Zustand beweist erneut, was Einstein längst verinnerlichte: Zeit ist relativ. Im Flow macht sie sich selbstständig und entwickelt ein eigenes Tempo oder einen eigenen Aggregatszustand, kann sich ausdehnen, rasend schnell vergehen oder gar stillstehen.

WENN DER RAUM ZUR ZEIT WIRD, BEFINDEN WIR UNS BEREITS IM FLOW!

Teams und Teamprozesse profitieren besonders vom Flow-Zustand. Digital Leader besitzen die Fähigkeit, ihr Team nach den richtigen Kriterien für eine bestimmte Aufgabe zusammenzustellen. Sie achten auf ein relativ einheitliches Level an Erwartungshaltung und Bewältigungskraft, um Unter- oder Überforderung zu vermeiden. Teamerlebnisse, die vom Flow getragen werden, schwören die Mitglieder aufeinander ein. Eine hohe Gruppendynamik lässt alle über sich hinauswachsen. Digitale Transformation im Flow – so gelingt Wandel!

Kurzer Methodenüberblick – sich und Teams in Flow bringen

Nichts ist befriedigender, als eine anspruchsvolle Aufgabe unter Darbietung aller Kräfte und Konzentration zu bewältigen. Sie erleben einen hohen Zuwachs an eigener Willensstärke, Selbststeuerung und Selbsteinschätzung.

Wie bekommen Sie Zugang zum Flow?

1. In welchen Bereichen, Lebenssituation oder Konstellationen fühlen Sie sich überfordert? In welchen unterfordert? Wie reagieren Sie darauf?
2. Holen Sie sich bereits erlebte Flow-Zustände in Erinnerung. Wie sind Sie in diese gelangt oder wie haben Sie dieses Erleben generiert oder gefördert?
3. Werfen Sie einen Blick auf die Aufgaben Ihrer Teams: Wie meistern diese die Komplexität der gestellten Aufgaben? In welchen Momenten wäre mehr Unterstützung angebracht? Wo mehr Eigenständigkeit? Wie können die Teammitglieder effektiver oder effizienter werden? Wie könnten Unterforderung oder Überforderung durch neue Vorgaben nivelliert werden, um die gestellten Aufgaben deutlicher zu einer machbaren und den Flow herbeiführenden Situation umzupolen?

Mehr Futter fürs Gehirn gibt's hier

Mihály Csíkszentmihályi (2008): Flow. The Psychology of Optimal Experience. Harper Perennial Modern Classics. London, UK.

#20 Pull-Prinzip: Mit Kanban einen Sog erzeugen

➲ Kanban ist Ausdruck einer Lean-Philosophie und mehr als eine reine Methode.

➲ Der Nutzen von Kanban liegt in seiner Anpassungsfähigkeit, seiner klaren Strukturierung und Zuweisung von Aufgaben und dem beschleunigten Bearbeitungsfluss.

➲ Die Visualisierung erlaubt allen Teammitgliedern einen raschen Überblick des Projekts. Staus werden vermieden, weil das Kanban-Board durch die kontinuierliche Pflege für alle Transparenz herstellt.

Aus der Seele Asiens lernen oder was die Sushi-Zubereitung mit der Lean-Philosophie zu tun hat? Jiro Ono ist dreiundneunzig Jahre alt und Sushi-Meister. Die Küche seines kleinen Restaurants in einer Tokioter U-Bahn-Station wurde vom Guide Michelin mehrfach mit drei Sternen ausgezeichnet. Der Dokumentarfilm *Jiro und das beste Sushi der Welt* zeigt, wie die Köche hier mit großer Leidenschaft und Sorgfalt ihre Sushi herstellen. Der demütige und bescheidene Sushi-Meister strebt jeden Tag aufs neue danach, seinen Kunden den größten Genuss zu bieten. Und dafür arbeitet er hart. Trotz seines hohen Alters geht er jeden Morgen selbst auf den Tsukiji Fischmarkt, um seine Zutaten einzukaufen. »Er habe den Gipfel der Perfektion noch nicht erreicht«, so Jiro. Unermüdlich auch nach über siebzig Jahren im Gastro-Geschäft. Das Gefühl, am Zenit angekommen zu sein, kennt er nicht: Tagtäglich arbeitet er daran, seine Fertigkeiten weiter zu verbessern. Sushi ist inzwischen Teil unserer westlichen Genusskultur. Die Sushi-Zubereitung ist durch Jiro Ono in gewisser Weise aber auch Ausdruck einer asiatischen Arbeitskultur, die von großer Hochachtung gegenüber der Perfektion von Prozessen geprägt ist. Der Sushi-Meister, der seinen Lehrling erst den Fisch schneiden lässt, nachdem es jener in Perfektion versteht, den Reis zu rühren, illustriert diese Haltung sehr treffend.

Jiro serviert ausschließlich Sushi. Keine Appetizer, keine Schirmchen-Drinks, kein Dessert. Solo Sushi. Allerdings auf Spitzenniveau. Sushi vom Laufband? Für Jiro und sein Team unvorstellbar. Perfektion ist mit Produktion auf Vorrat nicht erreichbar. Damit der Gesamtfluss nicht gestört wird und alle Gäste gleichzeitig mit dem Essen fertig werden, produziert der Sushi-Meister spontan kleinere oder größere Portionen, abhängig von Geschlecht, Körpergröße und Essgeschwindigkeit seiner Gäste. Die Reihenfolge seines Shushi-Menüs folgt natürlich ebenfalls einem komponierten Rhythmus. Das merkt man sofort! In der Küche geht es diszipliniert zu. Jeder Handgriff sitzt. Und die Arbeitsweise erinnert durchaus an das Kanban-Pull-Prinzip von Taiichi Ohno, der für die Toyota Motor Corporation ein intelligentes System zur Steuerung des Materialflusses und der Produktion entwickelte.

Kanban nimmt eine steile Karriere jenseits der japanischen Automobilindustrie

Kanban wurde in Japan ertüftelt, kein Kind des digitalen Zeitalters. Bereits 1947 entwickelte und nutzte der Autobauer Toyota das System Kanban, um den Materialfluss zu optimieren und Überproduktion zu vermeiden. Was im Hintergrund eine Rolle spielte, war der Wunsch, Engpässe zu vermeiden und gleichzeitig das Gegenteil, einen bei knappem Platz teuren Übervorrat an Materialien auszuschließen.

Im Kanban-Modus arbeitende Teams brechen mit herkömmlichen Methoden, bei denen der Ablauf von Gemeinschaftsaufgaben einem festen Prinzip folgte: Hatte ein Bearbeiter seinen Beitrag geleistet, gab er die Aufgabe an den Mitarbeiter weiter, der den nächsten Schritt vollziehen sollte. In einer dynamischen Arbeitswelt dagegen kümmert sich jeder darum, seine Aufgabe (Pull-Prinzip) vom Vorgänger abzuholen, sobald er seine eigenen Aufgaben erledigt hat und frei für neue ist. Arbeit fließt schneller, weil Staus und Flaschenhälse vermieden werden, weil der Status des Projekts transparent ist und der Arbeitsfluss sich erheblich beschleunigt. Nicht selten wird Kanban mit der ebenfalls agilen Prozessmethode SCRUM kombiniert.

Ich mache immer und immer wieder dasselbe, nur immer ein bisschen besser. Die Sehnsucht nach mehr erlischt nie, Perfektion ist und bleibt mein Ziel. Allerdings weiß niemand, was Perfektion überhaupt ist.

Jiro Ono

Das agile Framework Kanban ist mittlerweile in vielen Unternehmen integratives Moment des Büroalltags, und dies unabhängig von Branche, Fachgebiet, Unternehmensgröße, Reichweite, Mitarbeitergröße. Grundlage bilden ein agiles Mindset, ein tiefes Verständnis von und ein ausgeprägtes Bedürfnis nach Prozessoptimierung.

Kanban zeigt Haltung – auch außerhalb der industriellen Produktion

Das Buch *Lean Thinking* von Womack und Jones (2013) stellt den Anfang einer Bewegung dar, Lean Management aus dem rein technokratischen Produktionsumfeld herauszuholen und als allgemeine Philosophie verfügbar zu machen. Die Autoren wollen zum Ausdruck bringen, dass die Unternehmensentwicklung zum Lean Enterprise (das heißt zum perfekten Unternehmen) weniger eine technische Frage beinhaltet, sondern nur realisierbar ist, wenn alle am Unternehmen Beteiligten ihr Denken neu ausrichten. Reine Anstrengungen in einzelnen Betriebseinheiten, etwa in der Produktion oder in der Organisation oder Logistik, reichen bei weitem nicht aus. Unter Lean verstehen sie die strategischen Bemühungen, für den Kunden nachhaltig und optimal zu wirken, indem sie die Mittel ressourcenschonend und die Fähigkeiten der Mitarbeiter sinnbringend einsetzen.

Die Autoren stützen sich dabei auf fünf Fragen:

1. Welchen Wert hat die Leistung für den Kunden?
Wenn klar wird, wie viel und wofür ein Kunde zu zahlen bereit ist, können die Leistungen präzise auf die Abnehmerbedürfnisse ausgerichtet werden.

2. Welche Schritte sind dafür notwendig?
Sich auf die wertschaffenden Prozessschritte zu konzentrieren, verhindert einen kostspieligen Overload und setzt innerhalb des Wertschöpfungsvorgangs den Fokus auf die Kundenbedürfnisse.

3. Wie kann der Wertstrom geschmeidig fließen?

Vom Anfang bis zum Ende der Wertschöpfung müssen die Vorgänge ineinander greifen. Alle Prozessschritte, die nicht auf den Kundenwert zugespitzt sind, werden auf ein Minimum eingedampft. Lange Durchlauf- und Wartezeiten sind passé.

4. Wie erreichen wir einen größtmöglichen Sog-Effekt?

Der Sog entsteht, wenn jede Aktivität und jedes Ergebnis von der nachfolgenden Aktivität gerade im richtigen Augenblick und zum passenden Zeitpunkt »angezogen« wird. Aufgaben werden nur nach Nachfrage des Kunden geleistet. Kostspielige Lagerhaltung und nicht wertschöpfende Tätigkeiten werden vermieden.

5. Wie erreichen wir Exzellenz?

Exzellenz ist eine Qualität, die ein erstrebenswertes Ziel darstellt und die bedingt, dass wir uns stetig nach besseren Ergebnissen strecken, die Vorgänge anpassen und Leerlauf ausschließen müssen. »Kaizen« muss sich in allen Unternehmensbereichen widerspiegeln.

Mit Kanban im Workflow bleiben

Das Pull-System Kanban arbeitet mit einer klaren Strategie: Die betroffenen Projektmitarbeiter kümmern sich selbst um die nächsten Aufgaben, sobald sie frei dafür sind, und »holen sich diese eigenständig von der vorherigen Bearbeitungsposition« ab.

Dabei erweist sich die Logik des Kanban als simpel: Eine zu 100 Prozent erfüllte Aufgabe bewirkt mehr als eine Reihe begonnener Arbeiten, die bereits in den Anfängen stecken bleiben. Daher wird die Anzahl der abzuarbeitenden Aufgaben pro Spalte limitiert – im Fachjargon: Work in Progress-Limit (WIP-Limit). Ist also das WIP-Limit einer Station auf maximal drei Aufgaben festgesetzt und werden gerade auch drei Aufgaben bearbeitet, darf keine vierte angenommen werden. Auch nicht, wenn die vorige Station mehr bereitstellen könnte. Welches Ziel steckt dahinter? Multitasking und Verzettelung vermeiden. Am Ende profitieren alle von einer effizienteren Auslastung der Teammitglieder.

Mit Kanban Transparenz schaffen

Das Kanban-Board visualisiert den Arbeitsvorgang in verschiedenen Spalten, die die unterschiedlichen Zustände »Zu tun«, »In Arbeit« oder »Fertig« signalisieren und den Prozess von der Anfangsplanung bis zur Endfertigstellung einleuchtend und plastisch abbilden. Über Notizen und farbige Haftzettel wird allen Teilnehmer in übersichtlicher Anordnung augenfällig, in welchem Stadium der Fertigstellung oder des Prozessverlaufs sich die jeweilige Aufgabe befindet. Über die reine Systematisierung hinaus trägt die Methode ihr eigentliches Steuerungsmerkmal bereits durch die Art des Sichtbarmachens in sich.

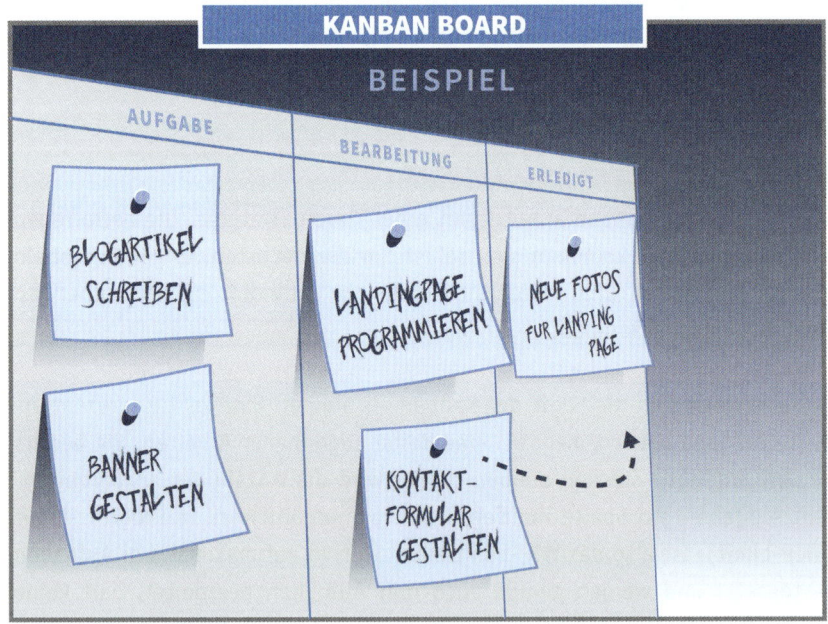

Wer die Wirkmacht von Kanban verstehen und nutzen möchte, sollte ins Detail gehen. Ratgeber gibt es in Fülle, zum Beispiel das Buch *Kanban in der Praxis* von Klaus Leopold (2016).

Kurzer Methodenüberblick – Kanban

Wie funktioniert Kanban?

Das System ist erfreulich unaufwendig und erfordert ein Minimum an materiellem Invest: Ein Whiteboard oder eine Pinnwand (Kanban-Board), Post-its – und schon ist alles startklar, um den Verlauf des Ziel-Projekts möglichst detailliert nach Wertschöpfungskette abzubilden. Die Anordnung auf dem Kanban-Board strukturiert sich durch mindestens drei Feldbereiche:

Feld 1: »**zu tun**« (Arbeit, die darauf wartet, erledigt zu werden),
Feld 2: »**in Arbeit**« (Arbeit, die gerade getan wird),
Feld 3: »**erledigt**« (Arbeit, die abgeschlossen wurde).

Dann geht man daran, die Teilaufgaben nach ihrem Status zu visualisieren respektive auf Post-its zu vermerken und diese je nach Prozessverlauf von einem Bereich zum anderen zu »ziehen« (pull). Die Limitierung der Post-its soll vermeiden, dass die Bearbeiter mit zu vielen Aufgaben gleichzeitig beschäftigt sind und die Belastungsgrenzen unter Umständen überschritten würden. Unabdingbar ist, dass die Regeln sowie der definierte Bearbeitungszeitraum erfüllt und das Projekt in Fluss gehalten werden. Ein Blick auf das Kanban-Board macht jedem Beteiligten den Status des Projekts sofort ersichtlich.

Wer macht was?

Als agiles Prinzip und Vorgehen macht Kanban feste Rollenmodelle wie Teamleiter verzichtbar, was nicht ausschließt, dass Zuständigkeiten und Verantwortungsbereiche festgelegt werden und das Teamwork von Innen heraus funktioniert. Jedes Teammitglied verantwortet seine Karten und trägt Sorge, die dazu gehörigen Aufgaben sukzessive umzusetzen. Dass sich die Teammitglieder untereinander austauschen, fördert eine vertrauensvolle und motivierende Arbeitsatmosphäre.

Mehr Futter fürs Gehirn gibt's hier

Klaus Leopold (2016): Kanban in der Praxis. Vom Teamfokus zur Wertschöpfung. Carl Hanser, München.

James P. Womack; Daniel T. Jones (2013): Lean Thinking. Ballast abwerfen, Unternehmensgewinn steigern. Campus, Frankfurt am Main.

Ihr persönlicher Boxenstopp

Die zentrale Transformationsfrage: Wie kommen wir vom Marathon zum Sprint?

Welchem Arbeitsrhythmus wollen wir folgen?

(Nutzen Sie die Impulse aus dem *#17 Sprint-Prinzip: In einen schwungvollen Rhythmus kommen.*)

Wie managen wir digitale Projekte?

(Anregungen aus dem *#18 SCRUM-Prinzip: Einer für alle – alle für einen!*)

Wie bringen wir Teams in einen Flow?

(Denken Sie an das *#19 Flow-Prinzip: Hochleistung im Alpha-Zustand.*)

Wie etablieren wir eine Lean-Philosophie in den Prozessen?

(Konkretes dazu im *#20 Pull-Prinzip: Mit Kanban einen Sog erzeugen.*)

8.
Performance Management: Vom Feedback zum Feedforward

Mehr als die Vergangenheit interessiert mich die Zukunft, denn in ihr gedenke ich zu leben.

Albert Einstein

#21 OKR-Prinzip: Nackt bis auf die Unterhosen, aber ehrgeizig bis über beide Ohren!

- ⮑ GOOGLE gibt auch beim Performance-Management die Richtung vor: OKRs im täglichen Business verankern und sich über die Erreichung von dezidierten Zielresultaten freuen!
- ⮑ Von den Jahreszielen zu Quartalszielen wechseln und kurzzeitig von einer kontinuierlichen Auswertung der intendierten Ergebnisse profitieren.
- ⮑ Regelmäßige Teammeetings schweißen zusammen, was zusammengehört. Organisationen profitieren nicht nur von effizienterer und fokussierter Zielplanung. Auch Betriebsklima und Motivation erleben einen gewaltigen Anschub.

Völlige Transparenz und ehrgeizige Ziele sollen nach Auffassung der Digital Leader, wie Google, Twitter, LinkedIn, Facebook, UBER und Zalando, zu wirklichen Hochleistungen führen. Sie arbeiten nach dem Konzept OKR.

»Objectives and Key Results (OKR)« ist ein Framework, ein visionäres Performance-Managementsystem, mit dem es nicht schwer fallen sollte, im Rahmen der Zielsetzung groß zu denken und Großes zu erreichen. Der Ansatz wird komplementär ergänzt durch sogenannte CFRs (Conversations, Feedbacks and Recognition) – regelmäßige Gespräche, in denen sich Führungskräfte mit Mitarbeitern auf Augenhöhe austauschen.

Wir kennen Persönlichkeitsgurus, die uns glauben machen wollen: »Alles was du wirklich willst, kannst du auch erreichen.« Hmm? Dass da ein Körnchen Wahres dran ist, kann nicht verhindern, dass doch genauso viel Skepsis zurückbleibt. »Du kannst schaffen, was du willst.« Ein derartiges Mantra führt in die Selbsthypnose. Zu vage. Zielplanung könnten manche auch so formulieren:

»Ja, mach nur einen Plan!
Sei nur ein großes Licht!
Und mach dann noch 'nen zweiten Plan
Geh'n tun sie beide nicht.«

Bertolt Brecht: Ballade von der Unzulänglichkeit des Planens

Der Dichter sah es sehr pessimistisch. Das will uns auch nicht so recht gefallen. Planwirtschaft im sozialistischen Sinne hat auch nicht wirklich funktioniert. Grübel ... Halten wir es doch besser mit – Google.

Groß denken und ambitioniert handeln – ein Credo, nicht nur für Großkonzerne!

Das dynamische Performance-Managementsystem OKR unterstützt Sie dabei, ehrgeizige Ziele und messbare Schlüsselergebnisse festzulegen und diese kontinuierlich und mit Verantwortung unterlegt zu verfolgen. OKR gibt es seit den Siebzigerjahren. Andy Grove hat das System entwickelt, John Doerr, einer der ersten Investoren in Google, hat es popularisiert. Seitdem wird das Prinzip eng mit dem Internetriesen in Verbindung gebracht. Ein Synonym für Erfolg?

Nach der OKR-Formel von John Doerr wird als Ziel das verstanden, was erreicht werden soll. Schlüsselergebnisse (Key Results) sind die konkreten Meilensteine, um das Ziel/die Vision wahrwerden zu lassen. Essenzieller Bestandteil des Prinzips ist, dass es gemessen und in kurze Quartals-Feedback-Zyklen operationalisiert werden kann. OKRs können Unternehmen dazu befähigen, in einer schnelllebigen, sich ständig verändernden Branche auf Linie zu bleiben und gleichzeitig Innovation und Neuerung zu fördern. Letztlich geht es um ehrgeizige Ziele und den strikten Willen, gepaart mit hoher Konzentration auf die gewünschten Ergebnisse im Verlauf eines überschaubaren Zeitraums. Die Maßnahmen, die zur Erreichung eines Zieles ergriffen werden sollen, spielen an diesem Punkt keine Rolle, sondern ausschließlich die konkreten Ergebnisse, die diese Maßnahmen hervorbringen.

Wie lief das bisher ab?

Das traditionelle Performance Management steckt immer noch im Gedankenkorsett von Gestern. Ausgehend von langsamen und stabilen Märkten, in denen einjährige Ziele zur Steuerung noch funktionieren, betrachtet es den Mitarbeiter unbeirrt als eine ausführende Arbeitskraft, die primär durch monetäre Incentives wie Geld und Boni gesteuert werden muss/kann. Das OKR-Konzept, das seit 1999 bei Google erfolgreich praktiziert wird, revolutioniert die herkömmlichen Performance Managementsysteme: Vom jährlichen Planungsturnus hin zu quartalsweisen Zielsetzungszyklen mit wöchentlichen Meetings, die Fortschritt, Bewegung, Ziele und Key Results systematisch evaluieren. Zielbeziehungen werden sichtbar, graben dem verkrusteten Silodenken das Wasser ab. Eine vielfach gestellte Forderung!

Weitergehende Details finden Sie in dem Buch OKR. *Objectives & Key Results* von John Doerr (2018)

Die Kernbegriffe hinter dem Akronym – Objectives und Key Results – fragen demnach:
»Wo will ich hin?«
»Welche Ergebnisse muss ich auf dem Weg dorthin erzielen?«
»Wie kann ich sie messen?«

Objectives sind strategisch und übernehmen folgende Aufgaben:

S   Spezifisch: Menschen eine klare Orientierung geben.

E   Ehrgeizig: Eigeninitiative, Innovation und Konsequenz fördernd.

A   Ausgerichtet: Die Brücke zwischen Strategie und operativer Arbeit schlagen.

T   Terminiert: Ziele für einen kurzen Zeitraum (bis maximal einem Quartal) definieren.

Key Results müssen sich quantifizieren lassen. Ihre Kennzeichen werden hierin sichtbar:

- Sie sind messbar: Basierend auf Fortschritt werden sie so quantitativ wie möglich formuliert.
- Sie haben keine Aufgabe: Ein Key Result sollte ausschließlich das gewünschte Ergebnis benennen, nicht den Weg dorthin.

Beispiel: Unternehmen XX will im Quartal III/2019 Aufmerksamkeit in der Kernzielgruppe für eine neue Dienstleistung schaffen. Key Results: Mindestens fünf Print-Wirtschaftsmedien und zehn wichtige Online-Portale sowie zwei relevante Blogger haben darüber essenziell und belegt berichtet. Der Weg dorthin – eine zweiwöchentliche Presseaussendung, wöchentliche Postings auf allen Social Media-Kanälen, ein monatliches Interview in einem relevanten TV-Format und Zielgruppen-Mailings – ist im OKR-Sinne weniger relevant. Was zählt, sind die Ergebnisse.

OKR – so fokussieren sich Unternehmen auf das Ziel

Erfolgreiche Unternehmen sorgen dafür, dass jeder Mitarbeiter über das angestrebte Ziel genau Bescheid weiß. Aber auch über das, was nicht zum Zielkorridor gehört. Das bedingt, dass nur eine bemessene Anzahl von OKRs im Schwange sein sollte, damit es allen leicht fällt, diese übergeordneten Ziele im Bewusstsein zu halten und vor allem diese zu erreichen. Pro Ziel (Objective) haben jeweils drei bis fünf konkret formulierte Schlüsselergebnisse Sinn. Darüber hinaus wäre nur noch schwierig zu messen.

Auch die zeitliche Bemessung auf maximal ein Vierteljahr verspricht Erfolg. Alle Unternehmensunits werden befähigt, sich auf feste Deadlines zu konzentrieren. Die Kurzfristigkeit ist sehr berechtigt: Moderne Märkte sind unkalkulierbar schnelllebig und umtriebig geworden. Eine reaktionsschnelle Anpassung muss gewährleistet sein. Ebenso eine feste Evaluierung mindestens einmal pro Quartal, die feststellt, ob der gewünschte Fortschritt eintritt oder ob Anpassungen empfehlenswert sind.

Erhellend ist in diesem Zusammenhang ein Video von Rick Klau, der Partner bei Google Ventures ist: Seine Botschaft ist verbunden mit einer Warnung vor Überforderung: »Jeder Mitarbeiter sollte in einem bestimmten Zeitraum, beispielsweise einem Quartal, maximal an fünf Zielen mit jeweils nicht mehr als vier Schlüsselergebnissen arbeiten.«

OKR hilft Unternehmen, effizient und kollaborativ zu wachsen

Neu ist diese Erkenntnis nicht: Mitarbeiter engagieren sich mit umso höherem Commitment, je besser sie sich informiert und einbezogen fühlen. Zwischen den großen Unternehmenszielen und den konkreten, individuellen OKRs sollte eine gute Balance herrschen und ein dynamisches, konstruktives Zusammenspiel wachsen. Die 20-Prozent-Regelung von Google gewährt Entwicklern einen ganzen Arbeitstag pro Woche, an dem sie sich vollständig und ausschließlich auf ein Projekt ihrer Wahl konzentrieren dürfen. Vorausgesetzt, es handelt sich um ein Vorhaben, das die übergeordneten OKRs potenziell vorantreibt.

ZIELKLARHEIT, FOKUSSIERUNG UND EINE ÜBERSCHAUBARE TIMEBOX MACHEN OKR ZUM PERFORMANCE-BOOSTER

Regelmäßige Evaluierung ist sinnvoll

Google-Mitarbeiter tauschen sich in mindestens monatlichen Meetings über den Status ihrer Quartalsziele aus. Die erzielten Fortschritte, aber auch wo es hakt, werden aufgedeckt, Schlüsselergebnisse überarbeitet, Ziele hinterfragt, weitergeführt oder angepasst. Damit Teams und Mitarbeiter auf einheitliche Weise deuten können, wie weit oder nah die intendierten Schlüsselergebnisse noch vom Erfolg entfernt sind, hat Google eine farblich kodierte Skala eingeführt.

- Von 0 bis 0,3 – rot – »Noch kein Fortschritt erkennbar«
- Von 0,4 bis 0,6 – gelb – »Zwar Fortschritt erzielt, aber noch kein Schlüsselergebnis erreicht«
- 0,7 bis 1,0 – grün – »Schlüsselergebnis erfolgreich realisiert«

OKRs im Zusammenspiel mit Performance-Management – was ist neu?

Jährliche Performance Reviews gehören der Vergangenheit an, an seine Stelle tritt kontinuierliches Performance-Management mit CFRs (Conversations, Feedbacks and Recognition), und dies in einem regelmäßigen, über das Jahr verteilten Turnus. Alle Seiten bringen ihre Beobachtungen und Feedbacks ein und tauschen sich partnerschaftlich über die gegenseitigen Erfahrungen aus: Wie verhält es sich mit den gesteckten Zielen? Können diese erreicht werden? Müssen sie angepasst werden? Wie sind die Erfahrungen bei der Arbeit zu bewerten? Die gesamte Unternehmensperformance profitiert vom Zusammenspiel aus kollektiver Zielausrichtung, einer transparenten Kommunikationskultur und verbindlicher Verantwortungsübernahme des einzelnen Mitarbeiters. Und dies ist nachhaltig spürbar.

Kurzer Methodenüberblick – Objectives and Key Results (OKR)

Ein OKR Template finden Interessierte im *Workpath Magazin*. Mit ihm lassen sich auf Topmanagement- und Teamebene die unternehmensindividuellen Jahresziele, Quartalsziele und Schlüsselergebnisse deutlich leichter formulieren.

Außerdem schlagen die Autoren des *Workpath Magazine* ein regelmäßiges Check-in-Meeting vor. Das Check-in ist ein kurzes Meeting, das dazu dient, über Fortschritt und neue Erkenntnisse zu sprechen und aufzudecken, wo gegenseitige Unterstützung angebracht und sinnvoll ist. Die Hinweise zu den regelmäßigen Check-in-Meetings ergeben spannende und orientierende Planungshilfen zu Selbstorganisation und gegenseitiger Unterstützung. Weiterer Vorteil: Diese OKR-Checks fügen sich zudem nahtlos in bereits bestehende Turnus-Meetings ein.

So funktioniert's!

In jedem Check-in Meeting diskutiert das Team seine Fortschritte, Erkenntnisse sowie Hindernisse und darüber, wie die nächsten Schritte in Angriff zu nehmen sind. Das nachfolgende Raster hilft bei der Vorbereitung und Durchführung solcher Check-in-Meetings.

Check-in-Meeting Board

OKR Fortschritt	Zuversichtslevel
Was hat sich an den Key Results seit dem letzten Check-in geändert?	Mit der Information, die wir heute haben: Wie zuversichtlich sind wir, dass wir jedes Key Result erreichen werden?
Hindernisse	**Initiativen**
Was bremst das Team aus?	Was werden wir tun, um die Ergebnisse zu verbessern?

Quelle: www.workpath.com

| **Mehr Futter fürs Gehirn gibt's hier**

John Doerr (2018): OKR: Objectives & Key Results. Wie Sie Ziele, auf die es wirklich ankommt, entwickeln, messen und umsetzen. Vahlen, München.

#22 Feedforward-Prinzip: Zurück in die Zukunft

- ⮫ Was in der Vergangenheit (schief) lief, kann nicht ausgelöscht werden. Aber alles was uns passiert, trägt einen Keim in sich, es zu überdenken und dazuzulernen.
- ⮫ Konstruktives Feedback, verbunden mit einem prospektiven Feedforward, ist der direkte und schonende Weg heraus dem Dilemma der Vergangenheitsbewältigung.
- ⮫ Der Blick in die Zukunft bahnt den Weg für konstruktive Vorschläge, wie es künftig besser laufen kann. Jetzt heißt es: Potenziale wecken, Ansporn geben, alles im Sinne eines ganzheitlichen Prozesses sehen. Das funktioniert bei sich selbst und gegenüber anderen.

Marty McFly erhält im Blockbuster *Zurück in die Zukunft* Gelegenheit, aus dem Jahr 1985 zurück in das Jahr 1955 zu gelangen, wo er zunächst die Ehe seiner Eltern verhindert und sich daraufhin seine ehemalige Mutter in ihn verliebt. In den weiteren Filmfolgen springt die Zeitmaschine zwischen 2015, 1985 und 1955 hin und her und ermöglicht oder verunmöglicht Verbindungen, Ehen, glückliche Ausgänge, Morde, Zerstörungen oder Veränderungen.

Eine gruselige Vorstellung. Aus der eigenen Zeit auszusteigen und eine Vorwärtsvolte zu vollziehen, hat die Schriftsteller der Moderne zu allen Dekaden beschäftigt. Der vermutlich älteste Adept einer Zeitreise schläft im Roman von Louis-Sebastien Mercier aus dem Jahr 1771 ein und erwacht 2440. Eine Zeitmaschine, mit der man bewusst das Rad der Zeit zurückdrehen kann, kreiert der Autor Enrique Gaspar y Rimbau im Jahr 1887 – gefolgt 1895 vom legendären Roman des britischen Autors H. G. Wells. Pete Smith lässt seine Aus-der-Zeit-Flüchtenden auf einem Sofa reisen, angetrieben von Laserstrahlen, und ein ähnliches Konstrukt verwendet der Autor Herbert Rosendorfer in seinem Werk über einen chinesischen Mandarin aus dem 10. Jahrhundert. Michel Crichton greift in seinem Roman nach der Quantentechnik, und im

Roman *Das Ende der Ewigkeit* von Isaac Asimov besteht die Welt nur noch aus kontinuierlichen Zeitreisen. Dass dieses skurrile originäre Science Fiction-Thema in den Comic einfloss, wundert nicht (»Macchina del tempo«).

Soweit die Fiktion – What about Business?

Im Geschäftsleben haben wir es mit einem weit weniger trendigen, aber umso wirksameren Prinzip zu tun. Ein Hype könnte es dennoch werden, falls nicht bereits geschehen. Was beides – Fiktion und Business – verbindet: Zeitmaschinen führen vielfach in eine Alternativwelt, so wie es sich der Autor vielleicht selbst erträumt. Wenn Zeitreisende in der Vergangenheit ankommen und auf sie verändernd einwirken, setzen sie die bisherige Weltordnung außer Kraft. Die Zeitgeschichte entwickelt sich anders als wir sie kannten und ein Paralleluniversum wächst. Eine Sehnsucht, die vielleicht von ganz persönlichen Koordinaten bestimmt ist. Wer würde nicht gerne Episoden aus seiner Vergangenheit neu verlaufen lassen? Doch Vorsicht – wer kann uns garantieren, dass wir mit diesem Neuen dann tatsächlich besser leben würden?

Back zum Feedforward-Prinzip

Feedback geben – das hat sich in unseren Sprachgebrauch eingebürgert. Feedback fokussiert etwas Vergangenes, d.h. es konzentriert sich auf etwas, was bereits stattgefunden hat. Das Peinliche ist: Vergangenheit ist nicht mehr gestaltbar. Nur die Zukunft! Gut gemeint ist auch daneben. Kann man aus Feedback lernen? Auf politische Szenarien bezogen: Es vergeht keine politische Feierstunde, in der nicht ein wohlmeinender staatstragender Geist mahnen würde, dass man aus der Vergangenheit lernen müsse. Historisch richtig, psychologisch falsch! Denn eine solche Mahnung zieht die Zuhörer regelmäßig in ein kollektives Schuldgefühl, selbst wenn kein aktives individuelles Verschulden vorliegt.

Respektvoller und effizienter ist ein Feedforward, das Menschen und Teams auf eine positive Zukunft ausrichtet und nicht auf eine gescheiterte Vergangenheit! Im Wirtschaftsleben ist es konstruktiver, den Blick nach vorne zu richten und Verbesserungsvorschläge (die de facto natürlich auf Irrtümern aus der Vergangenheit basieren) zu formulieren. Was war, ist nicht zu verändern. Was sein wird, bestimmen wir heute (zumindest zu einem hohen Grad – Zufall und Schicksal mal abgesehen).

Feedback: wirksam oder kontraproduktiv? Aus Fehlschlägen lernen

Sich dem Feedback von Vorgesetzten oder Teamkollegen zu stellen, kann schmerzhaft sein. Wie immer macht»der Ton die Musik«, kommt es auf Form und Vorgehen an, ob ein Feedback-Empfangender die Botschaft als produktive Anregung oder als demütigende Abkanzelung erlebt. Hier streitet sich die Wissenschaft. Unterschiedliche Studien sagen, »nein, verbessert nicht unter allen Umständen die Leistung«, aber auch, dass »die spezifische Gestaltung des Feedbacks über positiv oder negativ entscheide.« Feedback sollte niemals zum »Abkanzeln« ausarten, vielmehr die Weichen für Künftiges stellen. Wie kann es künftig besser gehen? Was haben wir aus dem Erlebten gelernt? Wie setzen wir es jetzt gewinnbringend um?

Feedforward statt Feedback

Urheber dieses Prinzips ist der amerikanische Managementcoach und Bestsellerautor Marshall Goldsmith. Für ihn ist die gewünschte Entwicklung und Verbesserung eines einmal erkannten und nicht ganz rund laufenden Sachverhalts zentral. Allerdings geht es nicht um ein reines Facelifting, wie man konstruktive Kritik smoother anbringen könnte, sondern um einen strikten Richtungswechsel. Nun wäre es ja kein Prinzip, wenn der Urheber dafür nicht einen strategischen Zehn-Punkte-Plan entworfen hätte: Ein Blick ins Werk lohnt sich allemal!

Feedforward ist mehr als ein sprachlicher Kunstgriff. Es handelt es sich um nicht weniger als eine Haltungstransformation. Feedforward fragt sich: Von welcher Position aus schauen wir auf die zu bewertende Leistung? Rückblick wird ersetzt oder zumindest ergänzt durch konkrete Handlungsvorschläge für künftiges Handeln. Was muss ich berücksichtigen, damit ich künftig effizienter, schneller, konstruktiver, produktiver, leistungsbezogener Aufgaben erledige? Feedback verwandelt sich in Feedforward, wenn es konkrete Ziele und Verhaltensveränderungen benennt.

Feed = Füttern mit positivem Input

Gerade im Verhältnis Vorgesetzte – Mitarbeiter wird die Atmosphäre dann zum Positiven verändert, wenn Führungskräfte eher im Sinne eines Coachings oder Tutorings dem Mitarbeiter das Gefühl geben, sie seien daran interessiert, die in ihm vorhandenen Potenziale optimal zu entfalten. Sie füttern ihn mit Zutrauen, Respekt, Achtsamkeit, Mut machen, Ansporn: »Ich weiß, Sie können mehr. Ich setze auf Sie!« Kinder, die mit ihren selbstgemalten Bildern zu den Eltern laufen, in der Hoffnung auf ein Lob, werden zurückgestuft, wenn diese ihr »Werk« nicht gebührend würdigen. In allem ist noch ein Korn Schönheit zu finden, und dieses eine Körnchen kann wachsen. Man muss es nur gießen und düngen. Feedforward ist eine sehr individuelle Form der Mitarbeiterbeurteilung und sollte von Empathie und kluger Einschätzung getragen sein. Wird es als regelmäßiger Kommunikationsprozess zwischen Führung und Team gehandhabt, lassen sich Leistung signifikant steigern, das Organisationsklima verbessern, auf beiden Seiten Vertrauen und Wertschätzung generieren.

> **VERGANGENHEIT IST NICHT MEHR GESTALTBAR. NUR DIE ZUKUNFT! ES LEBE FEEDFORWARD**

Kurzer Methodenüberblick – Feedforward statt Feedback

Im Grunde hat sich das Prinzip bereits durch das oben Angeführte erklärt. Wesentliches Moment des Feedforwards ist, dass konstruktive, zukunftsgewandte Fragen an die Stelle von verletzenden oder sogar beschämenden Vorhaltungen treten. Ein Beispiel macht es deutlicher. Führungskraft: »Im letzten Meeting haben Sie wieder viel zu lange über den anstehenden Sachverhalt gesprochen und Details, die längst bekannt waren, ausgegraben. Das ermüdete die anderen und kostete uns allen Arbeitszeit.« Wie würden Sie sich fühlen? Motiviert? Aktiviert? Wohl eher nicht. Was wäre, wenn die Führungskraft fragte: »Sie haben sich sehr mit der Materie befasst und ich sehe, dass

Sie vor allem im Sinn hatten, Ihre Kollegen gut zu informieren. Doch könnten wir nicht in Zukunft schauen, dass wir diese Meetings straffen, effizienter und effektiver machen? Was könnte Ihr Beitrag dazu sein?«

Sie spüren den Unterschied, oder? Es geht um eine Richtungsänderung in der Strategie. Dies kann jeder an sich selbst trainieren:

1. Sie ertappen sich dabei, dass Ihnen ein eigenes Verhalten missfällt: »Was kann ich künftig anders machen?«
2. Sie wenden sich an jemanden, dem Sie vertrauen und von dem Sie Respekt und Impuls erwarten dürfen. Das kann auch umgekehrt funktionieren. Feedback ist keine Abstrafung, Feedforward ist eine Möglichkeit, erwachsen mit dem, was man hört, umzugehen und sich dafür zu entscheiden, die Rückmeldung positiv zu verarbeiten.
3. Emotional bewegen wir uns auf einer heißen Schiene. Muss aber nicht sein, denn hier werden nicht Sie oder der Andere moralisch bewertet. Vielmehr geht es um sach- und verhaltensbezogene Korrekturen, die dem Betroffenen, dem Sachverhalt und dem großen Ganzen zugute kommen.

Mehr Futter fürs Gehirn gibt's hier

Marshall Goldsmith (2015): Try Feedforward Instead of Feedback. Blog-Artikel. http://www.marshallgoldsmith.com/articles/try-feedforward-instead-feedback, abgerufen am 8. August 2019.

#23 Daily-Prinzip: Jeden Tag eine gute Tat

- ➲ Dailys konzentrieren und bündeln Kräfte innerhalb Projektteams.
- ➲ Dailys arbeiten an den Essentials von Tagesaufgaben.
- ➲ Dailys bringen Teams dazu, ihre Aufgaben zu priorisieren.

»Jeden Tag eine gute Tat.« Oder – steter Tropfen höhlt den Stein? Was ein wenig antiquiert scheint, gewinnt in der neuen Arbeitswelt durchaus wieder Berechtigung. Schaut man hinter das Pfadfinderprinzip, das Robert Baden Powell prägte, lässt sich eine durchaus moderne Haltung erkennen: Wenig, aber regelmäßig, ist erfolgsträchtiger als dann und wann ein großer Wurf.

Was hat das Business Daily mit der Daily Soap gemeinsam?

Klar, beide kommen in einer schönen Regelmäßigkeit, die bindet und verpflichtet, eine gefühlt endlose Schleife aus immer neuen Serials mit gewohntem Personal. Der Cliffhanger – das offene Ende – regt an oder macht gar süchtig. Ihre Karriere begann die Soap-Opera am 10. Oktober 1932 mit *Betty and Bob* in der BBC. Bis zum heutigen Tag hat das Format Seifenoper nichts an Attraktivität eingebüßt. Es wirkt! Subkutan. So gut, dass auch wissenschaftliche Forschungen der Daily Soap nichts anhaben konnten. Wir sind *Unter uns* (seit 1994) oder erleben gemeinsam *Gute Zeiten, schlechte Zeiten* (seit 1992). Auch wenn digitale Formate frischen Wind mit sich brachten, besitzt das traditionelle Strickmuster unbestreitbar Charme.

In die Businesswelt adaptiert, ist das Business Daily in seiner knappen, pointierten Form längst dabei, den langatmigen, zeitfressenden Marathon-Meetings den Rang abzulaufen. Und dies mit voller Berechtigung. Projektmanagement unter agilen Segeln hat das Entstehen des Formats begünstigt und mit der treffenden Bezeichnung »Daily Stand-up« (unter SCRUM-Vorzeichen: Daily SCRUM) versehen, denn konsequent eingesetzt, führt es zu gezieltem, effektivem und effizientem Arbeiten. Die straffeste Methode, um Teams in kurzer Zeit zielgerichtet auf die Essentials des Tages wertschöpfend einzuschwören.

Keep it short and simple

Jede Seifenoper hat ein properes Rahmenwerk: Fixe Länge in Sendeminuten, festgesetzte und gleichbleibende Charaktere, eine stringente dramaturgische Struktur. Wenn man Wirtschaften auch als strategische Kriegsführung verstehen wollte, stellt das Daily Stand-up die Lagebesprechung vor der Schlacht dar. Jeder Beteiligte hat sein Stichwort und jeder trägt zur gemeinsamen Durchdringung bei. Gerade Feldherren konzentrieren sich auf das Wesentliche und fokussieren die anstehenden Aufgaben in großen Zügen, ohne sich mit Details aufzuhalten. Redundanz verdient hier keinen Platz. Reduktion kreiert Klarheit. Verknappung schafft Präzision. Präzision sichert Aufgabenerfüllung. Erfolg macht glücklich.

DAS DAILY STAND-UP IST KEINE LANGWIERIGE STATUSBESPRECHUNG. VIELMEHR EIN ZUGESPITZTES REVIEW UND EINE POINTIERTE EINSATZPLANUNG

Nur ein Viertelstündchen!

Dass man hier nicht bei Milchkaffee und Cappuccino gemütlich plaudert, wird schnell klar, denn man – steht! Da verlangt schon die Anatomie ihr Recht – sie will so schnell wie möglich mit dem Meeting »durch sein«. Diese durchaus hilfreiche Geste der Natur bedingt, dass die Teammitglieder ihre Gedanken vorab ordnen und mit einer klar gefassten Ansage beim Meeting eintreffen. Was Ausführlichkeit bedarf, wird auf später vertagt, Pünktlichkeit ist Pflicht und bald schon Kür und das passende Timing legen alle gemeinsam fest. Keine ordre di mufti. Schnell merken die Teammitglieder, dass sie alle an einem Strang ziehen und der eine den anderen bedingt. Kippt ein Dominostein, zieht er alle anderen mit sich. Das will sich keiner vorwerfen lassen. Küchenpsychologie meinen Sie? – Ja, stimmt!

Schwarz auf weiß auf dem Task-Board

Auf einem materiellen Task-Board/Kanban-Board zum Anfassen laufen die Fäden zusammen: Hier finden alle innerhalb eines Projekts anstehenden Aufgaben im Überblick zusammen, priorisiert, zugeteilt und nach Dringlichkeit sowie Wichtigkeit in ihrer Reihenfolge geordnet. Ein klarer Schaukasten der täglichen Must-dos, immer präsent an prominenter Stelle angeordnet, nicht übersehbar, von allen nutzbar und flexibel veränderbar nach Fortlauf der Aufgabenbearbeitung. Die haptisch greifbare aktive Aufgabenübersicht spricht das limbische System an und reizt den Spieltrieb. Die Teammitglieder erfahren wie von selbst eine größere Verantwortlichkeit und Verpflichtung. Positiv verstärkt wird diese Wirkung durch griffige Handzettel, die aufgabenzugeordnete Signale senden: »erledigt«, »in Bearbeitung« oder »Erledigen« und andere. Dass dies während des Meetings abläuft, wirkt wie ein starkes Incentive. Ein Gemeinschaftsgefühl stellt sicher, dass das komplette Team stets über den aktuellen Stand des Gesamtprojekts und der einzelnen Schritte optimal informiert ist.

Nobody is perfect – ein paar Gedanken zu Tagespensum und Realisierbarkeit

Das Daily Stand-up definiert klar und pointiert, was am Ende des Tages geschafft sein soll. Um dies zu erreichen, muss das Pensum realistisch eingeschätzt werden. Sonst führt es zu Frust statt zu Befriedigung. Große Aufgaben lassen sich teilen, was weniger Energie kostet und ungleich stärker motiviert. Zu mächtige Happen sind schon bei der Nahrungsaufnahme ein Problem – man könnte sich verschlucken oder gar ersticken (im übertragenen Sinne). Stolpersteine sind Aufgaben, die nicht in einem Tag erledigt werden können. Sie hemmen das Gesamtergebnis. Das Daily Stand-up ist wie ein reitender Bote, der jedem einzelnen Mitglied klar macht, wie wichtig seine Beteiligung ist.

Moderator und Team auf Augenhöhe

Eine vertraute Erscheinung, beim TV-Quiz, in den Tagesthemen, in der Talkshow. Auch Stand-ups brauchen mindestens eine Anne Will – Zeit ist knapp und Langredner die Hölle für alle, die darauf warten, an ihren Arbeitsplatz zurückzufinden, um die Aufgaben des Tages zu bewältigen. Der Moderator ist Erster unter Gleichen – einzig und allein das Team entscheidet über inhaltliche und ressourcenbedingte Fragen, während er sicherstellen muss, dass am

Ende jeder mit einem guten Gefühl das Daily verlässt. Hegt er Zweifel an der Realisierbarkeit der festgestellten Aufgaben, kann und sollte er nachfragen und Vorschläge unterbreiten, die seinen Projektüberblick und seine Umsicht verraten lassen. Übung macht hier den Meister. Ist das Team bereits gut eingespielt, kann der Moderator rotieren. In der Daily-Eingewöhnungsphase ist ein externer Coach oder Moderator sinnvoll. Nach einer gewissen Anlaufphase braucht es keine innere Führung mehr – der Königsweg.

Business Dailys, regelmäßig angewandt, wecken in Teams wirksame Gruppendynamiken. Auch TV-Dailys sind so gestrickt, dass sie Gegensätze und Widersprüchlichkeiten in sozialen Systemen und in der Gesellschaft allgemein überbrücken, indem sie mit reichlich Gesprächsstoff und Identifikationsflächen aufwarten. In einer digitalisierten, sozialen Welt sind dies Anker, die erden. In einer Businesswelt auch.

Fixe Abläufe geben Standing

Soll Prägnanz hergestellt werden, schaffen rituelle, eingespielte Fragen Struktur:

- Was war gestern Sache?
- Was steht heute auf der Agenda?
- Gab es Hindernisse und wenn ja, bei wem?
- Wie können diese behoben werden?

Die erste Frage hat hohe Relevanz und muss von allen beantwortet werden. Hier ist der Punkt einzugreifen und Abhilfe zu schaffen, falls nötig: rein lösungsorientierte Unterstützung, Delegation, Diskussion. Das befreit die Beteiligten von Erklärungs- oder Rechtfertigungsbemühungen, entkrampft, spart Energie und Zeit und arbeitet am Gesamtresultat. Lässt sich innerhalb der fünfzehn Minuten keine eingängige Lösung erzielen, holen die Betroffenen dies nach dem Daily in eigener Regie nach.

Nach Klärung der weiteren Fragen kann ein motiviertes Team seine Tagesaufgaben angehen.

Kurzer Methodenüberblick – Daily Stand-up

Das wichtigste Moment des Daily Stand-up ist Konsequenz. Und der dezidierte Wille, klar und offen zu kommunizieren. Dann bleibt der Erfolg nicht aus: Schnell lernen die Teammitglieder, ihre Aufgaben besser einzuschätzen. Auch, dass es nichts bringt, Schwierigkeiten unter den Teppich zu kehren, dass jeder für sich selbst einsteht, aber auch für das gesamte Team Verantwortung trägt. Teambuilding und Wirgefühle schweißen enger zusammen und fördern überzeugende Ergebnisse.

Daily Soaps arbeiten sich zwar nicht an Businessaufgaben ab. Aber in ihrer schlichten und daher einprägsamen Dramaturgie und mit Hilfe lebensnaher Themen erreichen sie den Zuschauer dort, wo er am empfindlichsten ist: in seinen emotionalen Bedürfnissen nach Stabilität, Kontinuität Beziehung, Spiegelung, Trost und Stärkung in seiner unheilen Welt. Auf die Businesswelt übertragen: Daily Stand-ups sind das Schmiermittel in einer immer komplexer werdenden täglichen Arbeitsroutine.

#24 Retro-Prinzip: Schau in den Spiegel und sag mir, was du siehst

⮩ Retrospektiven in der Teamarbeit sind geradezu dafür geschaffen, die unmittelbare Gegenwart und Zukunft zu verbessern.

⮩ Das Tool der Retrospektive in Team-Meetings erhöht die Arbeitsergebnisse, die Atmosphäre, den Zusammenhalt und vertieft das Gruppengefühl – allesamt ergebnisbereichernde Umstände.

⮩ Ehrliche, wertschätzende, personenneutrale Feedbacks in festen Abständen durchgeführt, verbessern die Qualität der Arbeit, erhöhen die Team- und Gruppenvereinbarung, Solidarität innerhalb und Loyalität gegenüber der Aufgabe.

Vintage Mode, Retro-Kultur, Post-Moderne, Sampling, Bricolage, Retro-Swing und Grunge. Strömungen, die sich bewusst an vergangene Traditionen, Genres, Konventionen und Stile anlehnen, finden wir mittlerweile in allen gesellschaftlichen Strömungen und Produktarten vor – vom Alltagsobjekt über die Reanimation von Mode-, Architektur- und Designrichtungen oder Retro-Autos wie dem FIAT Cinquecento hin zur Traumfabrik Film, Kultur und Kunst. Was steckt dahinter? Die Postmoderne als Abwehr der Moderne? Kapitalismus- und Konsumkritik? Eine Art von Eskapismus (Flucht aus der realen Welt)? Modernismus als Kritik an der Moderne? Das Ende von Innovations- und Fortschrittsgläubigkeit? Ausflüsse der Wirtschaftswunderjahre, die spätestens mit der Ölkrise Zäsuren erlebten?

Man muss es nicht überinterpretieren – dazu sind die Deutungswege zu vielfältig und nicht wirklich belegbar. Fakt ist: Abseits der rasanten digitalen Entwicklungen schafft seit den Neunziger Jahren ein Stil – bevorzugt in Mode und Lifestyle – den Spagat, auf die Vergangenheit Rekurs zu nehmen und dennoch einen ganz individuellen Remix aus Alt und Neu zu kreieren. Der geniale Modeschöpfer Karl Lagerfeld formulierte es so: »Es geht darum, bereits vorhandene Dinge neu aussehen zu lassen, um sie zu verändern und besser zu machen.«

Von jeher liebten wir es, Zitate aus Vergangenem aufzugreifen, nicht zuletzt im Karneval, wenn Ritter, Räuber und Rumpelstilzchen die Bühne bevölkern (zugegeben nicht nur der Historie, sondern auch dem Märchen entsprungen, doch auch diese sind immer Symbole und Metaphern ihrer Zeit). Neue Hypes verdanken ihr Aufkommen der Lust an der Zeitreise und setzen auf Altbewährtes, in dem sie es aufpeppen. Man denke an die neu erblühte Liebe zu Vinylschallplatte, Sofort-

DIE RETROSPEKTIVE IST DER KURZE BLICK ZURÜCK, UM IN DIE ZUKUNFT ZU GEHEN

bildkamera oder Filterkaffee. Auch hier bieten sich unterschiedliche Deutungen an: Flucht- oder Verdrängungsreflex? Oder herbeigesehnte Anmutung des Alten, Gewohnten in einer digitalen Welt, die alles umzukrempeln scheint? Nostalgie auf hohem Niveau!

Soweit der Ausflug in den Zeitgeist – back to (digital) business

Die Retrospektive im unternehmerischen Sinne ist vergleichbar mit den Boxenstopps im Formel-1-Rennen oder bei Rallyes. An diesen Zäsuren kommen Teams einmal zur Ruhe, um ihre Leistung, Zusammenarbeit, ihr Teamgefühl, auftretende Probleme oder Konfliktpotenziale zu reflektieren. Dabei verteilen sie Anerkennung, Ansporn oder konstruktive Kritik. Im Sprintsystem ist es übliche Regel, aus dem Vergangenen Verbesserungen abzuleiten oder die bisherige Arbeit zu evaluieren. Ein vertrauensbildender Usus, gleichzeitig evaluierend und motivierend. Auch in SCRUM – der agilen Entwicklungsmethode – trifft sich das Team in der Rückschau zu einem regelmäßigen Event, um den zurückliegenden Sprint zu beleuchten und die zukünftige Zusammenarbeit im Team zu verbessern. Organisches Vertrauen baut sich auf, ohne groß beschworen zu werden.

Ob Sie nun in der agilen Arbeitsweise und im Framework SCRUM unterwegs sind oder grundsätzlich Vertrauen für eine feste Größe beim Teamwork halten, – in der Retrospektive sehen Sie vieles klarer und objektiver als es während des laufenden Prozesses möglich wäre. Und Sie können mit einem kritischen Abstand ungleich besser beurteilen und transparent machen, ob sich die eingesetzten Werkzeuge und Skills als zielführend erwiesen haben, ob die zu Tage getretenen Fähigkeiten, Beziehungen, Herausforderungen und Erfahrungen sich im Team als tragfähig erweisen. Und dies vor allem, indem positive Erfahrungen ausgesprochen und thematisiert werden.

Warum sind Retros mit Feedforward-Elementen so erfolgsfördernd?

Durch einen regelmäßigen Turnus bildet sich ein starker Trainingseffekt heraus: Teammitglieder lernen sich viel besser kennen als sie es sonst täten. Sie vermögen die Leistung der Anderen klarer einzuschätzen, weil es in der Teamarbeit auf ein enges Zusammenwirken ankommt, und es kristallisieren sich besondere Fähigkeiten und Spezialtalente heraus, was für die Bewältigung der gestellten Aufgaben enorm hilfreich ist. Retro ist zwar rückblickend zu verstehen, aber in einer Erwartungshaltung des Künftigen. Es bezieht seine Daseinsberechtigung daraus, dass es sowohl die Vorausschau als auch die kommende Perspektive im Fokus hat. Der Spiegel zeigt zwar den aktuellen Zustand, der sich auf die Vergangenheit stützt, aber Schneewittchens Stiefmutter ahnt dabei bereits die vor ihr stehende Perspektive. Die Retrospektive und das Zusammenschweißen unterschiedlicher Charaktere dämpfen zudem die immer gegenwärtigen, unterschwellig agierenden Spannungen und Frustrationen ab, die der Erfolgsdruck auf Teams generell ausübt. Das klärt das Klima und verhindert Konfliktpotenzial genauso wie Anerkennung die Atmosphäre belebt. Teamleistung geht vor, doch auch verifizierte Erfolge durch Einzelleistungen sollten Sie hervorheben – Authentizität vorausgesetzt. Aufgesetzte Feel-Good-Maßnahmen sollten Sie allerdings vermeiden: Sie werden meist als vernebelnde Kosmetik enttarnt.

Was erreichen Sie mit dem Tool der Retrospektive?
- Optimierte Teamarbeit und ein höheres Gruppengefühl;
- einen Anschub der Arbeitsergebnisse;
- emotionale und atmosphärische Verbesserungen;
- Raum für konstruktive Kritik, Problemklärung, Aussprache;
- Trainingseffekte, wie höherer Zusammenhalt und füreinander Einstehen.

Diese vier einfachen Regeln sollten Sie beachten:

1. Vegas-Regel: »What happens in Vegas, stays in Vegas.« Alles was im Meeting erkannt, besprochen und beschlossen wird, bleibt innerhalb der vier Wände.

2. Wertschätzungsregel: Der Moderator sollte Fingerspitzengefühl, Respekt und Wertschätzung mitbringen und dies auf alle Teilnehmer übertragen können. Schuldzuweisungen, Mauscheleien, persönliches Anprangern, Rivalitäten oder Indiskretionen, die Vertrauen zerstören würden, sind fehl am Platz. Das erwirkte gute, offene und faire Einvernehmen soll schließlich über die Meetings hinaus wirken. Und Fakt ist: In einer von Respekt getragenen Atmosphäre sind Menschen eher bereit, sich zu öffnen und Anerkennung zurückgeben. Je ehrlicher man gibt, desto mehr kommt zurück.

3. Forward-Regel: Der Blick wird zwar auf die jüngste Vergangenheit gerichtet, doch der Fokus liegt auf zukunftsorientierten Learnings. Eine aktive Fragestellung zielt auf Verbesserung, Entwicklung und Fortschritt ab. Dem Moderator muss angelegen sein, dass die dazu erarbeiteten konkreten Handlungsempfehlungen präzise und praktikabel nachvollziehbar sind.

4. Leitungsregel: Aus den Regeln 1 bis 3 wird deutlich, dass ein möglichst neutraler Moderator unverzichtbar ist. Seine Aufgabe ist es nicht nur, sachbezogene Fragen zu klären, er muss auch das beziehungsmäßige Zusammenwirken der einzelnen Teammitglieder im Auge behalten.

In der Praxis hat sich bewährt, den Retros kontinuierlich geführte Lessons-Learned-Workshops folgen zu lassen. Kontinuierliche Korrekturen und Verbesserungen in kleinen, portionierten und daher gut realisierbaren Schritten machen aus Teams sukzessive Hochleistungsteams.

Kurzer Methodenüberblick – Retrospektive

Das Ziel – Feedback und zukunftsorientierte Verbesserung zu erzeugen im konstruktiven Miteinander – erreichen Sie recht gut mit der Starfish-Methode. Sie sortiert, analog der Anmutung eines Seesterns, die Aspekte einer Retrospektive-Zusammenarbeit sternförmig in fünf Kategorien ein:

- Start Doing beziehungsweise Ab sofort nutzen: Wir sammeln Aspekte und Maßnahmen, die in der nahen Zukunft zum Einsatz kommen.
- More of beziehungsweise Mehr davon: Diese Sparte nimmt die Maßnahmen, die zukünftig stärker oder öfter genutzt werden sollen. Darunter fallen spezielle Arbeitsmethoden ebenso wie Verhaltensweisen oder Einstellungen.
- Less of beziehungsweise Weniger davon: Hier werden Punkte einsortiert, die sich als nicht ideal erwiesen haben und daher künftig vernachlässigt werden können.
- Stop Doing beziehungsweise Nicht mehr nutzen: Hier befinden sich die aussortierten Faktoren und Maßnahmen.
- Keep Doing beziehungsweise Weiter nutzen: Hier halten sich Aspekte, die sich als funktionstüchtig erwiesen haben.

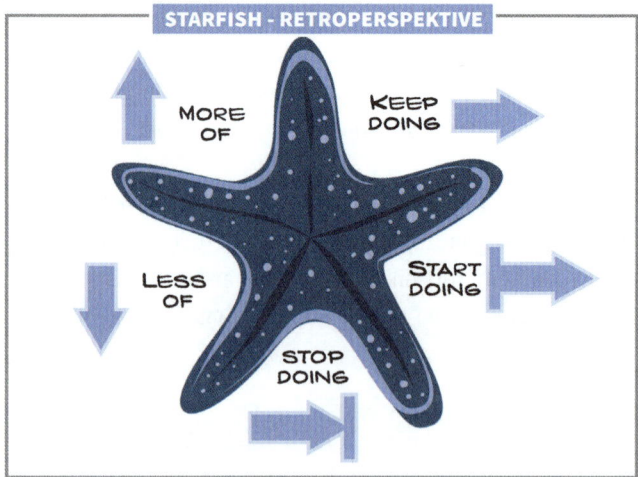

Quelle: In Anlehnung an Bryan M. Mathers

Kurz-Szenario eines Retro-Meetings

1. Einführung (Etwa fünf bis zehn Minuten)	Begrüßung; Erklärung der Spielregeln, wie etwa: Seid positiv, kommunikativ und offen. Keine persönlichen Angriffe starten und vor allem Kritik nicht persönlich nehmen. Jedes Teammitglied hat das gleiche Rederecht, jede Meinung ist erwägenswert. Einen Diskussionszeitraum definieren, der ins Auge gefasst werden soll (Sprint? Quartal? Die Zeit vor dem Projekt?) Verbesserungsvorschläge sind ausdrücklich erwünscht. Stillschweigen gilt als vereinbart.
2. Wertschätzungsrunde (fünf Minuten)	»Wofür möchtest du dich bei wem bedanken?« Lob oder Dank kurz und ehrlich formulieren. Mal wird es mehr, mal weniger sein. Die Teilnehmer sind von der Position her gleichrangig und gleichwertig. Anwesende Führungskräfte sollten sich in Zurückhaltung üben. Am Ende kann diese Frage noch weiter auflockern: »Was hat Euch am letzten Sprint Spaß gemacht? Was funktionierte besser als erwartet?«
3. Was ist gut gelaufen? (zwanzig Minuten)	Gehen Sie es von der positiven Seite an. Die Teammitglieder formulieren auf grünen Haftnotizzetteln, was ihrer Meinung nach gut gelaufen ist und was daher zukünftig noch stärker oder öfter genutzt werden sollte. Diese Post-its finden ihren Platz in den entsprechenden Spalten innerhalb der Starfish-Visualisierung.
4. Was sollte besser werden? (zwanzig Minuten)	Jetzt kommen pinkfarbene oder rote Haftnotizzettel zum Einsatz. Machen Sie noch einmal deutlich, dass hier keine Personen bewertet werden, sondern Handlungen und Ergebnisse. Fragen Sie nach: »Was sollten wir reduzieren?« (Weniger davon) »Was kann ganz wegfallen?« (Stopp)
5. Nächste Schritte (zehn bis fünfzehn Minuten)	Fragen Sie zu den »roten« Punkten: »Welche konkrete Maßnahmen könnten diese Punkte verbessern?« (ab sofort) Etwaige Ideen werden auf blauen Post-its geschrieben und auf dem Whiteboard positioniert: »Welche Maßnahmen? Wer ist zuständig? Bis wann soll es umgesetzt sein?« Zum Schluss sollten die Aufgabenlisten mit Nennung der aktiven Zuständigen und Deadlines noch einmal durchgegangen werden.
Finish	Danken Sie allen für die substanziellen Beiträge und faire Sachlichkeit.

Ihr persönlicher Boxenstopp

Die zentrale Transformationsfrage:
Wie kommen wir vom Feedback zum Feedforward?

Wie dynamisieren wir unser Ziel- und Performance-Management-System?

(Ansätze aus dem *#21 OKR-Prinzip: Nackt bis auf die Unterhosen, aber ehrgeizig bis über beide Ohren!*)

Wie schaffen wir eine vorwärts gerichtete Reflexionshaltung?

(Denken Sie an das *#22 Feedforward-Prinzip: Zurück in die Zukunft.*)

Wie etablieren wir eine Kultur der kontinuierlichen Verbesserung?

(Ideen dazu aus dem *#23 Daily-Prinzip: Jeden Tag eine gute Tat.*)

Wie bringen wir Teams zu mehr Selbstreflexion?

(Erinnern Sie sich an das *#24 Retro-Prinzip: Schau in den Spiegel und sag mir, was du siehst.*)

Teil 3 | Digitale Transformation von Produkten und Geschäftsmodellen

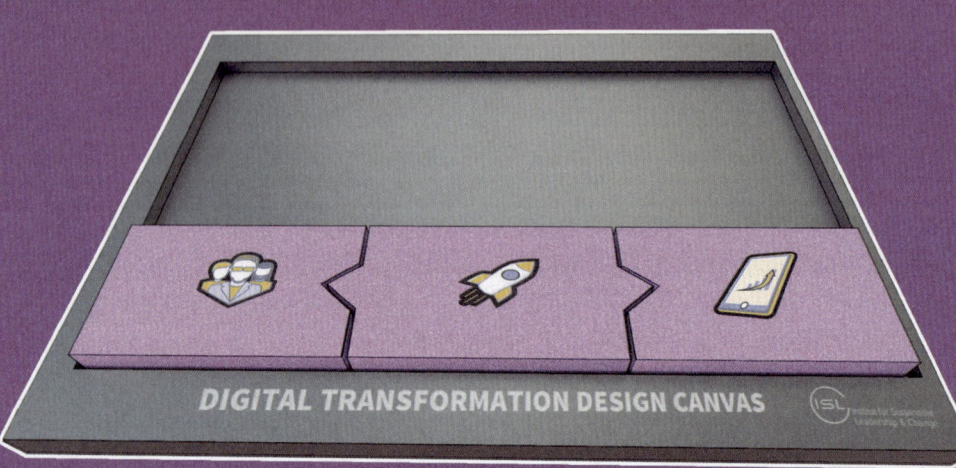

DIGITAL TRANSFORMATION DESIGN CANVAS

Gratulation – Sie haben sich selbst ein hohes Maß an Disziplin und Neugier bewiesen und hoffentlich auch viel Erkenntnisgewinn aus der Lektüre bezogen. Bleiben Sie weiter dran – denn im Folgenden geht es um die wirtschaftliche Zukunft Ihres Unternehmens – Ihr Geschäftsmodell.

Kundenorientierung

Digitalisierungs- strategie

Digital Business

9.
Digitalisierungsstrategie: Vom Blindflug zur Punktlandung

■ ■

Man entdeckt keine neuen Erdteile, ohne den Mut zu haben, alte Küsten aus den Augen zu verlieren.

André Gide

#25 Moonshot-Prinzip: Wer Visionen hat, sollte zum CEO gehen

➲ Digital Leader sind gefordert, strahlkräftige Zukunftsvisionen zu formulieren – Moonshots, die für einen Qualitätssprung um den Faktor 10 stehen.

➲ Alerte Unternehmen potenzieren mit Moonshots ihr kreatives und innovatives Potenzial mit Mut, einer Prise Waghalsigkeit und Abenteuerlust höchst gewinnbringend.

➲ Ohne visionäres Zielbild droht Stillstand.

»Wer Visionen hat, soll zum Arzt gehen.« Das gab Schmidt-Schnauze einst als »pampige Antwort auf eine dusselige Frage«.

Doch ohne wagemutige Visionen gibt es keinen Fortschritt – schon gar nicht in dynamischen Zeiten. Deshalb: Wer Visionen hat, sollte möglichst schnell zum CEO gehen!

Galaktische Zeiten fragen nach entschlossenen und aufbruchsbereiten Unternehmenshelden, die sich ihren Weg im digitalen Sonnensystem bahnen und eine sternenglänzende Zukunft erschließen. Die digitale Transformation von Unternehmen fußt auf einem starken Bewusstsein von Veränderung und einer Bereitschaft zu Innovation und ist weniger eine Frage der Überlebensfähigkeit als der Selbstfindung im Kosmos der schier unbegrenzten und ungeahnten Möglichkeiten. Wer sich jetzt darauf beschränkt, den umfassenden Wandel in eine Abteilung oder ein externes Digital Lab auszulagern wie einen Blinddarm, der nicht stört, solange er sich nicht entzündet, hat wenig Chancen, auf den Schnellzug, der bereits mit Höchstgeschwindigkeit vom Gestern zum Morgen rast, aufzuspringen.

Warum übt der besternte Nachthimmel auf uns eine solche Faszination aus? Gemischt mit leichtem Gruseln? Undurchschaubar. Unmessbar grenzenlos. Unfassbar weit. Unsagbar alt. Unendlich fragil. Erstaunlich beweglich!

Was hat unser All mit der digitalen Transformation gemeinsam?

Sterne entzünden sich und sie sterben – allerdings nach einem sehr, sehr langen Leben. Was wir von unserem Planeten aus als statisches Himmelsgewölbe erleben, ist voller Rotation, Bewegung und Umwälzung, Entstehen und Verglühen – seine stetigen Veränderungen würden uns Erdlinge überfordern, gingen sie nicht in solch gewaltigen Lichtjahresschritten vonstatten. In der Ahnung dieses explosiven Geschehens ist ein Menschenleben eine Wimper am Auge eines Sterns. Ach, nicht mal das!

Unternehmen unterliegen ebensolchen Zyklen. Brauchen Neubelebung, Neuorientierung und Neuausrichtung in einem gesunden Rhythmus. Unternehmer können diese Volten und Wenden nur bedingt bestimmen, eine flexible Haltung und alerte Beweglichkeit sind die Kernzelle von Umschwung und Wiedergeburt. Instinkt ist hilfreich, um die Weite unbekannter Universen zu durchmessen.

»We chose to go to the moon – in this decade!«

1962 verkündete John F. Kennedy diese Entscheidung wie eine normale Tagesmeldung und war sich der Tragweite sicherlich wohl bewusst. Allerdings – war eine komplette Einschätzung überhaupt möglich angesichts eines solch originären, spektakulären und überdimensionierten Vorhabens? Seine Vision schien ambitioniert und disruptiv. Zwar waren der Zeitraum definiert, die Eckpfeiler ausgearbeitet. Dennoch blieb der Ausgang offen. Aber hätte der US-Präsident atemloses Staunen hervorgerufen, hätte er es so formuliert? »Wir meinen, wir sollten zum Mond fliegen und hoffen, dass wir ihn auch finden.« – Helden sind bereit zu akzeptieren, dass alles, was ihnen passiert, einer inneren Logik unterliegt. Sie staunen über eine Idee, eine monumentale Aufgabe, messen sich mit Titanen. Staunen heißt auch zu akzeptieren, dass sich vieles unserem bewussten Willen und der Vorstellungskraft entzieht. Unser Sonnensystem wurde aus Staub, Dunst und Gas zu Zeiten geboren, die wir mit unseren menschlichen Zeitbegriffen nicht imaginieren können.

Die Mondlandung von 1969 generierte reichlich Nachfolger

Moonshots stehen bei Google für gewaltige, singuläre Projekte, die sich in ihrer nachhaltigen Bedeutung mit der Mondlandung vergleichen lassen – selbstfahrende Autos, Datenbrillen oder fliegende Windkraft-Turbinen – immer mit dem visionären Zielanspruch, das Leben der Menschen zu verbessern, ja zu revolutionieren. Moonshots symbolisieren einen Qualitätssprung um den Faktor 10, für die gemeinsame und bisher nie dagewesene Gestaltung einer Zukunft, die originäre Ideen fokussiert und zu beispiellosen Höchstleistungen befähigt. Und genau hier manifestieren sich die starken Visionen, die Freude an disuptiver Veränderung erzeugen. John F. Kennedy fragte damals den deutschen Raketeningenieur Werner von Braun, was es brauche, um einen Mann auf den Mond zu befördern und heil zurück auf die Erde zu bringen. Seine Antwort war knapp und klar: »The will to do it!« Wie Sie Moonshot-Visionen entwickeln und stringent verfolgen, können Sie im Werk *Moonshots for Europe* von Harald Neidhardt und Kollegen (2019) nachlesen.

MOONSHOTS: MIT SPRENGKRAFT AN DIE DIGITALE SPITZE

Ein unternehmerisches Mindset im Zeichen des Wandels ist pure Energie

Können Unternehmenssysteme daraus lernen? Wendige, alerte potenzieren ihr kreatives und innovatives Potenzial mit Mut, ja Waghalsigkeit und Abenteuerlust gewinnbringend. Auch der mythenumrankte Held des Trojanischen Kriegs Odysseus ahnte die Stromschnellen, die ihm auf seiner gefahrenreichen Reise zu sich selbst erwarteten. Dennoch setzte er die Segel. Zugegeben, er (oder die Vorsehung) ließ sich zehn Jahre Zeit und manchmal schien es, dass er nie mehr zu seinem Ausgangsort zurückgelangen würde. Vielleicht hat er diese Reise sogar genossen und für sein Helden-Wachstum bewusst genutzt? Jeder braucht einmal eine kreative Auszeit – Aha! Verlockungen und Gefahren, Torwächter, Piraten, Sirenenklänge, wilde Tiere durchquerten seinen Lauf. Doch traf er nicht auch auf außergewöhnliche Helfer und Mutmacher? Listig, gewitzt, mental stark verlor Odysseus nie seine Vision aus den Augen. Was sagt uns das heute? Aufbruch lohnt sich allemal!

Jeder ist seinen Kräften und Möglichkeiten nach gefordert. Gerade Unternehmen haben es in der Hand, den Raketenanschub in ihre planetare Umlaufbahn zu zünden, der sie in immense und dennoch klar definierte Weiten trägt, vorausgesetzt, das Rüstzeug wurde klug gewählt und optimal eingesetzt. Weitblick gehört dazu, Mut, Unverfrorenheit, Zuversicht und Wissbegier. Wie Odysseus bereit sein, auch Unschätzbares einzuplanen, und was planbar ist, einschätzbar zu machen. Zurück bleiben diejenigen, die auf Bleifüßen in einer begrenzten Erdenwelt sehnsuchtsvoll den Blick ins grenzenlose All richten.

Dem Ruf der Bestimmung folgen

Eine digitale Unternehmensreise beginnt immer mit dem ersten Schritt über die angestammte Türschwelle. Werden Unternehmen in eine neue Umlaufbahn geschleudert, lassen Schock, Verwirrung, Abwehr nicht auf sich warten. Wie antike Helden stellen sie sich nach anfänglichem Zögern entschlossen einer neuen Berufung – ihr Tagwerk heißt jetzt: Abenteuer zu bestehen. Was Mythenhelden erlebten – Löwen bezwingen, Jungfrauen retten, Heere befehligen – zeigt sich heute humaner und kompatibler. Doch die Ziele bleiben sich treu: Als Unternehmenshelden Flagge zeigen für Weitblick, Wandelbarkeit und Anpassungsfähigkeit, neue Weidegründe erschließen, fruchtbare Galaxien erobern. Nicht zuletzt persönlich wachsen und reifen.

Wie rüsten sich Unternehmen für eine digitale Transformationsexpedition?

Back to the roots: Anpassungsfähigkeit hat das Überleben des Menschen und die Entwicklung zum modernen Homo Faber gesichert. (Homo Faber, der Mensch in seiner Fähigkeit, für sich Werkzeuge und technische Hilfsmittel zur Bewältigung und Kultivierung von Natur herzustellen.) Mit im Marschgepäck sind die Entwicklung eines visionären Geschäftskonzepts, das unverbrüchlich im Denken der neuen Zeit verankert ist, eine ganzheitliche Ausrichtung der Hierarchie- und Führungsstrategien und eine tief greifende organisatorische Umwandlung unter einer tragfähigen allumfassenden strategischen Maxime. So gelingt der Deal und in absehbarer Zeit freuen Sie sich über eine nach Innen und Außen als fortschrittlich-innovativ erlebte, kongenial-stimmige

Unternehmenskultur. Klar, keine Frage von kurzfristig taktischen Schritten, sondern von ganzheitlichen, mittel- und langfristig angelegten, strategischen Marschplänen.

Aufbruchsbereite Unternehmer haben realisiert, dass der kurzsichtige Blick durch die IT-Brille längst nicht mehr ausreicht. Sie wissen, dass ihnen ohne eine Neuausrichtung und Feinjustierung des gesamten Organisationskörpers in allen strukturellen, inhaltlichen, hierarchischen und strategischen Verästelungen früher oder später Stillstand droht. Digitale Agilität und flexible Anpassungsfähigkeit treten neben herkömmliche und durchaus wirksame Tugenden, die unter neuer Flagge ihre Berechtigung behalten.

Arbeiten und Wirtschaften im planetaren Raum: Mission possible!

Eine Menge stand auf dem Spiel: Die Mondlandung war das Werk Unzähliger. Auf dem Boden begleitete ein hochkarätiger Expertenpool in konzentrierter Aktion die Expedition ins All. Seine intensive Supervision kontrollierte erfolgssichernd die Arbeit innerhalb des Raumschiffs, um frühzeitig Risiken zu erkennen, auszuschließen oder abzufedern. Auch Unternehmen im Aufbruch sind gut beraten, einen externen Profi in den Planungs- und Kontrollturm zu rufen, der seinen unbeeinträchtigten Scharfblick einbringt, intuitiv und rational gleichzeitig reagiert und handelt, klare Worte nicht scheut.

»Von außen sieht man schärfer!«

Sie wollen glänzen im Hier und Jetzt mit einem perfekten Entree zur Zukunft? Respekt: Sie haben bereits ein kompromisslos neuartiges, visionäres Denken verinnerlicht, das sich mit realistischer Klarheit und Bodenhaftung verbündet. Zünden Sie Ihre eigene passgenaue Rakete zum Mond! Der konzertierte Einsatz aller an den Schaltstellen des Unternehmens Tätigen ist gefragt, um Steilklippen zu umschiffen, Monster zu bändigen, Berge zu versetzen. Moderierend, beratend, einweisend führt ein umsichtiger Coach und Mentor das stimmige Instrumentarium im Handgepäck, handelt den Umbau und begleitet über langfristige Supervision.

Unser Credo: Sie verdienen State of the Art!

Unternehmen und Organisationen, die innerhalb des digitalen Wandels den Funken verspüren, eine begeisternde Vision zu formulieren und eine Strategie mit Strahlkraft zu etablieren, die auf alle Bausteine Ihres innovativen Rahmenwerks einwirkt, werden niemals zu einem sterbenden Stern. Sie werden immer und immer wieder einen Logenplatz im Business-All besetzen. Als Held kehrte Odysseus heim – nach zehn langen Jahren. Gereift und wohlbehalten. In die Arme von Ehefrau Penelope, die wohl einige Mühe hatte, ihn wiederzuerkennen. John F. Kennedys Vision wurde ebenso wahr. Am 21. Juli 1969 um 3:56 Uhr mitteleuropäischer Zeit durfte der erste Mensch auf dem Mond die amerikanische Flagge hissen. Sieben Jahre nach der öffentlichen Ankündigung. Pures Glücksmoment ist zu vermuten. Wann startet Ihre Apollo 11-Mission? Ihr Raketenantrieb ist Ihre zündende Moonshot-Vision.

Kurzer Methodenüberblick – Moonshot-Visionen

So vollzieht sich der digitale Wandel von Organisationen in Etappen: Von der Analyse des analogen und digitalen Istzustands, über die Entwicklung von Vision und Strategie zu Zielsetzungen, Aufgaben und Methoden, über Training, Tun und Handling neuer Tools und Methoden zu einer rundum erneuerten Unternehmenskultur. Diese zum Leben zu erwecken ist der Masterplan der digitalen Transformation. Wagen Sie einmal den Blick in die Zukunft und unterziehen Sie sich einem Selbstcheck: »We chose to find a new planet – in three, four, five years! Yeah!«

1. Wer sind wir heute? Was stellen wir dar und was macht uns essenziell aus? Wo wollen wir hin? Wie wollen wir künftig auf dem Markt bestehen? Wie wollen wir wahrgenommen werden? Welchen Einfluss hat die digitalisierte Welt um uns herum auf unseren Status und unsere Marke?
2. Wo treffen wir auf unsere Klientel? Was erwartet diese künftig von uns? Wie können wir ihren Bedürfnissen unter neuen Koordinaten noch gezielter als bisher gerecht werden? Welche neuen (digitalen) Wachstumsmärkte jenseits des Kerngeschäfts warten auf Eroberung? Welche Methoden und Techniken führen dabei zum Ziel – effizient und

effektiv? Ist wirklich alles, was im digitalen All möglich ist, auch nötig? Wie kommunizieren wir das Vorgehen und die Ergebnisse und an wen?

3. Welche Unternehmensabteilungen und Organe sind primär betroffen? Wie strukturieren wir den Transformationsprozess so, dass er dem konventionellen Business nicht im Weg steht? Wie bewegen wir unsere Abteilungen und Mitarbeiter, sich zu bewegen und eine digitale Ausrichtung aktiv mitzutragen? Müssen wir unseren Blick nicht auf neue Mitarbeiter richten, die frische Dynamiken und Denkweisen einbringen? Wo finden und wie gewinnen wir sie für unsere zukunftsorientierten Expeditionen?

4. Was macht den Unterschied zwischen »analoger« und »digitaler« Organisation aus unserer Sicht und wie wird dies von außen wahrgenommen? Wie erreichen wir den Bestzustand? Wie sichern wir uns eine erfolgsträchtige Unterstützung durch qualifizierte Helfer?

5. In welchem Zeitrahmen wollen wir in einer adäquaten digitalen Bewusstseinsebene angekommen sein? Mental, physisch, psychisch, organisatorisch? Wie wird sich unser Unternehmen danach für uns »anfühlen«? Was wollen wir dann feiern?

Die Autoren des Buchs *Moonshots for Europe* haben zudem ein schickes Canvas-Modell entwickelt, mit dem sich Moonshots gemeinsam im Team erarbeiten und diskutieren lassen.

#26 Fünf-Kräfte-Prinzip: Armdrücken mit disruptiven Angreifern

⮑ Der digitale Wettbewerb in jeder Branche wird durch fünf Kräfte bestimmt.
⮑ Seien Sie sich bewusst: Disruptive Angreifer halten sich beim Armdrücken an keine Spielregeln!
⮑ Digitalisierung schafft immer schneller Substitute.

Den Begriff des Armdrückens kennt man aus dem Sport, im Wettkampf heißt er Arm Wrestling. Am bayerischen Wirtshaustisch ist er für »g'stand'ne Mannsbuider« neben dem noch etwas subtileren Fingerhakeln eine probate Methode, die Kräfte zu messen. Wenn dabei bereits bierumnebelte Köpfe eine Rolle spielen, kann das ganz schön hitzig ausarten. Und das sieht so aus: Zwei »Kämpfer« sitzen sich an einem (möglichst) hölzernen Tisch gegenüber. *Wikipedia* erklärt das so: Beide setzen den Ellbogen eines Arms auf den Tisch, strecken die Hand nach oben und reichen sich die Hände. Auf ein Startkommando hin versuchen beide, den Arm des Gegners auf die Tischplatte zu drücken. Die Ellbogen beider Teilnehmer müssen dabei stets auf dem Tisch liegen bleiben. Sieger ist, wer den Arm des Gegners so weit niederdrückt, dass dessen Handrücken die Tischplatte berührt. Mutet schon ein wenig archaisch an. Hat aber immer noch Liebhaber. Der siegreiche Platzhirsch lässt sich feiern. Der Verlierer zahlt die Lokalrunde.

Das Kräftemessen mit disruptiven Angreifern ist im Gegensatz zum Wirtshaus-Sport nicht ganz so spaßig. Sie halten sich an keine Regeln und punkten mit der Überrumpelungstaktik. Der Verlierer beim Armdrücken im digitalen Wettbewerb zahlt unter Umständen sogar mit seiner Existenz.

Kräftemessen: Der Wettbewerb in jeder Branche wird durch fünf Kräfte bestimmt

Das Fünf-Kräfte-Modell von Harvard-Professor Michael E. Porter ist auch in digitalen Zeiten ein guter Maßstab, um sich ein Bild davon zu machen, ob es prospektiv ist, einen neuen Markt anzupeilen oder welche (digitalen) Wettbewerbskräfte auf eine Branche einwirken.

Er sieht dabei fünf Kräfte (Forces) mit klärenden Fragen:
- Was treibt eine Branche an?
- Welche Kräfte stehen hinter den Entwicklungen auf dem Markt?
- Welche Mitbewerberintensität ist vorhanden?

Die damit erhobenen Erkenntnisse machen es auch einfacher, die digitale Transformation einer Branche und der digitale Wettbewerb innerhalb einer Branche strukturiert zu analysieren und zu verstehen. Dies ergibt einen guten Ausgangspunkt für die Herausforderung, die darin liegt, eine schlüssige Digitalisierungsstrategie zu entwickeln.

Die Digitalisierungsstrategien in der eigenen Branche verstehen und sich geschickt positionieren

Im Wirtschaftsklassiker *Wettbewerbsstrategie* (erstmals erschienen 1980) erklärt Michael E. Porter (1999), wie man die eigene Branche und seine Konkurrenten am besten analysieren kann. Seine Lehre revolutionierte damals die Methoden zur Marktanalyse. Heute ist es immer noch ein Standardwerk für Manager genauso wie für BWL-Studenten.

Das Five-Forces-Modell von Michael E. Porter stützt sich auf folgende Kräfte:
- Bedrohung durch mögliche andere neue Anbieter
- Rivalität unter potenziellen Mitbewerbern
- Gefahr von Ersatzprodukten, die gleiche Funktionen oder den gleichen Nutzen bieten
- Marktmacht und Verhandlungsspielraum der Abnehmer
- Marktmacht und Verhandlungsstärke der Lieferanten beziehungsweise die Abhängigkeit von diesen

Auf diese Weise lässt sich die Attraktivität einer gesamten Branche relativ einfach analysieren. Man macht deutlich, wie die Einflussfaktoren auf das eigene Branchensegment einzuordnen sind. Eine Branche ist in dem Maße attraktiv, wie gering sie bedroht ist. Unternehmer stehen in der Pflicht, die beim Monitoring ihres Marktumfelds erhobenen Erkenntnisse bei der Strategieplanung oder der Investitionsoptionen zu berücksichtigen, denn die Wettbewerbs- und Marktlage eines Unternehmens ist maßgeblich an der Bestimmung von Erfolg oder Misserfolg beteiligt.

BEIM ARMDRÜCKEN MIT DISRUPTIVEN NEWCOMERN GEHT ES UM SCHNELLIGKEIT, NICHT UM STÄRKE

Nicht selten münden die erhobenen Ergebnisse in eine nachgelagerte SWOT-Analyse, wo sie grundlegende Faktoren zur Einschätzung des externen unternehmerischen Umfelds bieten. Das (Gedanken-)Modell von Porter kann ebenso für eine strukturierte Analyse der aktuellen Situation im digitalen Wettbewerb einer Branche genutzt werden. Schauen wir uns diese Forces (Antriebskräfte) im Kontext der digitalen Transformation etwas genauer an!

Die erste Kraft: Bedrohung durch neue Anbieter

Im Kampf um Marktanteile verschärfen neu auf dem Markt agierende oder neu dazugekommene Konkurrenten den Wettbewerb. Neue Technologien erlauben es auch bisher unbekannten Playern, sich über disruptive Angriffe in Traditionsbranchen einzunisten wie ein Stachel im Fleisch. Die digitale Zeit hat die Karten neu gemischt, was gestern galt, kann heute obsolet sein. Der Wettbewerb in der Industrie hat sich vom ehemaligen Kampf unter Mitbewerbern sehr viel dynamischer weiterentwickelt. Radikale Ideen sind ohne gewachsenes Markt-Know-how heute viel besser umsetzbar. Disruptive Newcomer, die über eine digitale Plattformstrategie das bereits bestehende Angebot von Drittanbietern kapern, wie AirbnB in der Hotelbranche, Uber in der Taxi-Branche und Amazon bei Büchern, besetzen Leistungen, die noch vor wenigen Jahren rein auf dem klassischen Vertriebsweg an die Klienten gebracht wurden. Neueinsteiger tun sich heute leichter, weil die digitale Businesswelt die traditionellen Schranken und Grenzen durchlässig machte. Ein digital basiertes Geschäftsmodell kann mit weit weniger Kapital und Einsatz erhebliche Skaleneffekte generieren.

Die zweite Kraft: Rivalität unter den bestehenden Wettbewerbern
Unter digitalen Vorzeichen hat sich die Konkurrenzsituation im Wettbewerb modifiziert. Die digitale Transformation gibt neuen Geschäftsmodellen und Mehrwertstrategien die Bahn frei. Beispiel: Das klassische Girokonto wurde in seiner Attraktivität und Benutzerfreundlichkeit aufgewertet, als das Online-Banking auf den Plan trat. Dabei wirken Mehrfacheffekte: Das Produkterlebnis wurde gesteigert, die Personalkosten für das physische Bankgeschäft reduziert, progressive Kunden werden gebunden. Der Wettbewerbsvorteil liegt bei dem, der Vorreiter ist.

Die dritte Kraft: Bedrohung durch digitale Ersatzprodukte
Produkte aus verwandten Branchen können sich geschickt in die eigenen Reihen schmuggeln, so aufdringlich-unaufdringlich, dass das eigene Produkt ersetzt wird. Bisher analog genutzte Produkte und Dienstleistungen etwa können von digitalen Produkten geschluckt werden. Die Kompaktkamera alter Prägung hatte keine Chance gegenüber der Fotofunktion beim Smartphone. Der zwischen 2002 und 2005 erzielte Absatz von Digitalkameras sank von vormals 7,4 Millionen Einheiten auf 2,89 Millionen. Die Produktvorteile der digitalen Variante gaben der analogen keine Chance. Allerdings erlebt die Sofortbildkamera gerade wieder ein Revival.

Die vierte Kraft: Verhandlungsstärke der Abnehmer
Kunden streben in der Regel nach einer möglichst hohen Qualität zu einem möglichst niedrigen Preis. Das bekommen die verschiedenen Anbieter zu spüren. digitale Technologien greifen tief in das Kundenverhalten ein. Kunden stellen Forderungen nach aufsehenerregenden Innovationen, zumal sie über einen Informationspool verfügen, der ihnen auch über Bewertung und Feedback Macht verleiht. Der Gegenpol: Big Data. Der Einsatz von Big Data macht es möglich, dass digitale Frontrunner ungleich mehr Informationen und De-

tailwissen über ihre Kunden, deren Vorlieben und die Art der Verwendung der gewünschten Produkte erhalten.

Die fünfte Kraft: Verhandlungsstärke von Lieferanten

Lieferanten streben per se auch nach bestmöglichen Preisen und verkaufen vor allem auf engen Märkten an den, der am meisten zu zahlen bereit ist. Ein neuer Trend verschafft sich gerade Raum: Smarte Digitalisierungsstrategien erlauben den Anbietern, sich im Rahmen einer vertikalen Vor- oder Rückwärtsintegration breiter aufzustellen. Einzelhandelsdiscounter wie Lidl oder Aldi bieten seit einigen Jahren Brotbackautomaten an und graben den konventionellen Bäckereien im lokalen Umfeld, die vielleicht sogar bislang in den Filialen mit Mietverträgen präsent waren, das Wasser ab. Seit 2009 stattet der Einzelhandel-Discounter Aldi seine Filialen mit Brotbackautomaten für Standardbackwerk aus. Man mag sich über die Qualitätsverluste streiten – am Ende zählen für preisorientierte Kunden Ersparnis und Bequemlichkeit. Ebenso verhält es sich mit dem Bio-Trend, der – in einem sicherlich noch steigerungsfähigen Umfang – längst auch die Discounter erreicht hat.

Wie wirken sich die digitalen Möglichkeiten auf die fünf klassischen Wettbewerbskräfte aus? Was ist bei der eigenen Digitalisierungsstrategie in dieser Hinsicht zu bedenken?

Kurzer Methodenüberblick – Die Digital Five-Forces

Entlang der digitalen Wettbewerbskräfte einer Branche gilt es fünf Kernfragen zu klären:

1. Welche Chancen und Bedrohungen entstehen durch digitale Newcomer, die unser Geschäftsmodell disruptiv angreifen (könnten)?
2. Welche Chancen und Bedrohungen entstehen durch neue digitale Geschäftsmodelle (beziehungsweise Produkte und Services) unserer unmittelbaren Wettbewerber?
3. Welche Chancen und Bedrohungen entstehen durch neue, digitale Ersatzprodukte, die den Kunden mit Komfort und Neuartigkeit faszinieren?

4. Welche Chancen und Bedrohungen entstehen durch das veränderte digitale Kundenverhalten?
5. Welche Chancen und Bedrohungen entstehen durch neue, digitale Geschäftsmodelle unserer Lieferanten?

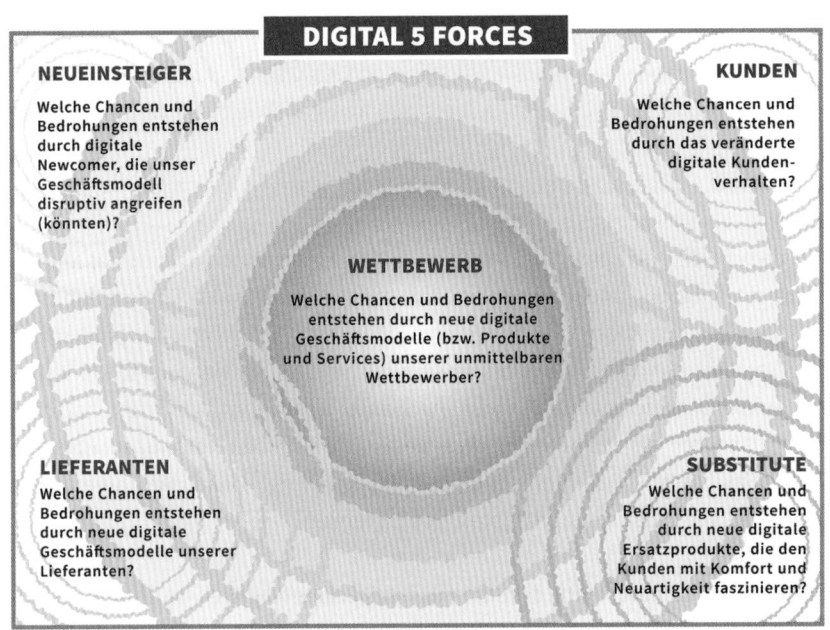

DIGITAL 5 FORCES

NEUEINSTEIGER

Welche Chancen und Bedrohungen entstehen durch digitale Newcomer, die unser Geschäftsmodell disruptiv angreifen (könnten)?

KUNDEN

Welche Chancen und Bedrohungen entstehen durch das veränderte digitale Kunden-verhalten?

WETTBEWERB

Welche Chancen und Bedrohungen entstehen durch neue digitale Geschäftsmodelle (bzw. Produkte und Services) unserer unmittelbaren Wettbewerber?

LIEFERANTEN

Welche Chancen und Bedrohungen entstehen durch neue digitale Geschäftsmodelle unserer Lieferanten?

SUBSTITUTE

Welche Chancen und Bedrohungen entstehen durch neue digitale Ersatzprodukte, die den Kunden mit Komfort und Neuartigkeit faszinieren?

#27 Blauer-Ozean-Prinzip: Urlaub in der unberührten Natur

➲ Gesättigte Märkte (Rote Ozeane) bieten keine Entwicklungschancen. Der Kampf um schrumpfende Marktanteile zermürbt.

➲ Gewinnen Sie mit Strategie und Köpfchen einen neuen, frischen Markt (Blaue Ozeane). Agieren Sie wie Christoph Kolumbus und entdecken einen neuen Kontinent, an dem bislang alle anderen Seefahrer vorbeigefahren sind.

➲ Digitale Frontrunner setzen auf transformationale Produkte.

Auf dem Berliner Wannsee ist an besonders schönen Sommertagen das Wasser nicht mehr blau, sondern bunt gefärbt von der Überzahl an Wasserfahrzeugen, Surfern, Paddlern, Tretbootfahren, Wasserski-Cracks, Ausflugsdampfern und Seglern. Dann kann es mühsam sein, sich durch die Menge der Aktivisten zu lavieren. Manchmal muss man die Route wechseln, manchmal hat man Sorge, angerempelt zu werden. Was treibt alle an? Das Vergnügen über die Wellen zu reiten – also ein beglückendes Erlebnis? Oder der Ehrgeiz, das schönste, schnellste, schnittigste Boot zu lenken?

Die Marktwirtschaft kennt ähnliche Konstellationen. Viele von Ihnen werden es erlebt haben: Sie segeln auf einem Markt, auf dem es von Mitbooten nur so wimmelt. Manchmal kentert eines davon, manchmal kapert ein Pirat Ihr Boot, das Sie doch so mühsam gezimmert haben, um es nun kraftvoll durch stürmische Gewässer zu führen. Manchmal kommt ein Neuling dazu, der besonders forsch die Wellen pflügt, und die Wellen schlagen hoch. Sie haben Mühe, sich zu behaupten und fühlen sich beinahe wie ein Karpfen im Haifischbecken. Keine gute Voraussetzung für Erfolg, denn kämpfen Sie nur noch darum, sich zu behaupten, haben Sie keine Chance mehr, der Erste und Beste zu sein. Die Gefahr wächst, in der Menge abzusaufen (respektive zu verschwinden). Zugegeben, der Wannsee hat Nimbus und Sogkraft. Weiter draußen in Brandenburg gibt es auch wunderschöne Naturseen mit kleinen

Marinas, die alles bieten, was das Wassersportler-Herz begehrt. Sie liegen schon mal abseits und unentdeckt. Die wenigen, die sie aufspüren, freut das natürlich. Manchmal pflegen diese Gewässer vollends den Dornröschenschlaf. Warum eigentlich?

Into the Blue – Schätze heben

In der Marktwirtschaft kennen wir ähnliche Konstellationen: Wer immer in einem Heringsstrom (im sogenannten Red Ocean = gesättigter Markt) mitschwimmt, hat wenig Chancen, aus dem Schwarm auszuscheren und sichtbar zu werden. Im Grunde geht es um eine ständige Kampfansage im digitalen Wettbewerb. Clevere Heringe wagen es, mit Chuzpe, frischen Ideen und kreativer Schaffenslust in Blue Oceans = unbekannte Märkte vorzustoßen. Die gleichnamige Strategie beschreibt einen plausiblen und nachvollziehbaren Weg, wie Sie mit Hilfe digitaler Lösungen selbst einen neuen Markt aus dem Boden stampfen, eine neue Nachfrage nach dessen Produkten generieren

BESETZEN SIE GEWÄSSER, AUF DENEN SONST NIEMAND FISCHT!

und damit Rentabilität und Wachstum schaffen. Ihre Begründer, Chan Kim und Renée Mauborgne, erkannten, dass es weit prospektiver ist, sich von einem etablierten, engen und durch austauschbare Produkte gekennzeichneten Markt zu lösen, bei dem es im Grunde nur um die Aufteilung zwischen bis auf die Zähne bewaffneten Konkurrenten geht. Viel mehr Freiraum genießen Sie, wenn Sie Ihr Wachstum in einem frischen, jungfräulichen und von Konkurrenten leeren Marktsegment mit neu angeregter Nachfrage suchen, wo keine Haie neben Ihnen schwimmen.

Die beiden Entwickler der Blue Ocean Strategy W. Chan Kim und Renée Mauborgne (2018) urteilen: »Die Konkurrenz lässt sich nur auf eine Weise schlagen: indem man aufhört, es zu versuchen.« Warum denken wir jetzt direkt an Apple und IKEA?

Wie geht der Blue Ocean Shift vor?

Den Blue Ocean müssen wir uns als einen weiten, tiefen, mit azurblauem Wasser und unendlich vielen digitalen Möglichkeiten und Potenzialen gefüllten Vulkantrichter vorstellen.

Die Blue Ocean Strategy empfiehlt,
- neue Märkte aufzuspüren oder zu erfinden und zu erschaffen,
- der Konkurrenz aus dem Weg zu gehen und so kraftkostende Scharmützel zu vermeiden, eine neu zu entwickelnde Nachfrage zu wecken,
- den verflixten Zusammenhang zwischen Nutzen und Kosten auszuhebeln,
- sich konsequent auf Differenzierung der Angebote und Kosten auf low level auszurichten.

Vier Strategien, um neue, digitale Märkte zu etablieren

1. Disruptive Innovation. Hier geht es darum, den vorhandenen Markt vollkommen umzukrempeln, indem Sie eine bahnbrechende, sensationell neue Technologie einführen oder ein radikal neues Geschäftsmodell aufsetzen und alles, was bisher war, in den Orkus schicken. Der österreichische Ökonom Joseph Schumpeter nennt es kreative Zerstörung.

2. Nicht-disruptive Neuschaffung. Hier sprechen wir von einer strategisch-konzeptionellen Weiterentwicklung von etwas Bestehenden, das bisher noch ein Schattendasein führte.

3. Der Zwischenweg: Neudefinition eines gelösten Problems. Ein bisher als gelöst geltendes Problem wird über digitale Features neu gedacht und neu gefasst (als einleuchtendes Beispiel gilt das volldigitale Küchenwunder Thermomix).

4. Identifikation eines neuen Marktsegments. Eine Produktlösung, die als erste ein bislang unberücksichtigtes Segment adressiert, wie seinerzeit Philips mit den Senseo-Kaffeepads.

Jede dieser strategischen Routen macht Sie fit, um in digitalen Welten zu reüssieren. Konzentrieren sollten Sie sich jedoch auf eine von ihnen.

Transformationale Produkte generieren neue Bedürfnisse und stechen in den azurblauen See

Sie erinnern sich an das kometenhafte Auftauchen der Digitalkamera? Den Höhenflug von Google Maps und IPod? Kinder der digitalen Zeit, die tief in unser Verhalten und unsere Gewohnheiten eingegriffen haben. Mathias Schrader nennt sie und andere Produkte, die unser Leben komplett veränderten, weil sie uns über eine hohe Benutzer-Relevanz abholen, transformationale Produkte. Sie kontrollieren die Nutzerschnittstelle, denn hier ist die meiste Wertschöpfung zu erzielen.

Der Wandel von Unternehmen und seine Hinwendung zu einem Markt werden augenfällig in digitalen Produkten, die einen Trend kreieren. Hier sorgt der Kundennutzen (etwa verbesserte Bildqualität, eine höhere Informationsdichte über reine Kartendienste hinaus) für neue und digitale Produktinnovationen. Aber – aufgepasst – transformationale Produkte nehmen sich keiner bekannten Bedürfnisse an, sie kreieren dieses Verlangen durch das Produkt selbst, denn es ist intuitiv für jeden Nutzer sinnvoll, verständlich und angenehm. Userfreundlich und einfach zu handhaben. Dass das IPod zum Begriff für den MP3-Player mutieren konnte, lag ausschließlich an der intuitiven Benutzerfreundlichkeit (vergleichbar dem Papiertaschentuch »Tempo«, das eine ganze Produktgattung prägte). Ihre leichte Anpassbarkeit sorgt für einen weiteren Mehrwert. Martin Ertl, Innovationsmanager der BMW AG hat es einmal trefflich artikuliert: »Unsere Herausforderung ist es, dem Kunden etwas zu geben, was er haben möchte, von dem er aber nie wusste, dass er es suchte und von dem er sagt, dass er es schon immer wollte, wenn er es bekommt.«

Transformationale Produkte schaffen Dauerbindungen – und das nicht ohne Hintersinn

Ihre intensive Nutzung ist das Zahnrad, um das sich ihre Daseinsberechtigung dreht. Je mehr Nutzungsqualität und Nutzenhöhe, desto steiler der Wert. Wenn Google Maps keine Nutzer hätte, die von sich aus dazu beitragen, dass sich der Informationsgehalt erhöht (über Fotos, Referenzen, Verkehrstipps, Staumeldungen), also User generated Content beisteuern, wäre dieser umfassende Informationsdienst nur halb so wirksam. Und nur halb so wertvoll.

Dass sich digitale Produkte sehr viel schneller von innen und von außen in ihrer Funktionsbreite verbessern und erweitern lassen, erzeugt einen immer breiteren Benutzerstrom, weil hier das Prinzip Gewohnheit durch Gewöhnung greift. Haben wir einmal die Benutzeroberfläche von digitalen Devices verinnerlicht, lassen wir uns nicht mehr davon abbringen. Dies führt dazu, dass die Nutzer ungebeten und freiwillig, von sich aus den Gebrauchswert enorm erhöhen. Der Produzent selbst kann sich freuen – sein Anteil reduziert sich, weil die Community mit an/in seinem Unternehmen arbeitet.

Benutzerkonten tun ein Übriges. Die komfortable Anwendung etwa bei Bestell- und Bezahlvorgängen, wenn wir auf vorgegebene Daten zurückgreifen können oder eine History unserer Bestellungen einsehen können, motiviert uns dazu, die betreffende Plattform als »unsere« zu betrachten. In der Folge suchen wir sie häufig auf. Das Benutzerkonto stellt auch den Dreh- und Angelpunkt für den Anbieter dar. Hier kann er die Kommunikation mit dem Benutzer intensiv pflegen und ihm weitere Produkte, die der Nutzer bisher noch nicht nachfragte, vorschlagen. Er erweckt Neugier und Verlangen, etwa bei Bücherkäufern, die nun angeregt werden, sich auch einmal mit Audibles oder E-Books zu beschäftigen. Die Gleichung ist simpel: Die Anzahl der Benutzerkonten ist der Treiber für den Wert der Plattform.

Zusätzliche Dienste führen dazu, dass die Kundenwahrnehmung sich verändert. Facebook bietet dafür ein schlagendes Beispiel: Intensivere Kundennutzung führte zu einer veränderten Erwartungshaltung. In diesem Fall zu einer

Integration von professionellen Profilen, gewerblichen und kommerziellen Darstellungen und schließlich folgerichtig auch zu Werbung und Produktkommunikation. Der Grundgedanke eines sozialen Netzwerks hat sich so ganz allmählich und schleichend gewandelt und im Bewusstsein der Besucher neu verdrahtet. Eine Art Gehirnwäsche. Und damit einher ging auch ein Wandel bei Wertschöpfung und Geschäftsmodell. Ein Wesensmerkmal, das transformationale Produkte ganz entscheidend von denen der traditionellen Güterwirtschaft abgrenzt.

Kurzer Methodenüberblick – Blue Ocean Shift

Zwei Tipps für Ihr weiteres Vorgehen, wenn Sie sich mit der Blue Ocean Strategy anfreunden wollen:

1. Boxenstopp: Digital Red or Blue Ocean?

In *Blue Ocean Shift: Jenseits des Wettbewerbs*, geben die Autoren W. Chan Kim und Renée Mauborgne (2018) sehr konkrete Durchführungshinweise, wie Sie sich als Unternehmen ganz konkret (mit Hilfe eines Strategie-Canvas) mit der Konkurrenz innerhalb Ihrer Branche vergleichen können. Sie erleben erhellende Erkenntnisse darüber, ob Sie in einem tiefroten Ozean schwimmen oder in einem blauen, jungfräulichen Gewässer besser zuhause wären, und Sie loten Ihre Möglichkeiten der digitalen Erneuerung aus.

2. Mit der Vier-Aktionen-Matrix verschiedene Blue-Ocean-Optionen für transformationale Produkte entwickeln

Nutzen Sie diese Matrix, um sich einen Fundus an Blue-Ocean-Optionen zu erarbeiten, die sich insgesamt, einzeln oder kombiniert, zu einer neuen digitalen Strategie runden. Fragen Sie sich:

1. Welche kostentreibenden Wettbewerbsfaktoren aus meiner Branche können durch digitale Technologien ersetzt und damit eliminiert werden? (Beispiel: Die niederländischen Hotelkette citizenM macht Luxusherbergen bezahlbar, indem sie kostenträchtige Faktoren wie Empfang, Concierge oder Chauffeurdienst abschafft)

2. Welche nutzerunfreundlichen oder Nice-To-Have-Faktoren können so reduziert werden, dass sie sogar unter dem Standard der Branche liegen? (Um Kosten einzusparen!)
3. Welche analogen und digitalen Faktoren sollten stattdessen über den Standard der Branche hinaus mehr ausgebaut werden?
4. Welche analogen/digitalen Faktoren können völlig neu kreiert werden, um neue Bedürfnisse und Erwartungen zu wecken? (Hier lohnt ein Blick auf komplementäre Produkte und Dienstleistungsangebote. Fragen Sie sich: Wo liegen die Knackpunkte im Kundenzyklus? Welche digitalen Zusatz-Benefits sind sinnvoll? Wie generieren wir ein transformationales Produkt?)

Ihr persönlicher Boxenstopp

Die zentrale Transformationsfrage:
Wie kommen wir vom Blindflug zur Punktlandung?

Welche ambitionierte Vision von der digitalen Zukunft verfolgen wir?
(Denken Sie an das *#25 Moonshot-Prinzip: Wer Visionen hat, sollte zum CEO gehen.*)

Welche Kräfte wirken im digitalen Wettbewerb auf uns ein?
(Anregungen aus dem *#26 Fünf-Kräfte-Prinzip: Armdrücken mit disruptiven Angreifern.*)

Wie positionieren wir uns im digitalen Wettbewerb?
(Hilfestellung aus dem *#27 Blauer-Ozean-Prinzip: Urlaub in der unberührten Natur.*)

10.
Kundenorientierung:
Vom technischen Feature
zum echten Kundennutzen

You've got to start with the customer experience and work back toward the technology – not the other way around.

Steve Jobs

#28 Ikarus-Prinzip: Wer zu hoch fliegt, wird tief fallen!

- ⮩ Ausufernde Ingenieursgläubigkeit und mangelhafte Kenntnis des Kundenkontextes führen zu einer Dissonanz zwischen etablierten Unternehmen und Kunden.
- ⮩ Design Thinking ist dazu angetan, die Dissonanz zwischen den Vorstellungen des Managements und der IT-Ingenieure zu überbrücken.
- ⮩ Dädalus und Ikarus führen uns vor Augen, wie man es nicht tun sollte: Wer zu hochfliegende Pläne hat, die ein zu großes Risiko bergen, und dennoch keine Warnsignale beachtet, kann tief fallen.

Dädalus, den wir als einen frühen Ingenieur bezeichnen können, warnte seinen Sohn Ikarus, bevor sich beide mit selbst gefertigten Flügeln in die Luft schwangen: »Flieg nicht zu flach über dem Wasser und nicht zu nahe an der Sonne! Beides lässt das Wachs schmelzen.« Gerade hatte er Flügel aus Federn mit Wachs zusammengeschweißt, mit denen er sich und seinen Sohn aus der Gefangenschaft des Königs Minos befreien wollte. Auf dem Luftweg, ein kühnes, ja waghalsiges Unterfangen. Aber was blieb dem Vater übrig? Dem Ingenieur ist ja bekanntlich nichts zu schwör. Der junge Luftikus allerdings hielt sich nicht an den Rat – er war wohl in der Pubertät – und fühlte sich von der Sonne so angezogen, dass er einem inneren Drang nach oben folgte. Das Ende ist bekannt.

Kommt Hochmut immer vor dem Fall?

Bleib lieber in der Sicherheitszone, Kind! Negativ betrachtet: Was bei Dädalus väterliche Umsicht war, wird von autoritären Instanzen nicht selten in der Absicht erteilt, sich zurückzuhalten und Risiken zu meiden. Das macht es für die »Führung« leichter, die eigenen Kinder, Bürger und Untertanen zu kontrollieren und die Oberhand zu behalten. Schildert man die terra incognita in schwärzesten Farben, kann man sicher sein, dass die meisten nicht nach ihr streben werden. Aber im Menschen steckt bekanntlich ein gutes Stück

Waghalsigkeit. Bedenken wir, was der Mensch in seinem ersten Lebensjahr bereits alles lernen muss. Er erlebt seine Geburt als Kraftakt und täglich, stündlich lernt er etwas dazu, ein Stück Arbeit, das als durchaus erschöpfend betrachtet werden muss. Dennoch – was bleibt dem Baby übrig?

Günter Grass' Romanfigur Blechtrommler Oskar erwies sich bereits in frühen Jahren als so autonom, dass er beschloss, ab dem dritten Lebensjahr nicht mehr zu wachsen. Es ist ihm gelungen. Dass aber nur die Körpergröße, nicht aber sein mentales und hormonelles Wachstum dieser Aufforderung folgten, zeigt, dass wir eben doch nicht ganz Produkt unserer Gene sind, sondern ebenso stark von unserem sozialen Umfeld geprägt werden. Immer schon gab es auf ihr Umfeld waghalsig scheinende Menschen, die Neues entdeckten oder erforschten und sich von möglichen Risiken nicht abhalten ließen. Wo wäre die Menschheit, wenn nicht? Auch die politischen Demagogen wussten sich dieses menschlichen Strebens – »zur Sonne, zur Freiheit« – zu bemächtigen. Aber ohne diesen unbezwingbaren Drang, das unmöglich Scheinende zu schaffen, existierte kein Fortschritt. Scheitern ist menschlich, sich auch mal bis auf die Knochen zu blamieren, auch. Aber wer aufsteht und es noch einmal versucht, weil er Sinn darin sieht, wird geachtet. Nur wer gegen die Natur anstürmt (Sonne lässt Wachs schmelzen, da gibt es keine physikalischen Zweifel), wird endgültig scheitern.

Allerdings existiert auch eine zweite Wahrheit: Nicht jede Technikerfindung ist erfolgreich!

Übermut und überbordende Ingenieursgläubigkeit bereitet den Boden für disruptive Angreifer

Die Technikgläubigkeit in Deutschland ist sprichwörtlich. Sie zeigt Wirkung und ist gleichzeitig hemmend. Der legendäre Steve Jobs betonte, dass »Technologie allein nicht genug sei«, sondern sie der Geisteswissenschaften bedürfe. Die in der deutschen Industrie angestammte Technikfixierung sei durchaus vorteilhaft, meint Autoexperte Stefan Bratzel von der Fachhochschule der Wirtschaft in Bergisch Gladbach. Sie könne allerdings auch zum

Problem werden. Dann nämlich, wenn sie »zulasten einer Umsetzungsorientierung geht, eines Blicks für das Machbare; wenn es einen kooperativen Führungsstil, die Bereitschaft, die Mannschaft zu motivieren, bremst.«

Das Ikarus-Prinzip will uns lehren, dass Übermut und überbordende Ingenieursgläubigkeit den Boden für disruptive Angreifer bereitet. Etablierte Unternehmen konzentrieren sich voll darauf, ihre etablierten Technologien stetig zu verbessern, um sich im hart umkämpften Markt mit differenzierten Lösungen abzuheben. Irgendwann ist eine Technologie aber so ausgereizt, dass der hohe Entwicklungsaufwand in keinem Aufwand steht zum Mehrwert, den der Kunde empfindet (Welcher Privatfotograf braucht wirklich die heute üblichen zwanzig Megapixel?). Der Punkt ist erreicht, an dem ein disruptiver Urknall droht. Was auf Wolke Sieben schwebt, kann vom Kunden oft nicht mehr wahrgenommen und goutiert werden. Wer zu weit weg von seinen Kunden agiert, wird irgendwann zwangsläufig und äußerst unsanft auf den harten Boden der Tatsachen zurückgeworfen. Er entkoppelt sich selbst von Kunden und Markt.

Werden Unternehmen lange Jahre oder gar Jahrzehnte vom Erfolg verwöhnt durch eine konstante Marktführerschaft, kann dies hormonelle Blackouts und einen technologischen Dämmerschlaf auslösen. Die Innovation, die das eigene Produkt überflüssig macht, lauert latent bereits hinter der nächsten Kurve. Leider ist es Usus: Etablierte Unternehmen haben die riskante Neigung, sich darauf zu verlassen, was ihnen im täglichen Geschäftsleben Erfolg einfuhr. Sie schweben hoch hinaus – und entfernt von der Realität und den wahren Marktgegebenheiten. Das macht den Weg frei für Neueinsteiger, die aus dem Nichts auftauchen und mir nichts, dir nichts den Markt kapern und alteingesessenen Konkurrenten eine lange Nase zeigen.

Wie gelingt agilen Usurpatoren dieses Bravourstück?

Tief in ihrem Erfolgsdenken verwurzelte Unternehmen unterschätzen und verkennen disruptive Innovationen und erkennen sich abzeichnende Tendenzen nicht oder zu spät. Disruption zielt klar und gnadenlos auf Umbruch – innerhalb eines gesamten Marktsegments oder einer ganzen Branche. Märkte wachsen aus dem Nichts, immer und immer wieder, durch die Chuzpe und Agilität von Einsteiger-Unternehmen. Die Etablierten lassen sich überrumpeln wider bessere Vernunft. In letzter Sekunde retten sie sich gerne in eine Aufwärtsmigration, um auf profitableren Märkten nach Premium-Kunden zu fischen. Dort allerdings befinden sie sich in einem luftleeren Raum, in dem man Produkte vorfindet, die von den Kunden nicht mehr gewünscht werden.

KONSTANTE MARKTFÜHRERSCHAFT FÜHRT ZU HORMONELLEN BLACKOUTS UND TECHNOLOGISCHEM DÄMMERSCHLAF

Dieses Over-Engineering gleicht dem Höhenflug des Ikarus vollkommen. Ein Vakuum am unteren Ende des Marktes ermuntert disruptive Innovatoren, sich dort anzusiedeln und die Marktpositionen der ehemals etablierten Unternehmen zu kapern (nachdem sie diese von ihren angestammten Plätzen entfernt haben). Und noch bizarrer: Eigentlich hätten die Etablierten das Potenzial, nicht nur gegenzuhalten, sondern den Markt zu dominieren. Doch sie geben sich rasch und ohne Gegenwehr geschlagen. Beinahe unbemerkt. Unterschätzen wir daher nicht die latent explosive Kraft der fortschreitenden Digitalisierung, die sich mit innovativem Potenzial aufrüstet.

Clayton M. Christensen beschrieb dies erstmals in seinem Bestseller *The Innovator's Dilemma* (erschienen 1997 im Harvard Business Press Verlag). Noch heute ein grundsätzliches Werk mit hohem Einfluss auf Managementforschung und Führungspraxis.

Was macht die innovativen Lösungen der Einsteiger so attraktiv?

Sie profitieren von einem Knalleffekt. Bislang nicht bekannte oder nicht beachtete Features und Leistungskriterien – etwa eine leichtere Bedienbarkeit von technischen Devices, anwendungsfreundlichere Nutzung oder eine vereinfachte Bedienung, überzeugende Kostenfaktoren – all das punktet.

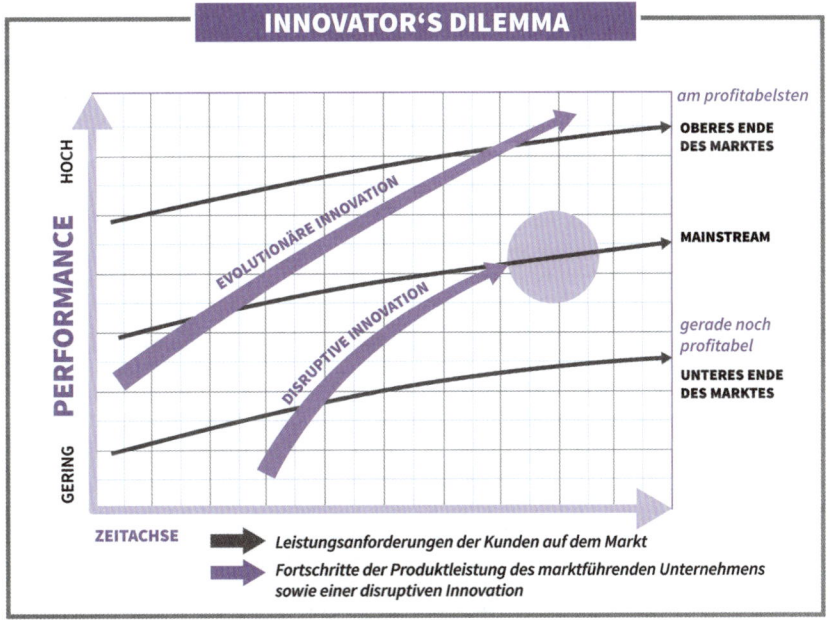

Quelle: In Anlehnung an Christiane Horst (2018) in Anlehnung an Christensen (1997)

Beispiel: Digitalkamera. Sie generierte ein neues Bedürfnis: Anders als das analoge Gerät versetzt sie die Nutzer in die Lage, ihre Bilder sofort anzuschauen und digital zu bearbeiten.

Merkpunkte: Was ist für die etablierten Unternehmen gefährlich?

- Neue Technologien entwickeln sich schneller als der Bedarf nach Neuem auf dem Markt.
- Etablierte Unternehmen neigen zu »Overengineering«.
- Ein Marktvakuum für einfache, komfortable Produkte wächst.
- Disruptive Innovationen sind verständlicher, einfacher handhabbar, meist billiger, komfortabler.

- Den Qualitätsanforderungen des Premiummarktes etablierter Hersteller genügen sie zwar nicht, aber sie überzeugen und punkten mit einem neuen durchschlagenden Nutzenkern.
- Weiter ausgebaut, erfüllen sie rasch die Mindestanforderungen auf dem Massenmarkt.
- Etablierte Unternehmen sitzen die heikle Situation aus, bis sie überrollt werden.

Wie geht Disruption?
- Finde das Marktvakuum, das Branchenführer durch »Overengineering« erzeugen
- Verbünde Dich mit den »Nicht-Kunden« in diesem Markt, für die die »overengineerten« Produkte viel zu teuer, zu kompliziert und überdimensioniert sind!
- Spüre neue, unerfüllte Kundenwünsche in dieser Nische auf.
- Arbeite laufend an der Entwicklung der Technologie.
- Erkenne rechtzeitig, wann die disruptive Innovation die Mindestanforderungen im Massenmarkt erfüllt und überhole von rechts!

Etablierte Marktführer bauen auf ihr langjähriges Wissen und die in Mengen gesammelten Kundendaten. Sie wissen ziemlich genau, welche Produkte für Interessenten attraktiv sind und wie lange diese auf der Website verweilen, wo und wie lange und mit welchem Resultat. Das verrät zwar eine Menge über die Historie, wenig jedoch über die Hintergründe ihres Verhaltens. Technologien und Datenwissen liegen etablierten Unternehmen oft mehr am Herzen als die emotionale Lage ihrer Kunden. Doch was eine Kaufmotivation auslöst oder verhindert, was erklären könnte, warum sich Kunden so verhalten wie sie es tun, kommt in ihrem Repertoire nicht vor.

Eine fatale Folge können wir am Beispiel Sony erkennen: Als Apple den bereits bekannten MP3-Player als erstes Unternehmen mit einem integrierten Online-Musik-Shop (iTunes) ausstattete, hätte Konkurrent Sony gegenhalten müssen. Aber der Spezialist für Walkman und Diskman vertraute weiter seinen guten Verkaufszahlen von gestern und vorgestern und kümmerte sich wenig um die Beweggründe der aktuellen Kunden respektive um den Kontext von Kaufentscheidungen. Über den Schritt, Musik unterwegs hören zu können, waren die Käufer allerdings bereits weit hinaus. Sie fanden es interessant, auch unterwegs Musik zu kaufen.

Für den Software-Unternehmer und Buchautor Alan Trefler (2015) sind Daten nur Erinnerungen, die das WER identifizieren. Diese Erinnerungen können aber zu gefährlichen Fehleinschätzungen führen.

Was sagt uns die Ikarus-Story noch? »Die Erfindung gelang, der Flug misslang.« Eine technische Erfindung macht noch lange keine erfolgreiche Innovation. Die Erfindung ist dann erst erfolgreich zu nennen, wenn der Markt aus dem Häuschen ist und nicht (nur) der Entwickler.

Auf anderen Wegen: Der tiefe Graben zwischen Technikern und Nutzern produziert unbrauchbare digitale Lösungen

Trefler erklärt dies an der Art, wie heute digitale Lösungen ertüftelt werden. Die Direktiven gehen von der Leitung (Unternehmer, Manager) aus, der IT-Ingenieur baut die Lösung zusammen. Manager zielen explizit auf komplexe Lösungen, die sich gerne als realitätsfern erweisen. Dass sie das Tor (beim Elfmeter) dabei verfehlen, fällt ihnen nicht auf. Techniker und Ingenieure wiederum haben wenig oder gar keine Ahnung von Kundenbedürfnissen. Oft sind sie visionär und technikverliebt, was mit dem Faktor Benutzerfreundlichkeit nicht eben kongruent sein muss. In der agilen Arbeitswelt findet sich die Brücke zwischen Management und IT-Abteilung im Modell des Design Thinking. Zugegen – wir bedienen hier auch zu unrecht Klischees.

Kurzer Methodenüberblick – Design Thinking

Arbeiten Sie oder Ihre Teams im Modus Design Thinking, gehen Sie systematisch an komplexe Problemstellungen aus allen Lebensbereichen heran und versuchen, sich die Denk- und Herangehensweise von Designern anzueignen. Blicken wir in Wissenschaft und Technik, erkennen wir, dass sich hier alles um die technische Lösbarkeit von Aufgaben geht. Arbeiten wir im Design Thinking, beschäftigen wir uns zentral mit den Nutzerwünschen und Bedürfnissen der intendierten Zielgruppen und orientieren uns bei Innovationen strikt an den Bedürfnissen der späteren Nutzer. Wir verstehen uns als die ersten Anwender des neuen Prototyps, der erste Erkenntnisse zur Anwendbarkeit gibt und in der Praxis getestet werden sollte. Dort eben, wo sich die neuen Ideen und Produkte bewähren sollen. Auf drei essenzielle Komponenten müssen wir dabei besonders achten: Technologische Machbarkeit, wirtschaftliche Tragfähigkeit, Akzeptanz bei den Menschen.

Design Thinking Prozess

Der Design Thinking Prozess ist in Charakter und Ablauf dem stufenweisen Arbeitsprozess entliehen, dem Designer intuitiv folgen. Teams bewegen sich in iterativen Schleifen durch fünf aufeinander folgende und aufeinander aufbauende Phasen: Verstehen – Beobachten – Sichtweise definieren – Ideen finden – Prototypen entwickeln und testen.

Mehr Futter fürs Gehirn gibt's hier

Clayton M. Christensen (1997): The Innovator's Dilemma. When New Technologies Cause Great Firms to Fail. Harvard Business Review Press, Brighton, USA.

Michael Lewrick; Patrick Link; Larry Leifer (2018): The Design Thinking Playbook. Mindful Digital Transformation of Teams, Products, Services, Businesses and Ecosystems. Wiley-VCH, Weinheim.

Alan Trefler (2015): Der Bauplan für den digitalen Wandel. Wiley-VCH, Weinheim.

#29 Empathie-Prinzip: Mit dem Herzen sehen, das Wesentliche ist für die Augen unsichtbar

- ⮑ Stärken Sie Ihre Empathiefähigkeit und werden Sie zum Kunden-Versteher!
- ⮑ Nur wer die Jobs seiner Kunden herausfindet, kann die passenden digitalen Produktlösungen und Dienstleistungen entwickeln.
- ⮑ Die Königsdisziplin: Funktionale, emotionale und soziale Beweggründe und Ziele, die Kunden bei der Lösung ihrer Bedürfnisse bewegen, erkunden und priorisieren.

»Man sieht nur mit dem Herzen gut. Das Wesentliche ist für die Augen unsichtbar.« Dieses Bonmot des kleinen Prinzen im beliebten Werk von Antoine de Saint Exupéry berührt die Menschen immer noch und schmückt unzählige Gruß- und Glückwunschkarten. *Der kleine Prinz* gehört neben Bibel und Koran zu den meistübersetzten Büchern der Welt und erzählt die Geschichte eines Piloten, dem nach einer Bruchlandung in der Wüste besagter Prinz mit blonden Locken, Fliege und Schlaghose begegnet. Die Botschaft des französischen Schriftstellers und Piloten ist so simpel wie anspruchsvoll: »Höre mehr auf Dein Herz!« Das Herz ist unser wichtigstes Lebensorgan. Es ist der Ort, an dem unsere Leidenschaften zuhause sind und an dem wir unbewusst unsere Entscheidungen treffen. Mit dem Herzen lenken wir quasi unser Leben.

»Gefühl ist alles«, konstatiert auch Dr. Faust. – Tja, gab es da nicht auch eine Kehrseite, Gretchen?

Wenn es darauf ankommt, entscheiden wir aus dem Herzen. Zu einem hohen Grad emotional. Unbewusst. Getroffen von einem subkutanen Reiz, der vom Anbietenden ausging und in uns ein bestimmtes Bedürfnis hervorkitzelt oder ein vorhandenes festigt und autorisiert. Zielgruppenorientierter Content hat in Zeiten von Suchmaschinen janusköpfig zu sein – einerseits soll er die gefräßigen Google-Monster mit den passenden Happen füttern, andererseits im

User ein emotionales Erlebnis triggern. Wer sich in die Problemlage seiner Zielgruppen hineinfühlen kann, wer das drängendste Problem und Bedürfnis identifiziert und dafür auch eine glaubhafte und nachvollziehbare, daher attraktive Lösung bietet, wird als sympathischer und authentischer Problemlöser wahrgenommen. Das trägt Pluspunkte ein.

Ohne Empathie wären wir nichts! Empathie lässt uns überleben und das erhalten, was der Mensch als soziales Wesen vom ersten eigenen Atemzug – genauer bereits pränatal – benötigt: Beziehung, Kontakt, Gespiegelt werden. Ohne dies würden Babys verkümmern und sich ihrer eigenen Identität nicht bewusst werden. Im Geschäftsalltag kann Empathie dazu befähigen, in die Herzen und Gedanken, Motive und Merkmale ihrer Zielgruppen hineinzuspähen, was für ein gewisses Einfühlungsvermögen spricht. Insoweit dieses mit strategischem Geschick und taktischer Vorgehensweise verbunden wird und eine gewünschte Reaktion erfolgt.

Wir reagieren auf das, was anderen Menschen widerfährt, mit Gefühlen wie Mitgefühl, Hilfsbereitschaft, Betroffenheit, wir werden berührt vom Schmerz und von Schicksalsschlägen, die andere erleben. Dies ist die reine Lehre. Vorausgesetzt, wir verfügen über eine stark ausgeprägte Fähigkeit zur Selbstwahrnehmung und sind bereit, diese auch anzuerkennen und auszuüben. Je stärker ausgebildet dieses Potenzial in uns ist, desto deutlicher können wir die Gefühle der anderen erkennen und einschätzen. Empathie spielt ihre Stärke in vielen Disziplinen aus – von der Psychotherapie bis zu Physiotherapie und Medizin, Pädagogik, Marketing, Kommunikation und Management.

Erfolg hat, wer den Job und die Gefühlslage seiner Kunden versteht

»Frauenversteher« nennt die Ironie gerne Männer, die sich Frauen gegenüber (nicht selten forciert oder taktisch) besonders einfühlsam und verständnisvoll zeigen. Sie haben keine Scheu, Gefühle erkennen zu lassen und darüber zu reden. Der Frauenversteher ist quasi der Gegenpart zum machohaften Muskelprotz und Haudegen.

Im Business, zumal verstärkt in Zeiten der digitalen Transformation, wenn Geschäftsmodell, Unternehmenskultur und Firmenphilosophie, Produktlösungen und Organisation auf dem Prüfstand stehen, tun Geschäftstreibende gut daran, die analogen Pfade nicht ganz zu verlassen. Wer punkten will mit Produkten oder Dienstleistungen, muss in das Leben und die Bedürfnislage seiner intendierten Kunden einen geradezu intimen Einblick gewinnen. Denn: »Das Wesentliche ist für unsere Augen unsichtbar.« Erst dann können die (digitalen) Lösungen so ausgerichtet werden, dass ihre Vorzüge für den Käufer und Klienten Vorteile, Nutzen, Verbesserungen, einen Sprung nach vorn bieten. Den »Mehrwert« einer geplanten Innovation zu erfassen, setzt voraus, dass man tief eindringt in die Problematiken der Kunden. Je subtiler das Verständnis, desto wirkungsvoller (im Sinne von nützlich und attraktiv) werden die Features und Merkmale der neu zu entwickelnden Angebote sein.

EIN DIGITALES PRODUKT IST DANN ERFOLGREICH, WENN DER MARKT AUS DEM HÄUSCHEN IST UND NICHT (NUR) DER ENTWICKLER

Kein leichter Job, der mit dem Jobs-to-be-done-Ansatz (JTBD) von Clayton M. Christensen an Schrecken verliert. Im Kern von Jobs-to-be-done steht die einfache Frage: »Warum soll der Kunde dieses Produkt beziehen? Wofür ist es ihm wichtig? Welche Aufgaben möchte der Kunde erledigen und welche Herausforderungen hat er dabei? Welche Möglichkeiten kauft er sich damit?«

Welches Geheimnis steckt (auch) hinter dem ungebremsten Grillboom? Wir wollen kein Steak, sondern das Brutzeln erleben. Kein Kunde kauft nur aus Jux und Tollerei einen Spaten, sondern die Vorstellung von einem gepflegten Gärtchen, in dem Vögel zwitschern und Tulpen blühen. Das Bedürfnis nach Idylle wird damit befriedigt, die Anmutung von Qualität und Schönheit, die man sich verwirklicht. Um diese Vorstellung Realität werden zu lassen, hat der Kunde einen Job: Mit dem Spaten das Blumenbeet im Garten ausheben. So erklärt sich auch die Bezeichnung »Jobs-to-be-done«: »Customers don't just buy products, they hire them to do a job«, so Christensen (2017). Ich würde vervollständigen:»Um sich eine kleine Sehnsucht zu erfüllen, einen Traum, einen Wunsch.«

Christensen prägte ja bekanntlich auch den Begriff der disruptiven Innovation:»Die Jobs-to-be-done-Theorie ist nicht bloß ein neues Konzept oder eine neue Marketing-Methode, sondern eine neue Linse, die bei einigen der erfolgreichsten und transformativsten Organisationen der Welt – in völlig unterschiedlichen Bereichen – bahnbrechende Innovationen vorangetrieben hat.«

Bei digitalen Lösungen sind die Abnehmer von Produkten oder Dienstleistungen meist überfragt, wenn sie innovative Lösungen in der Zukunft beschreiben sollen. In der Regel befinden sie sich mental noch im aktuellen Status. Schon Henry Ford formulierte:»Wenn ich meine Kunden gefragt hätte, was sie wollen, hätten sie sich ein schnelleres Pferd gewünscht.« Er erkannte, dass man Pferd durchaus mit Fahrzeug gleichsetzen kann, weil es die Grundqualität bezeugte: Komfortable Fortbewegung durch Pferdestärke.

Dagegen ist ihnen in der Regel sehr wohl bekannt, bei welchen Jobs oder Problemen sie sich mehr Unterstützung wünschen, welche Vorteile es bringen soll, was sie gerne anders hätten, was bleiben sollte. Oder wo es überhaupt noch keine Lösungsansätze gibt. Neue Entwicklungen, die wirklich ankommen, bedürfen der detaillierten Beobachtung und Befragung und empathischen Auswertung der Kundenbedürfnisse. Nur wer die zu erledigende Aufgabe und den Entscheidungsprozess bis zur Beauftragung einer Lösung kennt, kann bedeutsame Innovationen entwickeln.

Einfacher als mit JTBD ist erfolgreiche Produktentwicklung nicht zu bewerkstelligen.

So ticken die Kundenbedürfnisse: Funktional, emotional oder sozial

Wir unterscheiden zwischen vordergründigen direkten und eher verborgenen indirekten Zielen, die letzteren kennen wir oft selbst nicht. Warum kaufe ich ... obwohl ... Gerade die indirekten Beweggründe sind die entscheidenden. Lediglich durch intensives Einfühlen können wir sie herausfinden. Beispiel Airbnb: »Die neue Art zu reisen« – Übernachten in den privaten vier Wänden von Unbekannten. Dem auf diese Weise Reisenden geht es weniger um Kostenersparnis, sondern um das außergewöhnliche Erlebnis, ein Land, eine Stadt, eine fremde Kultur durch die Augen eines Einheimischen zu entdecken und sich in einer fremden Lebenswelt einzunisten. Finden Sie die geheimen Ziele und Wünsche, lassen Sie diese in Innovationen konkret werden, bleibt der Geschäftserfolg nicht aus. In diesem Kontext gehört auch die Frage nach den Gründen, warum ein Produkt nicht gut ankommt oder erst gar nicht gekauft wird. Vielleicht bietet es einfach zu wenig Angriffsfläche für die indirekten Ziele des Kunden?

Ein starker Indikator dafür, dass der Kunde eine sehr dringliche Aufgabe zu lösen hat, für die er noch keine zufriedenstellende Lösung gefunden hat, sind improvisierte Lösungen der Marke »Eigenbau«. Wer solche Aufgaben identifiziert, ist in jedem Fall auf einer heißen Spur.

Lösungsorientierung – der frühzeitige Innovationskiller

Technische Innovationen werden zu erfolgreichen digitalen Produkten und Services, wenn wir die Reason why, das dahinterstehende Warum kennen. In Kundengesprächen und gezielten Befragungen müssen wir uns daher von vorgedachten Meinungen lösen und Augen und Ohren offenhalten für subkutane Botschaften und Reize. Offen sein für Bedürfnisse, selbst wenn sie uns zunächst nicht erklärlich sind. Auch der Me-too-Effekt zieht Entscheider gerne auf eine falsche Fährte. Messeneuheiten oder spektakuläre Entwicklungen werden imitiert, ohne dass sie nach den produktimmanenten Vorteilen abgeklopft werden.

Erfolgversprechend ist es, in die Erwartungshaltung der Nutzer zu schlüpfen, sich vorzustellen, welche Probleme und Wünsche bei der Nutzung auftreten könnten respektive diese erfragen und hinterfragen und dann hingehen und das neue digitale Produktlösung aus der Kundenperspektive heraus entwickeln.

Mit Job-Storys Kundennutzen schaffen

Job-Storys bringen auf den Punkt, welche Aufgaben eine Lösung für den Nutzer erfüllen muss und in welchen Situationen sie helfen. Damit stellen wir sicher, dass das digitale Produkt oder der Service real existierende Kundenaufgaben anspricht und löst.

Job-Storys formuliert man ganz einfach auf der Schiene »Situation« (wenn ich ... was ... machen will), »Motivation« (erwarte ich ...), »Resultat« (damit ich das oder das erziele).

Kurzer Methodenüberblick – Jobs-to-be-done-Ansatz

1. Schritt: »Warum?«

Funktionale, soziale, emotionale Bedürfnisse innerhalb des Anwendungskontextes orten, die mit besonderen Aufgaben und Jobs verbunden sind. Funktional steht für »Problemlösung«, sozial für »Status«, emotional für »Grundbedürfnisse«. Bringen Sie diese in eine Rangfolge.

Fragen, die Sie sich stellen sollten:
- Welche funktionalen Jobs oder Aufgaben möchten die Kunden erledigen? (ein Problem lösen)
- Welche sozialen Jobs oder Aufgaben möchten die Kunden erledigen? (Macht, Status, Nachhaltigkeit)
- Welche Grundbedürfnisse/emotionalen Jobs will der Kunde befriedigen? (Sicherheit, Wohlgefühl)

2. Schritt: Wo liegen die Schmerzpunkte (Pain Points)?

Ermitteln Sie die Aufgaben, die Kunden mittels Ihrer Produkte zu lösen haben, reflektieren Sie über negative Punkte, die aus Kundensicht auftreten könnten (Emotionen, Kostenfaktor, Komplikationen), Risiken, Herausforderungen, Mängel) und das Kunden-Mindset beeinflussen könnten.

3. Schritt: Welche Erwartungen hat der Kunde (Gains)?

Diese sollten Sie möglichst detailliert nach Zeit-, Finanz-, Aufwandsfaktoren benennen, nach emotionalen und anwendungsbezogenen Erleichterungen und Benefits (wie mache ich meinen Kunden bei diesen Aufgaben das Leben leichter? Wovon träumen diese?) Priorisieren Sie Ihre Erkenntnisse. Als visuelle Arbeitshilfe dient dazu auch die Value Proposition Canvas.

4. Schritt: Formulieren Sie direkte und indirekte Ziele des Kunden als Jobstorys

5. Schritt: Fragen Sie sich »Warum kaufen Kunden nicht?« (non consumption)?

Welche Antworten fallen Ihnen aus Kundensicht dazu ein? Denken Sie dabei an Alternativen, die Kunden statt Ihrer Produkte bevorzugen. Und warum? Welche Ziele und Erwartungen matchen Konkurrenzprodukte besser?

> **Mehr Futter fürs Gehirn gibt's hier**
>
> Clayton M. Christensen (2017): Besser als der Zufall: »Jobs to Be Done« – die Strategie für erfolgreiche Innovation. Plassen, Kulmbach.
>
> Alexander Osterwalder; Yves Pigneur (2015): Value Proposition Design. Entwickeln Sie Produkte und Services, die Ihre Kunden wirklich wollen. Campus, Frankfurt am Main.

#30 Customer-Experience-Prinzip: In den Mokassins der Kunden Produkte entwickeln

- ➲ In die Mokassins des Idealkunden zu schlüpfen, heißt die Reise zwischen Kaufwunsch und erfolgtem Kauf in kleinen Streckenabschnitten selbst zu verfolgen und nachzuempfinden. Das macht authentisch und – erfolgreich!
- ➲ Sich in die idealtypische Zielpersonen intensiv einzufühlen und ihre Beweggründe auf der Basis von gesammelten Daten und anderen Informationen nachzuempfinden, führt zu einem gesteigerten Beziehungsverhalten zwischen Interessent/Kunde und Unternehmen.
- ➲ Von gleicher Bedeutung ist es, sich in den Informationskanälen zu bewegen, in denen Ihr Idealkunde mit Vorliebe schwimmt.

Tante Emma und ihre Follower! Wie war Einkaufen früher noch einfach – wenn auch begrenzter in den Möglichkeiten. Meldete sich der kleine oder große Hunger oder war es der Tag der Wocheneinkäufe, ging man los in die Läden seines Vertrauens und arbeitete sich anhand von mehr oder weniger sorgfältig erstellten Einkaufslisten durch das Warenangebot. Am Ende befand sich meist das Gewünschte – und leider oft noch einiges mehr – im Einkaufswagen, der sich der Kasse näherte. Dazwischen lag vielleicht ein kleiner Schwatz mit dem Verkäufer an der Wursttheke oder dem Nachbarn, dem man zwischen den Regalen begegnete. Ähnlich verhielt es sich, wenn es Winteranfang oder Sommereinbruch notwendig machten, die vorhandene Garderobe modisch aufzustocken. Und so weiter mit Geschenken, Hausrat und neuer Wohnungseinrichtung, größeren Anschaffungen. Der Weg von zuhause zum Warenkorb war die Strecke, auf der sich Wünsche konkretisierten, um sich vor Ort zu materialisieren. Tauchten zuhause Zweifel an der Richtigkeit des Kaufs oder Investments auf, kamen Umtausch oder – bei nicht erfülltem Verkaufsversprechen – Rückgabe infrage. Gegen Gutschrift, die man dann wiederum bei einem nächsten Besuch einlöste. Die Verbindung zwischen Käufer und

Verkäufer (Einzelhandel) war eng, und das schuf Vertrauen. Die Werbung tat ein weiteres, wenn es um Marken ging – einmal Omo, (fast) immer Omo.

Tante Emma und die frühen Offline-Warenparadiese – Supermärkte, Kaufhäuser, Großmärkte, Discounter – fragten nicht wirklich nach, ob ihre Käufer auch in den Genuss eines Verkaufserlebnisses kamen. In der Folge karger Zeiten ging es um Bedarfsbefriedigung, um körperliche wie materielle Sättigung. Das Unternehmerinteresse war auf Umsatz und Wachstum ausgerichtet, Kundenbindung strebte man mit Rabattmarken, Sonderaktionen, Preisausschreiben, Coupons an und der persönliche Kontakt und die Kenntnis von den Bedürfnissen, Interessen, Sehnsüchten oder Macken der Kunden wurde noch nicht von Algorithmen verwaltet. Eine Analyse des Kaufverhaltens vom Aufscheinen des ersten Kundeninteresses bis zum Vertragsabschluss an der Kasse existierte nur rudimentär.

Die aus heutiger Sicht begrenzte Warenwelt schuf eine Käufertreue, die heutzutage nur wenigen Marken gelingen will. Nicht nur die Diversität der Produkte, sondern auch die ins Kraut geschossenen Verkaufschannels und Vertriebsfunnels sind Segen und Fluch zugleich. Auch die Nicht-Unterscheidbarkeit von Gleichen unter Gleichen verführt Käufer zu einem sprunghafteren Verhalten. Charakteristika, die perfekt markenspezifisch waren, sind nicht mehr entscheidend, vielmehr wünschen sich Kunden ein Kauferlebnis, das neben der Produktqualität eine gefühlte Unverwechselbarkeit bietet, die den entscheidenden Impuls auslöst. Menschen wünschen sich in einer verwirrenden Zeit Orientierung und Halt über das Geborgenheitsgefühl, das sie an möglichst jedem Kontaktpunkt mit dem Unternehmen erleben.

Was Customer Experience und die Barfrau gemeinsam haben

Das Erlebnis, dass ein Kunde auf seiner Reise (neudeutsch auch Customer Journey genannt), vom ersten Kontakt – heute vielfach Online – bis zum Kauf und After-Sales-Service durchläuft, ist geradezu intim und hat seitens der Marke die Funktion einer Barfrau: »Sehnsüchte wecken, alles versprechen und dann mal schau'n, was man einhalten kann.«

Die Sehnsüchte und Wünsche, die unbefriedigten Bedürfnisse, die drängendsten Fragestellungen sind an der Bartheke öfters vorzufinden als im restlichen Alltag. Eine gewiefte Barkeeperin nimmt viele Funktionen wahr, zu denen nicht zuletzt die Anteilnahme eines Telefonseelsorgers gehört. Ist sie gut darin, wird sie für den Besucher an der Theke fortan unentbehrlich sein.

DIE MARKE ÜBERNIMMT IN DER REISE DES KUNDEN DIE FUNKTION EINER BARFRAU. HÄLT SIE AM ENDE, WAS SIE VERSPRICHT, WIRD SIE FÜR DEN BESUCHER AN DER THEKE FORTAN UNENTBEHRLICH

Der Kauf als zentraler Berührungspunkt, den der Käufer im Kontakt mit dem Unternehmen erlebt, kommt der entscheidenden Frage gleich: »Zu mir oder zu dir?« – Der Verkaufsabschluss. Ab dem Punkt, wenn ein Kunde auf ein Produkt oder eine Dienstleistung aufmerksam wird, dessen Vorteile und Nachteile abwägt, Lösungen priorisiert bis nach dem vollzogenen Kauf und Post-Kaufverhalten, wächst Markenloyalität – oder auch nicht. Und diese Berührungspunkte sind heute vielfältiger denn je: Werbeanzeigen, Zeitungsbeilagen, Plakatierung im öffentlichen Raum, Online-Banner, Social-Media-Kampagne, Tweet, Adwords, YouTube-Channels, praktiziertes Content Marketing, um nur die vordergründigsten zu nennen.

Volle Fahrt voraus auf dem Marketingdampfer MS AIDA

Das Customer-Journey-Modell könnte auf der MS AIDA reisen: Von der Attention über Interest und Desire zur Action. Und zum Nachhall, wenn der Dampfer wieder im Heimathafen ankert.

- Als Jäger und Sammler geht der Kunde auf die Pirsch nach einem Lösungsversprechen.
- Auf der Suche kommt er der Sache näher, konkretisiert seine Vorstellungen, vergleicht, wägt ab, wie weit sein Verlangen von wem gestillt werden könnte, welche Vorteile ihn überzeugen.

- In der Close-Phase legt er auf der Kommandobrücke den Schalter um und startet durch: Kauft, bucht, abonniert – und verliebt sich, im positiven Fall.
- Seine Zufriedenheit, sein Verhalten, seine Meinung nach dem Kauf, entscheiden darüber, ob er sich der Marke treu erweist.

Innerhalb der digitalen Transformation genießt die Erfahrung, die Menschen bei der Customer Journey machen, einen hohen Stellenwert. Ihre Einschätzung, Sympathie, Reflexe und Regungen bestimmen den Kurs, der von ihm unbewusst aktiv gestaltet wird. Alerte Unternehmen wissen um die Bedeutung dieser strategischen roten Linie und Knotenpunkte. Sie verhält sich ähnlich prägend wie der Prozess, in dem Paare zusammenfinden. Jede Begegnung mit einem Produkt kann ebenso tiefe Spuren hinterlassen – im positiven oder negativen Sinne. Die Gesamterfahrung gibt letztendlich den Ausschlag, ob eine Beziehung weitergeführt wird – oder floppt.

Kundenerlebnisse im digitalen Zeitalter

Hocherfolgreiche Internetunternehmen wie Amazon, Google oder Apple lassen es bei der Kundenorientierung an nichts fehlen. Die Erfahrung des Kunden hat oberste Priorität. Diese Unternehmen prägen die Erwartungshaltung der Nutzer und setzen Standards – und das erschreckenderweise auch für andere Branchen! Dass der Kauf so leicht wie möglich gemacht (und gesteuert) wird, senkt die vielleicht noch vorhandene Barriere zwischen Kunde und Anbieter. Der Chat-Bot Alexa geht noch einen Schritt weiter. Einkäufe sind für den digital versierten und sprachlich gesteuerten Kunden nur noch ein »Klacks!« Aber auch im Filialgeschäft ziehen neue Formen der digitalen Selbstbedienung und Beratung ein. Nespresso hat beispielsweise an strategisch bedeutsamen Standorten erste digitale Selbstbedienungsstationen installiert, an denen sich Kunden durch das Angebot scrollen und auf Basis intelligenter Algorithmen personalisierte Vorschläge erhalten. Das trägt zu einem erweiterten Einkaufserlebnis bei. Doch die zu einem Popanz stilisierten Big Data und Algorithmen lassen es (für sich allein genommen) an Einfühlung fehlen – traditionelle Skills wie Menschenkenntnis und Empathie (auf der Basis von Big Data!) bedienen Kundenbedürfnisse stärker und direkter.

Oder wie es die Autorin und Touchpoint-Management-Expertin Anne M. Schüller (2016) artikuliert: »Big Data ersetzen keine Empathie und Analytics keine Menschenkenntnis.« Dass und wie Menschen beim Kaufvorgang gepampert werden wollen, führt die Autorin in ihrem Sachbuch »Touch. Point. Sieg« aus.

Wie bringt das digitale Zeitalter seine Kunden mit dem Angebot in Berührung?

Wo immer ein Unternehmen auf einen möglichen Kunden prallt (Touchpoint), zündet ein mehr oder weniger ausgeprägtes emotionales Erlebnismoment. Es liegt an uns, diesen Moment der Wahrheit bewusst und strategisch zu befeuern. Dazu nutzen Unternehmen ihr Wissen über den Kunden noch nicht vollumfänglich. Wir sammeln ständig Informationen – über Tweet, Posting, Blog, bei stationärem und virtuellem Zusammentreffen mit Marken.

Kaufprozesse sind komplexer, anonymer, schneller geworden. Es begann noch schleichend mit der Nutzung von analogen Medien und Standorten, dann wurde es rasch digitaler über Website, App und soziale Medien, Kundensupport-Chatboxes, Virtual Reality. Unternehmen sind heute ungleich mehr gefordert, den für ihre Zielgruppe wichtigsten Kanal zu wählen. Das geschieht unter anderem über gesammelte Erfahrungswerte bei Kaufverhalten, Kundenumfragen und Bewertungsportale, über Supportauswertung und Feedbacks durch den direkten und gezielten Kundendialog. Und dies nicht nur in der digitalen Welt, sondern auch im Offline-Consumer-Kosmos.

Unternehmen, die diese Journey bewusst konzipieren, sollten abrücken von einem technokratisch verstandenen Touchpoint-Management und sich diesen Kardinalfragen stellen:

- Bieten wir einen echten Dialog und echte Interaktion an?
- Beantworten wir alle Kundenfragen schnell und verständlich?
- Ist unsere Kunden-Kommunikation über die gesamte Customer-Journey konsistent, durchgehend, zielgruppenorientiert?
- Sind wir auf den richtigen Kanälen unterwegs?

- Sind alle wichtigen Abteilungen einbezogen, damit ein einheitliches Gesamtbild entsteht?
- Spielen alle Berührungspunkte zusammen ein harmonisches, wiedererkennbares Lied?
- Sind alle im Unternehmen von einer einheitlichen Grundhaltung beseelt?

Quick Wins helfen bei der digitalen Transformation im eigenen Unternehmen. Daher sollte man sich mit Leuchtturmprojekten zunächst auf die wirklich wichtigen Kundenprozesse/Kundenreisen konzentrieren, die für das Geschäft im intelligenten Zeitalter erfolgskritisch sind.

Das Aufkommen der Personas – ein perfektes Erlebnis bedeutet für jeden etwas anderes

Die dramatis personae im klassischen Drama ist eine Art Ensembleliste oder Cast des aufzuführenden Theaterstückes. So gesehen, ist die Zielgruppenbestimmung des Unternehmens einem Stück vergleichbar, in denen teils eine vorgegebene Inszenierung und teils situatives Stegreiftheater stattfinden. Auf der Customer Journey treffen wir nicht mehr die klassischen Protagonisten, sprich Zielgruppen, hier greifen die herkömmlichen Bestimmungsmerkmale nur noch bedingt. Lebensführung ist verwirrend komplex geworden, klassische Lebensstile sind längst aufgebrochen. Daher muss sich der Schwerpunkt der unternehmerischen Analyse von den traditionellen Käuferschichten auf Personas – idealtypische Kunden – verlagern.

Eine Persona versucht einen spezifischen Kundentyp nachzubilden, wobei die gesammelten Daten des internen Customer Relationship Managements wertvolle Dienste leisten. Sie liefern das Material, um diese Personas mit Namen, Fotos, Hintergrundinfos auszustatten und Prototypen von Kunden zu kreieren, die aufgrund ihrer Prädispositionen geradezu danach verlangen, von ihnen gewonnen zu werden. Auch, welche Wünsche sie umtreiben, wie sie sich behandelt fühlen möchten, wenn sie an den Touchpoints eintreffen, fällt schwer in die Waagschale.

Welche Möglichkeiten uns heute die Künstliche Intelligenz bietet und wie weit diese sich noch perfektionieren wird, wird gerade an den Schnittstellen zwischen Verhalten und Bedürfnissen deutlich: Jetzt wird eine persönliche Ansprache der Zielkunden skalierbar, deren Passgenauigkeit auf einzelne Individuen bislang nicht vorstellbar war. Der einzelne Interessent erfährt eine Atmosphäre von Vertrauen, Sympathie und Empathie, die er im digitalen Kosmos bereits vermisste, ohne genau zu ahnen, was es eigentlich für ihn bedeutete. Das Unternehmen verschafft sich auf diese Weise Vorteile, die auf dem Urbedürfnis von Menschen nach individueller Ansprache, Kontakt, Beziehung und Nähe basieren.

Kurzer Methodenüberblick – Customer Journey Mapping

Klar wird, dass hier Unternehmen gemeinsam mit dem Kunden reisen und Kontinente (Touchpoints) ertasten, die für beide interessant sind. Eine Methodologie des Verfahrens vollzieht sich schrittweise, wie wir es auch bereits aus anderen Geschäftsprinzipien kennen:

Schritt 1: Personas – Zielpersonen modellieren

Sie haben bestimmt bereits erkannt, dass Sie keine aussagekräftigen Personas definieren können, ohne die Kundensegmente und Zielgruppen zu durchdringen. Mit Hilfe des Frameworks »Jobs-to-be-done« kommen Sie den Kundenbedürfnissen auf die Spur: »Wie genau sind unsere Kunden beschaffen? Welche Eigenschaften, Gewohnheiten, Bedürfnisse haben sie? Welche Probleme treiben sie um und welche Ziele an? Wie heißt ihr Thema unter dem Thema? Warum benötigen sie unser Produkt, unsere Dienstleistung?«

Schritt 2: Wo und an welcher Stelle setzt sich die Customer Journey in Gang?

Darauf aufbauend fragen Sie sich, an welchem Punkt der potenzielle Kunde sich auf die Reise macht. Auf welchen Kanälen sucht er Informationen? Was ist ihm dabei wichtig? Wo prallt der Kunde zum ersten Mal auf das Unternehmen? Es hilft enorm, wenn Sie sich einen klaren Standpunkt verschaffen, der Ihnen plausibel und repräsentativ erscheint.

Schritt 3: Was steht am Ende der Journey?
Die Reise kann idealerweise erst dann zu Ende gehen, wenn der Interessent/ Kunde seine Ideallösung gefunden hat. Definieren Sie diese!

Schritt 4: Sich in den Mokassins der Kunden auf die Reise begeben
Haben Sie den Parcours zwischen Ausgangs- und Endpunkt gespurt, können Sie die Phasen und Strecken ablaufen, die der Kunde vor, während und nach dem Kauf nehmen wird. Versuchen Sie so perfekt wie möglich nachzuempfinden, wie er sich in den einzelnen Streckenabschnitten fühlt, wie er denkt und handelt, welche Informationen er sich beschafft und welche Medien (Touchpoints) er nutzt, bevor er zu seiner Entscheidung kommt. Fragen Sie sich dabei kritisch: »Sind wir an diesen Touchpoints präsent? Tun wir hier unser Bestes, um dem reisenden Kunden ein Gefühl von Angekommen zu geben?« Seien Sie hier detailbesessen – spüren Sie Lücken und Fehlstellen penibel auf. Gehen Sie im Geist den Parcours in allen Details für Ihren Kunden ab. Tun Sie alles, damit Ihre Kundenkommunikation vor allem eines ist: Einheitlich, kompromisslos, stringent, überzeugungsstark.

Mehr Futter fürs Gehirn gibt's hier
Anne M. Schüller (2016): Touch.Point.Sieg. Kommunikation in Zeiten der digitalen Transformation. GABAL, Offenbach.

Ihr persönlicher Boxenstopp

Die zentrale Transformationsfrage:
Wie kommen wir vom technischen Feature zu echtem
Kundennutzen?

Wie erhöhen wir die Kundenzentrierung in der Produktentwicklung?

(Ansätze aus dem *#28 Ikarus-Prinzip: Wer zu hoch fliegt, wird tief fallen!*)

Wie können wir unsere Kunden noch besser verstehen und einbinden?

(Denken Sie an das *#29 Empathie-Prinzip: Mit dem Herzen sehen, das Wesentliche ist für die Augen unsichtbar.*)

Wie schaffen wir für unsere Kunden einzigartige Erlebnisse in der digitalen Welt?

(Impulse aus dem *#30 Customer-Experience-Prinzip: In den Mokassins der Kunden Produkte entwickeln.*)

11.
Digital Business:
Vom Produkt zum digitalen
Geschäftsmodell

Im digitalen Zeitalter ist das
bessere Geschäftsmodell, nicht
das beste Produkt entscheidend.

#31 Geschäftsmodell-Prinzip: How to make money

⮑ Digitale Geschäftsmodelle setzen nicht mehr auf das konkrete Einzelprodukt, sondern auf Erlebnisse und serviceorientierte Komplettlösungen.

⮑ Plattform-Ökosysteme sind die Weiterentwicklung des E-Commerce. Es handelt sich in ihrer besten Ausprägung um Geschäftsmodelle, die ihre Erlöse weitgehend über ihre Datenhoheit und das Zusammenführen von Partnern generieren.

⮑ So geht es leicht und einfach: Das Digital Business Model Canvas ermöglicht Teams, relativ easy zu einem neuen digitalen Geschäftsmodell zu gelangen, das wirklich fliegt.

Wie liefen die Handelsprozesse in vergangenen Jahrhunderten ab? Bäuerliche Jahrmärkte wurden zu regionalen, dann nationalem und internationalem Marktplätzen, auf denen nicht nur dem Vergnügen gefrönt, sondern auch Waren aller Art feilgeboten wurden. Es war keine Rarität, dass sowohl die Mutter als auch die Ehefrau von Albrecht Dürer die Holzstiche des Meisters auf dem Nürnberger Heilthumfests und auf dem Messen im Augsburg und Frankfurt offerierten. Mit Chuzpe und Verhandlungsgeschick brachte es Dürer nicht nur zu zwei stattlichen Häusern, er konnte sich weite Reisen leisten und hinterließ seiner Frau ein properes Vermögen. Bayrische Malerfürsten des ausgehenden 19. Jahrhunderts, wie von Stuck oder Lembach, setzten bereits stark auf Networking und frühe Vorläufer vom Social Media: Sie dienten sich mit Vorliebe den Begüterten, Prominenten und Herrschenden als Porträtisten an. Diese wiederum ließen sich die Befriedigung ihres Geltungsbedürfnisses viel kosten. Dass Künstler immer bettelarm starben, ist vielfach widerlegbar: Ludwig van Beethoven galt bei seinem Tod als einer der wohlhabendsten Männer Wiens. Auch die Renaissance-Maler verstanden es, aus Auftragsporträts Gewinn zu ziehen. Sie beherrschten das, was wir heute gerne als Word-of-Mouth-Marketing bezeichnen, wie keine andere Berufsgruppe ihrer Zeit. Begünstigt von Netzwerken akquirierten sie in höheren Ständen satte respektive sättigende Aufträge, indem sie Normalos zu bedeutungsschweren Würdenträger stilisierten. Unsterblichkeit qua Ölfarbe. Pfiffige Geschäftsmodelle hatten schon immer Konjunktur, jedes in seiner Zeit.

Money ist das Karussell, das die Welt am Laufen hält

– zumindest im ökonomischen Sinne. Aber was hat sich seit dem Einstieg in die Digitalisierung bei den bislang gängigen Geschäftsmodellen verändert? Wie kann mit neuen Modellen heute Geld verdient werden? Vielen Unternehmen fällt es noch schwer, sich auf den Wandel adäquat einzustellen, auch wenn Ihnen klar ist, dass sie keine Wahl haben, wollen sie nicht auf künftige Geschäftschancen verzichten. Das Geschäftsmodell ist vital ausschlaggebend für Erfolg oder Missernte. Die Digitalisierung begünstigt zukunftweisende Geschäftsmodelle. Online-Shops waren nur der Anfang. Gemeinsam mit den analogen Geschäftsmodellen klassischer Prägung vertreten sie den Anspruch, das dringendste Bedürfnis der Zielgruppe zu befriedigen. Allerdings müssen digitale Unternehmer wie ein Spur aufnehmender Jagdhund ihre Nase ungleich stärker als früher in den Wind hängen, um auf die disruptiven Veränderungen der Zeit – soweit sie diese auch wahrnehmen – flexibel und mutig zu reagieren. Heutige Unternehmer zeichnen sich durch Agilität und Alertheit aus: Jederzeit müssen sie darauf gefasst sein, ihr Geschäftsmodell von Grund auf neu zu denken.

Vom E-Commerce zur digitalen Plattform

Hätte jemand noch vor fünfzehn, zwanzig Jahren gesagt, man solle seine Kleidung über ein weltweites Datennetz kaufen, hätte man ihn für verrückt erklärt. Heute haben wir uns längst daran gewöhnt, so gut wie alles – vom Babyöl bis zur Testamentsvorlage – per Klick ins Haus zu holen. Der stationäre Handel und der Kaufhausbetrieb haben das Nachsehen – Disruption hat eben Gewinner und Verlierer. Begann es mit eBay und Amazon, sind heute die Umschlagplätze der Moderne auf Plattformen unterschiedlicher Prägung konzentriert. Plattform-Unternehmen haben weder eigene Produktionsstätten, Beherbergungs- oder Fertigungsbetriebe noch andere physische Assets, ihr größtes Ressourcenpotenzial sind Technologie, Datenhoheit und Reichweite. Innerhalb einer Plattform-Community sichern sich die einzelnen Händler alternative Vertriebskanäle von ungleich breiterer Ausdehnung als ihnen im Alleingang jemals möglich wäre. Im Grunde sind Plattformen respektive die Präsenz auf einer solchen eine smarte Möglichkeit, die eigene Branche zu unterlaufen.

Disruption als Vorrecht der Agilsten

Aus diesem grundsätzlichen Ansatz entwickelten sich weitere digitale Geschäftsmodelle, wie Freemium (Basis-Services, die gegen Aufpreis zu weiteren Nutzungen, Leistungen und Skills befähigen wie etwa DropBox, iCloud, Spotify. Über einen monatlichen Beitrag funktioniert das Abo- oder Subscription-Modell – zu besichtigen bei Netflix, Sky oder eDarling – und »Pay-per-Use« kennen wir längst vom Usus der Prepaid-Telefonkarten. Im Produktionsbereich punkten Anlagen- oder Maschinennutzungen, die nach Verbrauch abgerechnet werden. Kauf war gestern.

Das lukrativste Geschäft allerdings liegt in den massenhaften Datenkonvoluten, die Tech-Companys wie Amazon oder Facebook, extensiv dafür nutzen, ihre Geschäfte weiter zu boosten. Im Gegenzug haben Kunden heute ungleich mehr Einfluss als früher ein, zwei Wörter mitzureden, und dies in der Entwicklung der Unternehmen, in der Gestaltung der Geschäftsmodelle und der Produkte. Kunden erwarten den Vierundzwanzig-Stunden-Service, hohe Produkt- und Dienstleistungsqualitäten und Zusatzfunktionen, flinke, möglichst Realtime-Lieferung und weitestgehende Kulanz. Sie schreiben die Geschichte der Company über Bewertung, Like oder Kritik und arbeiten an deren Performance mit. Ein enormer Paradigmenwechsel, wie man ihn bisher noch nicht erlebte.

In digitaler Zeit wird das Geschäftsmodell von der Nachfrage bestimmt. Der emanzipierte und zum Äußersten entschlossene Käufer bestimmt mit, was, wie, wo und wozu er Leistungen abruft. Aus dem E-Commerce entwickelte sich die Plattform, die nichts anderes ist als eine hochtechnische, smarte Verknüpfung von unterschiedlichen von einem gemeinsamen Ziel beseelten

Marktakteuren. Einem Marktplatz nicht unähnlich, der eine Plattform für verschiedene Anbieter mit gleicher Zielrichtung bietet – allerdings ungleich schlagkräftiger, weil digital und omnipräsent. Bei Amazon, Apple, Facebook, Google und Microsoft geht es weniger um die Waren, die diese Marktplätze überquellen lassen. Online-Händler sind sie nur qua definitionem. Womit sie täglich wirklich umgehen, das liegt in unserer eigenen DNA begründet.

Wie und womit verdienen wir noch in der digitalen Welt unser Geld?

Was als banale Fragestellung leichtfüßig daherkommt, ist in Wirklichkeit eine richtig harte Nuss. Denn die Mechanismen des Geldverdienens und Geschäftsmodelle haben sich im digitalen Zeitalter massiv verändert. Die Konventionen und Erfolgsmodi, mit denen Unternehmen analog Erlöse erzielen, sind in einer digitalisierten Geschäftswelt längst aufgebrochen. Kunden bezahlen nur für smartintelligente Lösungen und erwarten in der Interaktion mit einem Unternehmen Annehmlichkeiten und Komfort, Geschwindigkeit und Support in Realtime. Gleichzeitig eröffneten sich neue Ertragsquellen über Daten und digitale Ökosystem-Plattformen. Systempartner und Anbieter smarter Lösungen, die sich derartigen Ökosystemen anschließen oder eine eigene Geschäftsmodell-Plattform betreiben, pushen den Umsatz im digitalen Business.

Diese vier starken Entwicklungen wirken sich signifikant auf das heutige Geschäfts-Erfolgsmodell aus:

1. Kunden sagen Ja zu Erlebnissen und smarten Lösungen – isolierte Einzelprodukte interessieren sie nicht mehr.
Sie wünschen sich Produkte, die Aufgaben ganzheitlich angehen, mitdenken, antizipieren und einzigartige Erlebnisse schaffen, wie sie es von einem serviceorientierten Geschäftsmodell erwarten. Der Fokus verschiebt sich vom Produkt hin zur vernetzten Dienstleistung, wie es gerade bei Daimler und BMW in der Automobilindustrie zu besichtigen ist. Reiner Fahrzeugkauf war gestern. Heute heißt das Motto: Mobilitätsdienstleistung. Vergleichbar der Forderung nach reibungsloser Verfügbarkeit im Maschinen- und Anlagenbau.

2. Kunden wollen heute durchgängig auf allen digitalen Kanälen mit Unternehmen interagieren.

Über soziale Medien, mobile Applikationen, Virtual Reality vervielfachen sich die digitalen Interaktionsmöglichkeiten. Die Generation der »Digital Natives« bewegt sich virtuos im sozialen Netz. Wie ihre Interaktion mit Unternehmen geartet sein soll, was sie hinsichtlich Mehrwert, Convenience, Geschwindigkeit und Verfügbarkeit der Interaktion erwarten, verändert die habituelle Umgangsweise dramatisch.

3. Kunden und IoT-Anwendungen (Internet of Things) hinterlassen digitale Spuren in enormer Menge und zwar in Form von (kapitalisierbaren) Daten.

Jede digitale Interaktion wirkt sich auf diese Gesamtdatenmenge aus. Gleichzeitig stellt sie eine ergiebige Option dar, aus den unterschiedlichsten zielgruppenspezifischen Informationen Schlüsse zu ziehen, die die Entwicklung des Geschäfts vorantreiben. Diese Customer Insights machen es möglich, auf die individuellen Bedürfnisse der Zielkunden noch sensibler zu reagieren. Man denke an den Amazon-Empfehlungsalgorithmus. Jede Bewegung von Kunden, Maschinen und Transaktionen ist durch die Digitalisierung messbar geworden, erhöht aber auch die Komplexität. Welche Preise für ein Produkt oder eine Dienstleistung angesetzt werden sollen, lässt sich nun über völlig hochgepoppte Kriterien wie Aufenthaltsdauer, Gewicht, Abnutzung, Druck, Kilometer, Geolokation und anderes ermitteln. Dass der Konsument sich unfreiwillig gläserner macht als er ahnt, lässt die Gewinne der Internetgiganten in die Höhe schnellen.

4. Digitale Wertschöpfung entsteht heute in Ökosystem-Plattformen

Bei der Wertschöpfung erfolgreicher Digital-Unternehmen (wie Google, Facebook, Airbnb) spielen heute weniger fixe Assets und gewinntragende Produkte, sondern zunehmend digitale Assets und Services (wie Software, Plattformen, Algorithmen und Daten) eine tragende Rolle. Das Herz digitaler Ökosysteme bilden offene Plattformen, die High-End-Technologie einsetzen, um Menschen, Organisationen und Ressourcen innerhalb eines interaktiven Ökosystems zu vernetzen und den Austausch von Daten und Gütern ins Laufen bringen. AirBnB etwa kann als ein plattformbasiertes Geschäftsmodell in Nachfolge der traditionellen Übernachtungsindustrie eine globale Skalierung betreiben ohne nur einen Cent in eigene Immobilien oder Beherbergungsbetriebe zu investieren. Diese multisided markets genannten Umschlagplätze fußen auf einer jahrtausendalten Tradition. Neu ist, dass die zunehmende Digitalisierung sie digital gestaltbar und somit wesentlich leichter skalierbar macht.

So erarbeiten digitale Ökosystem-Plattformen ihre Erlöse

Variante 1: Die Plattform versteht sich als Netzwerk, das Suchende mit Anbietern verknüpft (Lieferheld, Amazon, Uber, AirBnB). Der Verdienst entsteht über die Vermittlungsgebühr, die bei Transaktionen anfallen.

Variante 2: Der Umsatz der Plattform wird auf einer Ebene erzeugt, die mit dem Kernangebot gekoppelt ist: Google und Facebook machen Geld mit Werbung. Im Falle der sogenannten weichen Paywall nutzen Anwender das Angebot zunächst in einem reduzierten Umfang inklusive der Option auf einen späteren Upgrade. Dann etwa, wenn der Nutzer die eingespielte Werbung vermeiden will oder das gratis verfügbare Speichervolumen erschöpft ist.

IM DIGITALEN ZEITALTER PUSHEN UNTERNEHMEN DEN UMSATZ, INDEM SIE SICH ÖKOSYSTEMEN ANSCHLIESSEN ODER EINE EIGENE GESCHÄFTSMODELL-PLATTFORM BETREIBEN

Variante 3: Die Plattform ermöglicht eine smarte Dienstleistung resp. Gesamtlösung. Etwa wenn im Anlagen- und Maschinenbau künftig die Verfügbarkeit von Maschinen Verkaufsgegenstand wird. Man kauft nicht mehr das Flugzeug, sondern eine Quote an Betriebsstunden inklusive Services. In anderen Geschäftsfeldern zeigen cloud-basierte Services über sensorerfasste Nutzungsdaten einen vorbeugende Instandhaltungscheck an oder verknüpfen Produkte und Services an extern zu erwerbende Geräte wie Smartphones und Wearables.

Entwickler sind die Erfolgsquellen in jeder Ökosystem-Plattform

Ökosystem-Plattformen nähren sich von einer großen Entwickler-Community, die wiederum durch ihre Applikationen das Ökosystem aufwerten. Daher sind offene Schnittstellen für Entwickler eine Grundvoraussetzung für lebendige Ökosystem-Plattformen. Sie sind wie die Milch im Müsli. Das iPhone ohne die Vielfalt an Apps? Undenkbar. Bildlich wäre dies eine staubtrockene Angelegenheit. Wie viel Sie vom digitalen Kuchen abbekommen, hängt maßgeblich von Ihrer Rolle im Ökosystem ab. Auch hier gilt die Regel der Rangordnung – ähnlich einer Pferdeherde. Ganz oben steht allerdings nicht, wie man meinen könnte, der Hengst, sondern die Leitstute. Ihr ordnen sich alle Mitglieder unter, weil sie die besten Futter- und Wasserplätze findet. Inhaber von Ökosystem-Plattformen sind oft in der Leitstuten-Rolle. Sie identifizieren neue, digitale Erlösquellen und betreiben Business Development. Die Unterordnung in Pferdeherden, wie in Ökosystem-Plattformen, funktioniert nach dem natürlichen Prinzip der Folgsamkeit. Rangniedrigere Pferde folgen dem ranghöheren und damit ist klar, wer zuerst an den Futtertrog gelangt, wer das größte Stück abbekommt oder wer wen kraulen darf. Die Rangordnung in einer Herde ist jedoch nicht für alle Ewigkeit zementiert. Schwächere oder ältere Zeitgenossen rutschen ab, dafür stoßen neue, jüngere Mitglieder dazu. Das hält Ökosystem-Plattformen in einer schnelllebigen Zeit vital.

Wenn Service Layer ungeplant eine Ökosystem-Plattform um Ihr Angebot legen

... nistet sich plötzlich – womöglich noch ein branchenfremder – Drittanbietern direkt neben Ihnen ein oder setzt sich sogar direkt auf Ihr bestehendes Angebot. Damit wird Stück für Stück die vormals direkte Kundenbeziehung zwischen Ihnen und ihren Kunden gekappt. Das tut schrecklich weh und lässt im schlimmsten Fall Erlösquellen austrocknen. Wer hätte vor fünfzehn Jahren gedacht, dass sich Google einmal mit einem intelligenten Thermostat auf Heizungen setzt und fleißig Daten einsammelt. Daten, die er nutzen kann, um den etablierten Playern in der Branche die Richtung vorzugeben.

Wie gibt sich eigentlich ein gutes Geschäftsmodell zu erkennen?

Es hat schlüssige Antworten auf die Fragen:
* Was ist mein Angebot an den Kunden?
* Wer ist mein Kunde und
* wie/auf welchen Kanälen kommuniziere ich mit ihm?
* Wie wird die Leistung erbracht?
* Wie wird der Umsatz generiert und
* wie erfolgen Transaktionen?

Diese auch im analogen Business gängigen und vitalen Grundsatzfragen haben bei der Entwicklung eines digitalen Geschäftsmodells besondere Bedeutung. Das *Business Model Canvas* (nach Alexander Osterwalder und Yves Pigneur 2011), das bereits weltweit Furore machte, führt durch die Entwicklung.

Das Business Model Canvas visualisiert auf einer Art Landkarte, wie ein Business beschaffen ist. So wird das Modell einheitlich verständlich und ist gut geeignet für digitale Transformationsbewegungen in Teams. Als Leinwand sichtbar, erweist sich das Canvas als anschaulich und praktikabel, flächig und punktgenau handhabbar. Sie arbeiten sich damit ein komplettes Modell inklusive der Abbildung aller seiner Abhängigkeiten.

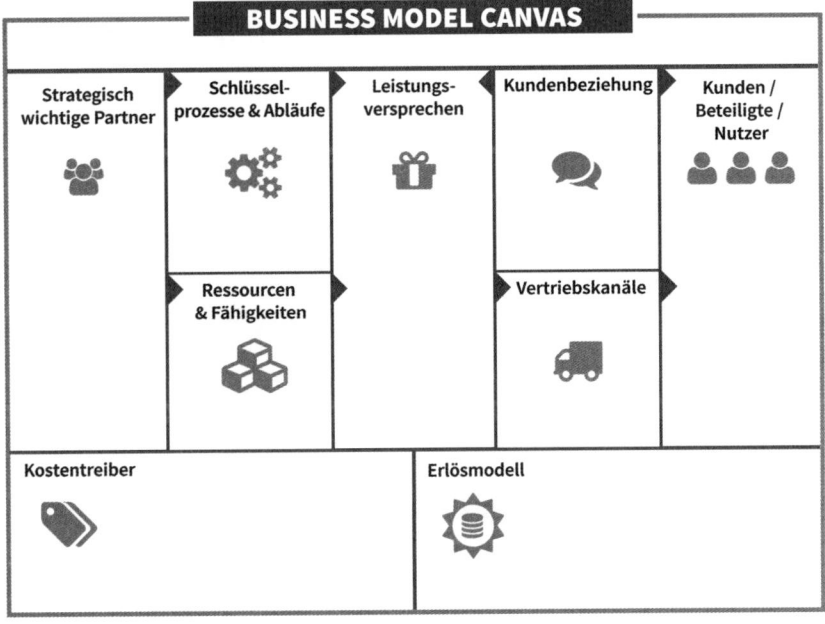

BUSINESS MODEL CANVAS

| Strategisch wichtige Partner | Schlüsselprozesse & Abläufe | Leistungsversprechen | Kundenbeziehung | Kunden / Beteiligte / Nutzer |

Ressourcen & Fähigkeiten

Vertriebskanäle

Kostentreiber

Erlösmodell

Quelle: In Anlehnung an Alexander Osterwalder/Yves Pigneur (2011)

Das Business Model Canvas unterteilt jedes Geschäftsmodell in neun Bausteine

1   **Value Proposition – Leistungsversprechen**
Welchen Nutzen stiften wir mit welchen Produkten und Services?

2   **Customer Segments – Kunden- und Zielgruppen**
Wen adressieren wir mit unserem Leistungsangebot?

3   **Channels – Kommunikations- und Vertriebskanäle**
Auf welchen Kanälen erreichen wir unsere Kunden?

4   **Customer Relations – Kundenbeziehung**
Wie pflegen wir Kundenbeziehung?

5   **Revenue Streams – Erlösmodell**
Wie und womit generieren wir Einnahmen?

6   **Key Partnerships – Partnerschaften**
Auf welchen Partnerschaften (z. B. zu Lieferanten, Joint Venture, Technologiepartnern) basiert unser Geschäftsmodell?

7   **Key Resources – Ressourcen und Fähigkeiten**
Welche Ressourcen und Fähigkeiten benötigen wir für unser Geschäftsmodell?

8   **Key Activities – Schlüsselprozesse und Abläufe**
Was müssen wir täglich tun, damit das Wertangebot beim Kunden ankommt?

9   **Cost Structures – Kostentreiber**
Was sind die wichtigsten Ausgaben: Kostenblöcke und Kostentreiber?

Leitfragen zur digitalen Transformation des eigenen Geschäfts

Value Proposition: Welchen neue(n) Kundennutzen/-erfahrungen können wir durch die intelligente Kombination aus analogen und digitalen Produkten und Serviceleistungen schaffen?

Customer Segments: Welche neuen Kundensegmente/Zielgruppen können wir durch digitalisierte Leistungsangebote erschließen?

Channels: Über welche digitalen Kanäle erreichen wir heute unsere Kunden? Welche Daten können wir über diese Kanäle erheben? Wie können wir die Erwartungen des digitalen Kunden hinsichtlich Convenience, Geschwindigkeit und Verfügbarkeit bestmöglich erfüllen?

Customer Relations: Wie personalisieren wir bestmöglich unsere Kundenansprache, und welche Daten können wir dafür nutzen?

Revenue Streams: Welche neuen Erlösmodelle lassen sich mit den Daten bauen?

Key Partnerships: Welche Schlüsselpartner helfen uns beim Aufbau einer digitalen Ökosystem-Plattform?

Key Resources: Welche neuen Fähigkeiten und Kompetenzen müssen wir uns für ein erfolgreiches Geschäft in der digitalen Welt aneignen?

Key Activities: Welche Geschäftsprozesse müssen wir digitalisieren?

Cost Structures: Welche Kostentreiber können wir durch Digitalisierung respektive Automatisierung reduzieren?

Kurzer Methodenüberblick – Transformation des Geschäftsmodells

Das Business Model Canvas teilt sich in neun Bausteine auf. Jedes Team kann es rasch und effektiv einsetzen. Mithilfe einer gemeinsamen Sprache und einem einheitlichen Verständnis gelingt es mit leichter Hand, ein digitales Geschäftsmodell zu entwickeln.

Schritt 1: Das heutige Geschäftsmodell abbilden

Nehmen Sie Ihr derzeitiges Geschäftsmodell als Ausgangpunkt für die digitale Transformation innerhalb des Business Model Canvas. Mit strategisch gewählten Farben machen Sie die Diskussionsergebnisse nachvollziehbar und erleichtern die Reflexion. Grüne Punkte könnten für starke Erfolgsfaktoren Ihres Modells in der digitalen Welt stehen, rote für Schwächen.

Schritt 2: Das digitale Geschäftsmodell entwickeln

Nutzen Sie die neun Leitfragen zur digitalen Transformation von Geschäftsmodellen und notieren Sie Ihre Diskussionsergebnisse auf einem weiteren Business Model Canvas.

Exkurs: Ökosystem-Plattform-Geschäftsmodelle

Falls Sie reine Ökosystem-Plattform-Geschäftsmodelle entwickeln wollen, stößt das bekannte Business Model Canvas (BMC) an seine Grenzen. Matthias Walter und Niels Hoogendoorn haben daher das Plattform Business Model Canvas (P-BMC) entwickelt, mit dem Sie die Struktur von plattformbasierten Geschäftsmodellen noch präziser darstellen. Hinweis: Das P-BMC ist – anders als das Business Canvas – kreisförmig angeordnet und nach Teilnehmerkriterien in vier Quadranten eingeteilt: Eigentümer, Produzenten, Kunden, Partner.

Mehr Futter fürs Gehirn gibt's hier

Alexander Osterwalder; Yves Pigneur (2011): Business Model Generation. Ein Handbuch für Visionäre, Spielveränderer und Herausforderer. Campus, Frankfurt am Main.

Matthias Walter; Elke Fleing (2018): Endlich ein Canvas für Plattform-Geschäftsmodelle. Blog-Artikel in deutsche-startups.de. https://www.deutsche-startups.de/2016/04/05/endlich-ein-canvas-fuer-plattform-geschaeftsmodelle, abgerufen am 8. August 2019.

#32 Kolumbus-Prinzip: Indien suchen und Amerika finden

- ⟳ Christoph Kolumbus landete nicht in Indien, sondern in Amerika. Sein 180-Grad-Schwenk erwies sich am Ende als durchschlagender Erfolg.
- ⟳ In digitalen Zeiten ist nicht die Planung, sondern der Mut zum Experiment und die Offenheit gegenüber unerwarteten Chancen entscheidend.
- ⟳ Aufgestellte Hypothesen lassen sich durch persönliche Tests und/oder Befragungen mit realen Zielgruppen validieren und gegebenenfalls anpassen oder gar verwerfen. Dabei gilt Klasse mehr als Masse.

Offen sein für eine 180-Grad-Wende und Experimente statt festbetonierter Pläne – so lautet das neue Credo in der Produktentwicklung. In einer hochdynamischen Zeit sollten wir die Entwicklung von neuen digitalen Produkten und Geschäftsmodellen mehr als spielerisches Experiment begreifen und nicht als einen starren, linearen (Planungs-)Prozess. Digital transformiert zu sein, heißt für Unternehmen auch Lernen durch iteratives und kundenzentriertes Vorgehen. Die Hand am Puls des Kunden – kontinuierliches Kundenfeedback und Austesten von Hypothesen – erlaubt zu einem frühen Zeitpunkt Rückschlüsse auf die Produkt- und Geschäftsentwicklung. Das hält den Prozess schlank und die Wahrscheinlichkeit des fulminanten Scheiterns am Ende klein. Irrtümer und Irrwege sind dem Lernprozess immanent. Sie lassen sich taktisch umdeuten zu Businesschancen fürs digitale Geschäft – auch wenn dafür die ursprüngliche Geschäftsidee komplett neu gedacht werden muss.

Christoph Kolumbus – ein Leben voller Irrtümer: Er wollte nach Indien – und entdeckte Amerika, na und? Auch nicht übel! Christoph Kolumbus kann als Beispiel eines unbeirrbar Suchenden dienen. Von früh auf fuhr er zur See und hatte bekanntlich kaum Scheu, sich fortwährend neue, kühne Ziele zu setzen, von denen er nicht mit Gewissheit annehmen konnte, sie zu erreichen, geschweige denn, ob er dort willkommen wäre. Von Geburt Italiener, umfassend gebildet, Kartograf und Zeichner, verheiratet mit einer Portugiesin, wohnhaft in Lissabon und auf Madeira, Korsar in französischen Diensten, Protagonist zahlreicher Seeexpeditionen und Schlachten, Vertreter eines genuesischen Handelshauses, seit er die Weltkarte Imago mundi aus dem Jahr 1410 studiert und mit eigenen Anmerkungen versehen hatte. Als Anhänger von Marco Polo und Aristoteles, der behauptet hatte, man könne den Ozean zwischen den Säulen des Herakles (Gibraltar) und Asien innerhalb weniger Tage überqueren, war sein Blick zeitlebens nach Südostasien gewandt. Europa gierte nach asiatischer Seide und wertvollen Gewürzen. Kolumbus vertraute dem Motto: »Immer schön mit den Passatwinden in den Westen segeln, führt automatisch in den Osten« (wenn die Erde denn tatsächlich eine Kugel ist).

Für Mammutexpeditionen wie die seine war Christoph Kolumbus auf die monetäre Unterstützung eines möglichst betuchten Herrschers angewiesen. Als der portugiesische König Joao II Kolumbus Plan ablehnte, weil seine Kartografen zu Recht die Distanz viel weiter einschätzten als der Entdecker in spe selbst, machte er der spanischen Königin Isabella am Hof von Cordoba seine Aufwartung. Doch diese hatte gerade alle Hände voll zu tun mit dem Mauren-Krieg. Monatelang reiste Kolumbus der von einer Residenz zur anderen ziehenden Hofgesellschaft hinterher, gleichzeitig intervenierte er beim französischen König, während Bartolomeus Diaz gerade von seiner glorreichen Afrika-Umsegelung zurückkehrte. Bitter für Kolumbus, doch untätig war auch er nicht. Seine Weltkarte in ptolemäischer Manier bestand im Osten aus Westeuropa und Westafrika. Fast hätte der Genueser aufgeben müssen, denn seine

Forderungen (Admiralstitel mit Erbrecht, Vizekönig der eroberten Kolonien und 10 Prozent aller Einnahmen aus den neuen Ländern) befand Isabella als nur schwer verdaulich. Christoph pokerte und wandte sich nach Frankreich, da gab die kastilische Herrschaft nach.

Am 3. August 1492 stach er mit der Santa Maria in See, begleitet von zwei Caravellen. Nach Indien. Eine Reise ins Ungewisse. Meuterei an Bord, Revolte der Offiziere – dennoch erreichte sein Schiff am 12. Oktober 1492 die Neue Welt. Auf einer Insel der heutigen Bahamas ging er an Land und glaubte sich in Cipango (südlich von Japan) angekommen. Da er nun schon mal da war, entdeckte er das heutige Honduras, Kuba und Hisponiola, bevor die Santa Maria in Höhe der späteren Festung La Navidad auf Grund lief. Zuhause feierte Spanien ihn als Held. Bekanntlich kam es ja noch zur zweiten, dritten und vierten Reise, auf denen Kolumbus stetig der Meinung war, den Seeweg nach Indien entdeckt zu haben, während er weiterhin Kolonien in Amerika einsammelte. Christophs Nachruhm ist nicht unumstritten, denn sein Entdeckerdrang war zweifellos begleitet vom Drang nach Macht und Edelmetall und steht gleichzeitig für den Beginn der Versklavung und sukzessiven Ausrottung der indigenen Urbevölkerung. Tragisch für ihn selbst: Der von ihm entdeckte Kontinent trägt den Namen eines Nachfolgers – Amerigo Vespucci.

Was im ersten Moment als Misserfolg erscheint, kann zu einer großartigen Chance ausarten

Christoph Kolumbus ließ sich auch angesichts von Widrigkeiten nicht stoppen. Und zeigt er nicht auch, dass auch aus Irrtümern Erstaunliches entstehen kann? Auch Unternehmen müssen bei gewagteren Innovationen in Kauf nehmen, sich auf ein Minenfeld zu begeben. Rechtliche Grauzonen, Innovationssprünge, unberechenbare Märkte bergen unwägbare Risiken. Entscheidend ist, wie wir mit diesen Unsicherheiten umgehen und wie wir es schaffen, die Risiken zu minimieren!

Woran krankt es in der Produktentwicklung etablierter Unternehmen?

Wie schaut es normalerweise bei Innovationsprojekten aus? Wie bei Kolumbus steht das avisierte Neuland (Kundenbedürfnisse/neue Märkte) im Zentrum von Vermutungen und unbewiesenen Annahmen, doch Expeditionen dahin (Tests unter realen Bedingungen, Befragungen der Lead-Kunden) unterbleiben oft. Daher bleibt es – was die Umsetzung angeht – bei reiner Theorie, die sich noch nicht in der Praxis beweisen durfte und daher völlig ungeprüft ist (Projektplan). Geht es nun an die Umsetzung, ist der Plan fix und kann nicht mehr umgekippt werden. Nun passiert eines: Das Neuland (Kundenbedürfnisse/neue Märkte) hintergräbt diesen Plan, ohne dass daran etwas geändert werden will. Misserfolg auf der ganzen Linie.

Mike Tyson spricht aus schmerzvoller Erfahrung:»Everybody has plans until they get hit.«

Hinter jedem erfolgreichen Start-up-Entrepreneur steht ein Stück Christoph Kolumbus!

Kolumbus musste von eher ungewissen Annahmen und nicht bestätigten Hypothesen ausgehen und sich auf Probleme und Entwicklungen aller Art gefasst machen. Das schränkte seine Planung naturgemäß ein: Wie viel Wasser er seinen Berechnungen zufolge an Bord nehmen musste, wie lange sich die Mannschaft von den Vorräten und vom Fischfang ernähren konnte – das war machbar. Vollkommen ungewiss war allerdings, welche nautischen Herausforderungen während der Fahrt zu meistern sein und wie die »Inder« ihn aufnehmen würden oder wie es sich mit der Ernährung seiner Teams in »Indien« verhalten sollte.

WER IMMER IM SICHEREN HAFEN BLEIBT, HAT EH SCHON VERLOREN!

Heute nehmen agile Unternehmer-Entdecker ebenfalls in Kauf, dass sie beim Start nur von unbewiesenen Vermutungen ausgehen können. Ob sie die Zielgruppe richtig einschätzen? Die Kundenbedürfnisse und drängendsten Kundenprobleme kennen? Ob die Lösungen ankommen und auch angemessen bezahlt würden? Nicht selten hängt eine Geschäftsidee an einem seidenen Faden. Wollen Führungskräfte oder Unternehmer, die Neues planen, erfolgreich sein, sollten sie sich an Kolumbus ein Beispiel nehmen: Sie segeln los, lassen ihre Vorstellungen wahr werden und checken die Ergebnisse so frühzeitig wie möglich auf Erfolg, Realisierbarkeit und Akzeptanz ab.

Frage, bewerte, lerne! So geht Kolumbus in einer agilen Welt

Kolumbus fragte sich jeden Tag, ob er noch auf Kurs war. Sein Aktionsraum war begrenzt, die Ressourcen waren vorgegeben – ihm blieb keine Wahl, als weiter vorzugehen und als Lernender die Chancen auszuloten. Der »Agile Lern-Kreislauf« aus »Fragen, Bewerten und Lernen« oder »Bauen, Messen, Lernen« stellt auch das Herzstück des sogenannten Lean Start-up-Ansatzes dar. Im September 2008 formulierte ihn Eric Ries erstmals in seinem Blog Startup Lessons Learned. Das ihm folgende Sachbuch *The Lean Startup* aus 2014 stellt dar, wie Innovatoren neue Produkte und Geschäftsmodelle während des Entstehungsprozesses anpassen können, wenn veränderter Seegang auf dem Markt eine Reaktion unumgänglich macht.

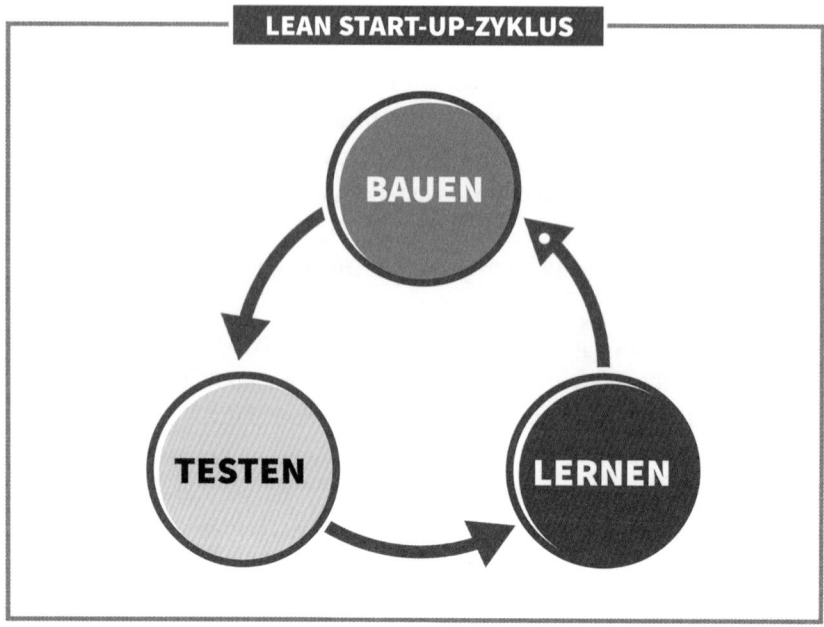

Quelle: In Anlehnung an Eric Ries (2014)

Lean Start-up kann man als Strategie der kleinen Schritte sehen: Etwas im kleineren Maßstab entwickeln, mit Kunden evaluieren, Learnings erleben und diese in den nächsten Entwicklungsschritt einbauen, etwas Weiteres entwickeln ... und so fort.

Innovative Vorhaben sollte man am besten unter Einsatz von schlanken Prototypen, mit denen sich Hypothesen realiter testen lassen und die eine unproblematische Anpassung erlauben, starten. »There are no facts inside the building so get the heck outside«. Steve Blank, Gründer in Serie und Wissenschaftler rief die Lean-Start-up-Bewegung unter diesem Leitsatz ins Leben. »Inside the building« – das sind die Annahmen und Hypothesen. »The heck outside« – »Lasst uns draußen Fakten schaffen«.

Wie sieht dieses Draußen aus?

Wenn Sie viel lernen wollen, gehen Sie nach draußen und sprechen Sie mit denen, die Ihre Lösungen annehmen sollen. Die potenziellen Nutzer sagen Ihnen am deutlichsten, wohin der Hase läuft. Individuelle Aussagen sind eindrucksvoller und aussagekräftiger als standardisierte Studienergebnisse mit Balkendiagrammen, die die Lebendigkeit, Authentizität und Realitätstreue vermissen lassen, mit denen sich komplexe, reflektierte und persönlich bekundete Feedbacks auszeichnen. Beispiel: Wo wäre AirBnB heute, wenn die Gründer nicht persönlich bei Wohnungseigentümern angeklopft und sie von ihrer Idee überzeugt hätten?

Das Andon-Cord im Lean Start-up – die Reißleine ziehen

Aus der Autobranche ist das von Toyota entwickelte Andon-Cord bekannt. Es handelt sich ursprünglich um einen Knopf oder eine Reißleine, die bei Störungen Anlagen stoppen können. Eine Art Notbremse und gleichzeitig hilfreich zur Verortung des Areals, an dem das Problem auftritt. Probleme werden rascher beseitigt, Kosten und Zeit eingespart. Das garantiert die Einhaltung der Fristen, Effizienz und Qualität. Das Andon-Cord hat wesentlich dazu beigetragen, dass Toyota beim Verbraucher als qualitätsbetont empfunden wird. In unserem Fall heißt es, dass wir mit diesem Frühwarnsystem in der Lage sind, etwas noch im rechten Augenblick zu stoppen, bevor größere Schäden zu entstehen drohen. Dann, wenn man als Reaktion auf Irrtümer, Fehleinschätzungen oder schlichtweg negative Testergebnisse in eine Kehrtwende gezwungen wird. Es wäre fatal, den einmal gefassten Businessplänen weiter nachzujagen. – Bei Sackgassen gibt es auch immer noch die Möglichkeit eines Pivots!

Pivot: Die 180-Grad-Wende

Ein Pivot, ein Schwenk sollte gemacht werden, wenn sich erweist, dass die Expedition nicht zu einem erstrebenswerten Zielland führt respektive das ursprünglich angedachte Geschäftsmodell beziehungsweise Produkt nicht funktioniert. Kolumbus war zwar zeitlebens überzeugt, in Indien gelandet zu sein, aber sein Geldgeber war auch über Amerika hoch beglückt. Spanien stieg in der Folge zur See- und Handelsmacht auf und betätigte sich missionarisch.

Die spanische Inquisition war die meist gefürchtete in katholischen Landen. Bei einem Schwenk können großartige neue Chancen wachsen, etwa wenn man durch neue Erkenntnisse den Kernnutzen zuspitzt oder verbreitert, neue Kundengruppen mit dem Fernrohr avisiert oder seine Seewege (Vertriebskanäle) neu auslotet.

Kurzer Methodenüberblick – Lean Start-up

Schritt 1: Hypothesen aufstellen

Es lohnt sich, viel Mühe darauf zu verwenden, eine klar messbare, leicht verständliche Hypothese zu formulieren. Dafür finden sich jede Menge Tipps in Blogs und redaktionellen Vorlagen.

- Wir glauben, dass [diese Fähigkeit, Funktion, Lösung] zu [diesem Ergebnis] führen wird. Die Hypothese ist belegt, wenn ... [messbare Kennzahl]

Testen ohne Hypothese ist wie Segeln ohne Wind! Hypothesen ...
- reduzieren den Einfluss von vorgefassten Meinungen auf die Entscheidungsfindung,
- fokussieren Produktentwicklungsteams auf das Wesentliche,
- helfen dabei, das Ziel auf dem beschwerlichen Weg nicht aus den Augen zu verlieren.

Schritt 2: Starten Sie mit der Hypothese, die die meisten Risiken in sich trägt.

Riskante Hypothesen erkennen Sie daran, dass eine Geschäftsidee keinen Sinn mehr hat, wenn diese Annahme nicht zutrifft. Wenn die Hypothese der AirBnB-Gründer, dass es Wohnungsbesitzer gibt, die Fremde bei sich übernachten lassen, sich nicht hätte bestätigen lassen, wäre ein derartiges Geschäftsmodell sinnlos. Wie finden Sie diese heraus? Fragen Sie bei ihrem Geschäftsmodell nach den drei maximalen Risiken und seien Sie bei der Antwort sehr ehrlich:

1. Wir lösen kein wirkliches Problem.
2. Wir nehmen dafür kein Geld ein.
3. Wir finden keinen skalierbaren Vertriebsweg, auf dem sich diese Lösung verkaufen ließe.

Schritt 3: Hypothesen testen durch Feedback tatsächlicher oder potenzieller Kunden

Besonders hilfreich ist es, wenn Sie die Kunden in dem Kontext auffinden, in dem das angenommene Problem sichtbar wird, durch Beobachtungen und Interviews. Hier zählt nicht, wie viele Informationen Sie sammeln, sondern wie gehaltvoll diese sind. Quantitative Befragungsverfahren geben eine Einschätzung zum Gesamtmarkt. Über einen Prototyp die Reaktion der Nutzer zu testen, ist nutzbringender: Dropbox etwa wählte diese Variante, indem es in einem Video Interesse an der Beta-Funktion weckte. Die Rückfrage war enorm, Tausende von E-Mail-Adressen häuften sich und rasch wurde klar, dass die intendierte Lösung als ein echter Mehrwert für reale Kunden anzusehen war.

Schritt 4: Lernen mit den Ergebnissen

Der Erwartungswert zwischen Annahme und Auswertung und seine tatsächliche Ausprägung können weit auseinander liegen. Je weiter, desto höher der Lerneffekt. Ergibt der Test, dass die intendierte Lösung niemanden interessiert, führt dies zu einem enormen Lernschritt und in Konsequenz zu einer Veränderung des Geschäftsmodells oder gar einer kompletten Umkehr. Wir kennen ja alle den tückischen Confirmation Bias (Bestätigungsfehler), der uns verführt, Resultate so auszuwerten, wie wir diese gerne hätten. Menschen neigen dazu, andersartige Sichtweisen automatisch auszublenden, wenn diese die eigenen Erwartungen nicht matchen. Läuft man in diese Falle, ist eine Weiterentwicklung von vornherein zum Scheitern verurteilt.

Mehr Futter fürs Gehirn gibt's hier

Eric Ries (2014): Lean Startup. Schnell, risikolos und erfolgreich Unternehmen gründen. Redline, München.

#33 Minimal-Überlebensfähigkeitsprinzip: Das kleine Schwarze fürs erste Date!

- ➲ Auch und vor allem in der digitalen Produktneuentwicklung ist weniger mehr. Denken Sie an das kleine Schwarze – dem Paradepferd der Couture-Legende Madame Coco Chanel.
- ➲ Eine Minimalausstattung mit den Kernnutzen, die von den Kunden am meisten geschätzt werden, weil sie deren dringlichsten Probleme lösen oder Sehnsüchte befriedigen, ergibt viel mehr Sinn als Perfektionsdrang und eine Eier legende Wollmilchsau.
- ➲ Das initiale Marktangebot ist kein wackliger Prototyp – es muss in seinem Kernnutzen optimal funktionsfähig und überzeugend sein.

Einfach raffiniert – das Outfit mit dem gewissen Etwas! Als die Modeschöpferin Coco Chanel 1971 mit achtundachtzig Jahren starb, war sie längst zur Modeikone geworden – unsterblich durch ihr Parfum, die legendären Chanel-Kostüme und das »kleine Schwarze«. Tragbare Eleganz für die Frauen des 20. Jahrhunderts, die bislang entweder in Volants und Rüschen erstickten oder in schickfernen Kattungewändern Nicht-Erotik ausstrahlten. Gabrielle Bonheur Chanel trug einen guten Teil zur späteren Frauenemanzipation bei. Ihre Konzepte und Kreationen führten Frauen in die Moderne: Perfekte Schnitte, schmale, aber komfortable Formen, dezente Eleganz, die gleichzeitig faszinierte wie mobilisierte. Verschwunden waren die einengenden Korsettstangen, die hemmende Stofffülle, die steilen Stilettos, die Frauen zu Trippelschritten nötigten. Coco lud die Farbe Schwarz in die Mode ein, beschnitt den Rocksaum auf maximal Kniehöhe und befreite die Frauen vom Zwang zur Wespentaille.

Bereits 1910 verkaufte sie ihre selbst produzierten Hüte, 1920 eröffnete sie ihren ersten Couture-Salon, der sich zu einem Imperium auswachsen sollte. Der Grande Dame der Mode verzieh man sogar eine Liebesaffäre mit einem Nazi-Offizier (auch wenn Coco deswegen einige Jahre ins Schweizer Exil gehen musste). Ihr Stil: geradlinig elegant, puristisch, minimalistisch nobel,

anziehend, erotisch durch den Verzicht auf Schnörkel. Einzigartige Schlicht-
heit – maximale Wirkung. Das zog die Frauen über Cocos Zeit hinaus an. Das
»Kleine Schwarze« etablierte sich als universales Kleidungsstück für fast alle
Gelegenheiten. Niemals overdressed, immer comme-il-faut!

Reduce-to-the-max: Coco und die Folgen
Diesen kleinen Spaziergang in die Haute Couture werden Sie verstehen, wenn
Sie sich mit dem Prinzip beschäftigen. Coco Chanel, die übrigens von Nonnen
erzogen wurde, wusste genau, dass Weniger mehr ist, jeder Schnickschnack
vom Wesentlichen ablenkt und den Kern der Aussage verwässert. Hier ist die
Schnittstelle zur gängigen Produktentwicklung. Viele Produzenten arbeiten
nicht selten an den Kundenbedürfnissen vorbei, weil sie in ihrem Übereifer
das Produkt mit Features überfrachten, die der Kunde als eher unnötig empfindet. Die so entstehenden hohen Entwicklungskosten treiben auch die Ver-
kaufspreise in die Höhe, was eine weitere Aufnahmesperre im Bewusstsein
der Kunden erzeugen kann.

Reduce-to-the-max – wäre hier angebracht. Der klügere Weg ist, ein neues Produkt mit dem unbedingt erforderlichen Details und Funktionen auszustatten, die es überlebensfähig machen und eine Grundbereitschaft und
ein Basisinteresse beim Käufer erzielen. Bewährt sich das Produkt auf dem
Markt und sammelt das Unternehmen Erfahrungen über Akzeptanz- und Zu-
friedenheitsauswertungen, kann das Grundprodukt sukzessive mit weiteren
Optimierungen ausgestattet und einer erweiterten Zielgruppe angeboten
werden.

Den Blick für das Wesentliche schärfen
Ein mit Funktionen überladenes Produkt macht uns als Nutzer und Anwender
nicht glücklicher, sondern mehr Aufwand, um es zu verstehen. Ist es zu komplex, bleibt es gerne im Schrank liegen. Je einfacher zu benutzen, desto lieber
haben wir es, vorausgesetzt, es verfügt über die essenziellen Grundfunktionen. Beispiel: Küchenwerkzeug. Was braucht ein guter Koch? Eine qualitativ
hochwertige Minimalausstattung: Perfekte Messer für unterschiedliche Auf-

gaben, Arbeitsbrett, zwei bis drei Töpfe, Pfanne und gusseiserne Kasserolle, Herd, Kochlöffel, Schöpfkelle und Bratenwender. Das Minimal-Überlebensfähigkeitsprinzip bezieht im agilen Zeitalter und in flexiblen Unternehmensformen eine ganz eigene Bedeutung: Sich rasch auf veränderte Verhältnisse auf dem Markt einstellen zu können, auf Angreifer auf der Überholspur, die urplötzlich aus dem Nichts auftauchen, auf Stimmungsschwankungen bei den Zielgruppen, auf sich verändernde soziale, politische und wirtschaftliche Gegebenheiten, ist mehr denn je eine Frage des Marktbeherrschung.

MINIMALE FUNKTIONSBREITE, MAXIMAL KONZENTRIERTE WIRKUNG

Bereits in der Ideenfindung sollten agile Unternehmen das größte Augenmerk auf ein »minimal funktionsfähiges Produkt (MVP)« legen, das den Vorzug einer erheblich verkürzten Time-to-Market-Dauer genießt. Ausgeklügelte Entwicklungsprozesse mit Pre-Launches, Vorstudien, dicken Machbarkeitsanalysen und neu zu entwickelnden Werkbänken, an denen die unterschiedlichen Anforderungsspezifikationen ausgearbeitet werden können, sind weder mit dem Konzept des MVP noch mit den Signalen der agilen Wertschöpfung vereinbar. Lernen wir von Cocos Strategie der maximalen Wirkung bei minimaler Ausstattung.

Ein Minimum Viable Product (MVP) ist aus dem Alter des wackligen Prototyps herausgewachsen!

Bei den Tech-Start-ups im Silicon Valley ist das Konzept des Minimum Viable Product (MVP) besonders beliebt. Was haben sie davon? Ganz klar sahnen sie durch fixe Reaktionsfähigkeit und Flexibilität satte Wettbewerbsvorteile ab gegenüber Etablierten, Langsameren. Perfektionsverliebtheit kostet Zeit und Geld und macht vor allem diese Unternehmen unbeweglich. Und wie gehen sie vor? Ohne langfristige Produktvision taugt es auch hier nicht. Doch in diesem Fall gehen sie zunächst nur mit einem sehr begrenzten Funktionsumfang in Produktion. Ihr zentrales Moment, das sie bedienen, ist die Eigenschaft oder Funktion, die aus dem Blickwinkel des Nutzers den größtmöglichen Mehrwert bietet – ein Wow-Moment!

Das Minimum Viable Product setzt auf Identifikation und Fokussierung des originären Kernnutzens.

Den Begriff des Minimum Viable Products prägten Steve Blank und Eric Ries. Der Lean-Start-up-Ansatz beschreibt eine Unternehmensgründung oder einen Produkt-Launch, die mit möglichst wenig Startkapital möglichst rasch möglichst profitabel werden sollen. Hier entfallen naturgemäß langwierige Vorplanungen. Durch Experimentieren und Schnell-auf-den-Markt-bringen von Produkten, die bewusst nur minimal funktionsfähig sind, verschafft sich das Start-up rasche Learnings durch echte Kundenreaktionen. In einem funktionalen Rahmen kann ein Produkt-Launch auf einem schnelllebigen Markt risikoloser funktionieren.

Ist viel Beinfreiheit nicht doch zu gewagt? Probleme und Befürchtungen mit MVPs

Natürlich mag es vielen schwer fallen, ein Produkt, das man noch nicht als perfekt betrachtet, in die Selbstständigkeit zu entlassen. Wie, wenn es doch nicht funktioniert? Und vom Markt als zu »unterbemittelt« eingestuft wird? Könnten die Produktidee oder das Feature geklaut oder kopiert werden?

Das lässt sich entkräften:
- Die Kerneigenschaft des MVP sollte auf jeden Fall optimal vorhanden sein.
- Den ersten Launch können Unternehmen auf eine spezielle Kundenzielgruppe (von Early Adoptern) begrenzen, die eine gewisse Sicherheit vermuten lassen, weil die Kernfunktion von ihnen geschätzt wird.
- Dass eine frühreife Idee von einem Mitkonkurrenten abgegriffen werden könnte, ist dann nicht zu befürchten, wenn die Ausarbeitung in der Kernfunktion-Version ausgezeichnet ist.

Appetit auf mehr? Im Buch *The Lean Product Playbook* von Dan Olsen (2015) gibt's entsprechende Handlungsanleitungen.

Kurzer Methodenüberblick – Minimum-Viable-Product

Ein minimal-funktionsfähiges Produkt (MVP) sollte folgende Kriterien erfüllen:
1. Minimal: Only the best: Nur die Kernnutzen werden angestrebt.
2. Überlebensfähig: Das Produkt bietet genug Nutzen, dass Kunden bereit sind, dafür zu bezahlen.
3. Fokussiert: Ausgelegt ist es auf eine speziell ausgewählte Zielgruppe potenzieller Kunden.
4. Überlegen: Mit einem entscheidenden Marktvorteil ist es anderen Produkten überlegen.
5. Vielversprechend: Das Marktpotenzial hat ein erweiterbares Volumen. Man kann davon ausgehen, dass der Kundenkreis sich kontinuierlich vergrößern wird.
6. Ausbaufähig: Das Produkt in der Minimalfunktion hat Potenzial. Ausbau in kontinuierlichen Prozessschritten bietet sich an.

Und so funktioniert's
Schritt 1: Zunächst den Kernnutzen und die Produktvision formulieren
Fragen Sie sich, was das Produkt überhaupt können muss, welchen Zweck und welches Bedürfnis es bedient und welche Vision es verfolgt.

Schritt 2: Danach die Funktionen und Features sammeln
Listen Sie auf, welche Funktionen und Fertigkeiten (mit Blick auf den Kundenmehrwert) dem Produkt innewohnen könnten. Das ist vergleichbar einer Liste an den Weihnachtsmann – alles ist möglich.

Schritt 3: Jetzt die Funktionen und Features priorisieren
Picken Sie sich die Kernargumente und hauptsächlichen Funktionen heraus. Spitzen Sie das Produkt auf den Kernnutzen zu und vermeiden Sie den Ehrgeiz, es perfekt zu machen. Je plausibler Sie die Daseinsberechtigung (aus

Sicht des Kunden) gestalten und je mehr Sie auf zu viel Drumherum verzichten, desto plastischer wird das Produkt für den Kunden.

Wie immer geht das gut über Fragestellungen:
- Wie wichtig ist das Feature für die Erreichung der Produktvision?
- Wie oft wird das Feature vom Kunden genutzt?
- Wie viele Kunden werden das Feature benutzen?
- Welchen Nutzen wird das Feature bringen?
- Wie sehr wird dieses Feature Kunden begeistern?
- Wie riskant, kostenträchtig und aufwendig in der Entwicklung ist dieses Feature?

Schritt 4: Schließlich das MVP klarmachen
Nach der Priorisierung gehen Sie daran, die MVP-Linie zu definieren. Ziehen Sie eine horizontale Linie und teilen Sie die Features in zwei Hälften. Oberhalb der Linie platzieren Sie die Features, die das Minimum Viable Product ausmachen, in die untere Hälfte die Eigenschaften, Funktionen und Features, mit denen Sie das MVP künftig ausbauen können.

Mehr Futter fürs Gehirn gibt's hier
Dan Olsen (2015): The Lean Product Playbook. How to Innovate with Minimum Viable Products and Rapid Customer Feedback. Wiley-VCH, Weinheim.

Ihr persönlicher Boxenstopp

Die zentrale Transformationsfrage:
Wie kommen wir vom Produkt zum digitalen Geschäftsmodell?

Wie verdienen wir im digitalen Zeitalter unser Geld?
(Erinnern Sie sich an das *#31 Geschäftsmodell-Prinzip: How to make money.*)

Wie entwickeln wir nachhaltige, digitale Geschäftsmodelle?
(Nutzen Sie das *#32 Kolumbus-Prinzip: Indien suchen und Amerika finden*)

Welche Go-to-Market-Strategie verfolgen wir mit unserem Digitalgeschäft?
(Nutzen Sie die Erkenntnisse aus dem *#33 Minimal-Überlebensfähigkeitsprinzip – Das kleine Schwarze für's erste Date!*)

12.
Epilog: Digitale Transformation, wie kann sie gelingen?

Wir haben nun (hoffentlich!) eine gute Zeit miteinander verbracht. Für Ihr Engagement und Interesse danke ich Ihnen herzlich. Dass Sie mir respektive den Prinzipien, die Ihren Weg ins digitale Zeitalter bereiten sollen, bis hierher gefolgt sind, beweist doch, dass Sie es ernst meinen mit der neuen Zeit. Und ich möchte Sie auch ausdrücklich dazu ermuntern, es nicht bei der Theorie zu belassen, sondern zügig zu starten. Sie haben sich Erfolg verdient, und Ihr Einsatz wird sich für Sie verdient machen.

Als kleinen Motivationsschub fasse ich fünf Thesen zusammen, die Ihnen in der Entwicklung weiterhelfen sollen.

Erstens: Digitale Transformation beginnt im Kopf
Wo ein Wille ist, ist auch ein Weg. Und selbst der längste Weg beginnt immer mit dem ersten Schritt. Wie Sie mehrmals lasen – die Initialzündung für eine echte Transformation setzt ein in den Köpfen der Firmeninhaber, Gesellschafter und Führungskräfte.

Zweitens: Etablieren Sie ein gemeinsames Verständnis im Unternehmen
Nachhaltige Veränderung funktioniert nur in einem breiten Konsens. Nutzen Sie dazu das »Digital Transformation Design Canvas« als visuelle Transformationslandkarte. Wie wäre es, wenn Sie mit einem Digital-change-awareness-Workshop nach dem Golden Circle-Modell in das Thema einsteigen und sich fragen: »Warum Transformation, wie und was?«

Drittens: Setzen Sie sich ein Zielbild für Ihre digitale Transformation
Ihre Fixsterne »Wo stehen wir jetzt? Wo wollen wir sein?« sollten Sie ganz genau erkunden. Verwenden Sie diese Fragen für Ihre ganz persönliche Transformationsexpedition ins Neuland:

- Normativer Orientierungsrahmen: Wie kommen wir vom Gewinn zum Sinn?
- Denkhaltung: Wie kommen wir vom Entweder-oder zum Sowohl-als-auch?
- Wissenskultur: Wie kommen wir vom Wissen zum Lernen?

- Arbeitsweise: Wie kommen wir vom Marathon zum Sprint?
- Organisationsstruktur: Wie kommen wir vom Superheldentum zur Gummi-bärenbande?
- Performance Management: Wie kommen wir vom Feedback zum Feedfor-ward?
- Digitalisierungsstrategie: Wie kommen wir vom Blindflug zur Punktlan-dung?
- Kundenorientierung: Wie kommen wir vom technischen Feature zu ech-tem Kundennutzen?
- Digital Business: Wie kommen wir vom Produkt zum digitalen Geschäfts-modell?

Diese Koordinaten sollten Sie von Beginn an ständig begleiten. Sie stehen vor einem Veränderungsprozess, der sich kontinuierlich fortsetzen wird. Blei-ben Sie mit diesen Gedanken jetzt nicht allein – Stellen Sie sich im Haus eine interne Taskforce aus Mitstreitern aus verschiedenen Unternehmensunits und Hierarchiestufen zusammen. So sichern Sie sich des Engagements loyaler Verbündeter, die ihre Expertise und Erfahrung aus dem Tagesgeschäft von Anfang an mit einbringen können. Auch hier unterstützt das »Digital Trans-formation Design Canvas« als strukturierter Analyse- und Gestaltungsrahmen.

Viertens: Gehen Sie rasch Transformationsprojekte mit hohem Erfolgspotenzial an
Nichts ist motivierender als der Erfolg. Setzen Sie sich die Hürden daher nicht zu hoch und beginnen Sie mit weniger erfolgskritischen Prozessen und Berei-chen, um sich rasch einzugewöhnen. Ein schrittweiser Ansatz führt Sie über die ersten Klippen, dann wittern Sie schon den salzigen Atem des Meeres und das beflügelt Sie, über kleine Etappen an den Strand respektive in die Zielge-rade zu gelangen. Sie machen sich schrittweise mit agilen Methoden vertraut, die sich perfekt für die Durchführung von digitalen Transformationsprojekten eignen. Im Vergleich zu traditionellen Projektmanagement-Methoden, wie etwa der Wasserfall-Planung, bevorzugen agile Methoden ein iteratives Vor-gehen und ermöglichen dem Team mehr Flexibilität.

Fünftens: Machen Sie die Vorteile sichtbar und beginnen Sie immer wieder von vorne

Meine Empfehlung für eine rasche Popularisierung der digitalen Vorteile in Ihrem Haus: Kommunizieren Sie die Ergebnisse und positiven Veränderungen an Führung und Team zeitnah und regelmäßig, klar verständlich und motivierend. So wird den Mitarbeitern bewusst, dass die Arbeitsqualität von den digitalen Veränderungen profitiert, die Arbeitseffizienz und der Zugang zu arbeitsrelevantem Wissen sich erhöhen und ein neues Wirgefühl wächst.

Seien Sie darauf gefasst, dass die digitale Transformation kein singulärer, geschlossener Prozess ist. Eine digitale Transformation ist immer im Fluss und bedarf daher der kontinuierlichen Revision und Überarbeitung. »Niemals aufhören anzufangen.« So lautet ab heute die Devise.

Gemeinsam statt einsam

Ich spreche hier ausdrücklich nicht pro domo. Sie erinnern sich vielleicht, dass ich Unternehmen und Organisationen bei Transformationsprojekten beratend und ausführend zur Seite stehe. Ich ermuntere Sie ausdrücklich dazu, sich externer Ansprechpartner zu versichern, die den unparteiischen, neutralen, gleichzeitig fachmännischen und wohlwollenden Blick von außen mitbringen. Das muss nicht ausdrücklich ich sein (allerdings freut es mich natürlich, wenn ja). Doch wählen Sie einen qualifizierten Profi Ihres Vertrauens, der mit profunder Sachkenntnis, Beratungs-Know-how, einer gewissen Leidenschaft und langjähriger Praxis hochwertigen externen Input geben kann.

Mein Credo

Ich verbinde mit dem Ihnen vorliegenden Sachbuch ein tiefes Anliegen: Ihnen und anderen Unternehmen den Weg in die digitale Moderne und in die Zukunftsfähigkeit zu ebnen.

An der digitalen Transformation scheiden sich die Geister innerhalb der Arbeitswelt: In diejenigen Unternehmen, die sie halbherzig und mit Pseudo-Einsatz und Stellvertreter-Funktionen angehen und in die, die sich der

Herausforderung dieser Jahrhundertchance mit Mut, Chuzpe, Neugier und Aufbruchsbereitschaft stellen – und daraus reiche Ernte einfahren. Wenn Sie sich jetzt wiedererkennen und dem noch einige Tropfen Risikobereitschaft hinzufügen, haben Sie den Lackmustest bestanden.

Dass die Bundesrepublik in puncto digitale Transformation im internationalen Vergleich noch einen der hinteren Plätze besetzt, sollte uns zu denken geben.

Schauen Sie sich in meiner Leseliste um und entdecken Sie Ihre Favoriten. Auf meiner Website finden Sie weitere Informationen und praktische Downloads sowie unser begleitendes Online-Coaching zum Buch. Ich freue mich darauf, Sie bald in dieser Community zu begrüßen.

Lassen Sie Ihren Bauch entscheiden! Er weiß es ja vermutlich schon längst. Herzlich willkommen in der neuen Welt der digital transformierten Zukunftsstürmer.

Ihr

Übrigens: Auch ich werde die digitale Transformation natürlich nicht als Einzelerfahrung betrachten – der Stoff für einen Folgeband formt sich gerade.

Literaturverzeichnis

Markus Andrezak (2019): Jobstories – Die Kundenperspektive einbrennen. Blog-Artikel. http://ueberproduct.de/jobstories-die-kundenperspektive-einbrennen, abgerufen am 8. August 2019.

www.atlassian.com (2019): Team-Playbook. https://de.atlassian.com/team-playbook/plays/retrospective, abgerufen am 8. August 2019.

Markus Beller (2018): Minimum Viable Product (MVP). Produkte schnell am Markt testen. Blog-Artikel. https://blog.doubleslash.de/minimum-viable-product-mvp-produkte-schnell-am-markt-testen, abgerufen am 8. August 2019.

Christopher Berks (2018): Produktentwicklung durch Hypothesen. Hypothesen formulieren. Blog-Artikel. https://www.etventure.de/blog/produktentwicklung-durch-hypothesen-hypothesen-formulieren, abgerufen am 8. August 2019.

Eckhardt Böhme (2019): Woher stammt die JTBD-Theorie? Blog-Artikel. https://jtbd.de/jtbd-theorie, abgerufen am 8. August 2019.

Sir Richard Branson; Naveen Jain; John Schroeter (2018): Moonshots. Creating a World of Abundance. John August Media, Würzburg.

Su Busson (2017): 9 Merkmale des Flow-Zustandes nach Mihály Csíkszentmihályi. Blog-Artikel. https://www.beyourbest.at/flow-mihaly-csikszentmihalyi, abgerufen am 8. August 2019.

Myriam Chiniara (2016): Dienende Führung befriedigt. Wirtschaftspsychologie aktuell. https://www.wirtschaftspsychologie-aktuell.de/lernen/lernen-20160219-lernen-von-myriam-chiniara-dienende-fuehrung-befriedigt.html, abgerufen am 8. August 2019.

Dwight Cribb (2016): Ohne Kulturwandel droht das digitale Abseits. Artikel im manager magazin Online. http://www.manager-magazin.de/digitales/it/digitalisierung-braucht-vor-allem-kulturwandel-a-1093783.html, abgerufen am 8. August 2019.

Andreas Diehl (2019): Blog Digitale Transformation. https://digitaleneuordnung.de/blog, abgerufen am 8. August 2019.

Andreas Diehl (2019): Why, How, What. Der Golden Circle von Simon Sinek als Führungsinstrument. Blog-Artikel. https://digitaleneuordnung.de/blog/vorgehensmodell-digitalisierung, abgerufen am 8. August 2019.

Andreas Diehl (2018): Customer Journey Mapping – In den Schuhen deiner Kunden wandern. Blog-Artikel. https://digitaleneuordnung.de/blog/customer-journey-mapping, abgerufen am 8. August 2019.

Andreas Diehl (2018): Business Model Canvas. Geschäftsmodelle visualisieren, strukturieren und diskutieren. Blog-Artikel. https://digitaleneuordnung.de/blog/business-model-canvas-erklaerung, abgerufen am 8. August 2019.

www.digitaler-mittelstand.de (2018): Change Management. 8 Phasen nach John P. Kotter. Blog-Artikel. https://digitaler-mittelstand.de/business/ratgeber/change-management-8-phasen-nach-john-p-kotter-7090, abgerufen am 8. August 2019.

Anna Dollinger; Katharina Fehse; Klaus Haasis (2019): Komplexitätstrainings für Führende erfolgreich leiten. Der Seminarfahrplan. managerSeminare, Bonn.

http://www.effectuation.at (2015): Ungewissheits-Profiling. http://www.effectuation.at/wp-content/uploads/2015/02/Tool-1.2-Ungewissheits-Profiling.pdf, abgerufen am 8. August 2019.

Fabian Feldhaus (2018): Digitale Transformation und Innovation. It's all about people. Blog-Artikel, https://www.openspace.digital/single-post/2018/02/28/Digitale-Transformation-und-Innovation---wieso-es-letztendlich-immer-um-den-Menschen-geht, abgerufen am 8. August 2019.

Rainer Gibbert (2014): Das MVP. Problemlösung mit minimalem Feature-Umfang. Blog-Artikel in produktbezogen.de. https://www.produktbezogen.de/das-mvp-problemloesung-mit-minimalem-feature-umfang, abgerufen am 8. August 2019.

Boris Gloger (2016): Selbstorganisation braucht Führung. Die glorreichen Sechs. Struktur. Blog-Artikel. https://www.borisgloger.com/blog/2016/09/19/selbstorganisation-braucht-fuehrung-die-glorreichen-sechs-struktur, abgerufen am 8. August 2019.

Klaus Hassis (2015): The Effectuation Grid Manual. http://www.klaushaasis.de/content/9-effectuation/150408-effectuationgrid-manual-klaus-haasis.pdf, abgerufen am 8. August 2019.

Sabine Hockling (2015): Glück ist ein Wirtschaftsfaktor, Artikel in der ZEIT Online, https://www.zeit.de/karriere/beruf/2014-12/glueck-wirtschaftsfaktor-management-mitarbeiter, abgerufen am 8. August 2019.

Christiane Horst (2018): Disruptive Innovationen für Unternehmen, Artikel in Unternehmen der Zukunft – Magazin für Betriebsorganisation in der digital vernetzten Wirtschaft. Heft 1/2018, https://data.fir.de/download/udz/udzpraxis1_2018_1155.pdf, abgerufen am 8. August 2019.

Institut der deutschen Wirtschaft Köln (2018): Resilienz-Kompass. https://www.iwkoeln.de/fileadmin/user_upload/Studien/Gutachten/PDF/2018/Gutachten_Resilienzkompass.pdf, abgerufen am 8. August 2019.

Aylin Ispaylar (2018): Viele Stimmen werden zu einem Song. Blog-Artikel in Haufe New Work experiences. https://vision.haufe.de/blog/selbstorganisation-bei-spotify-new-work-experiences

www.it-agile.de (2019): Lean Startup. Blog-Artikel. https://www.it-agile.de/wissen/agiles-produktmanagement/lean-startup, abgerufen am 8. August 2019 und https://www.deutsche-startups.de/2015/01/26/8-besonderheiten-von-lean-startups, abgerufen am 8. August 2019.

Klaus Kissel (2018): Anleitung zur Selbstorganisation. Artikel in ifsm-online. https://www.ifsm-online.com/content/uploads/2018/07/ifsm_1806_BILDUNGaktuell_Selbstorganisation.pdf, abgerufen am 8. August 2019.

Lothar Krauss (2018): Culture eats strategy for breakfast! Blog-Artikel. https://der-leiterblog.de/2018/02/22/culture-eats-strategy-for-breakfast-peter-drucker, abgerufen am 8. August 2019.

Peter Kreuz; Anja Förster (2019): FeedFORWARD statt FeedBACK. Blog-Artikel. https://foerster-kreuz.com/feedforward-statt-feedback, abgerufen am 8. August 2019.

W. Chan Kim; Renée Mauborgne (2018): Blue Ocean Shift: Jenseits des Wettbewerbs. Vahlen, München.

Simone Langendörfer (2015): Der Erfolgsfaktor Glück im Unternehmen, https://www.sbz-online.de/Archiv/Heftarchiv/article-668502-101902/der-erfolgsfaktor-glueck-im-unternehmen-.html, abgerufen am 8. August 2019.

Antonia Laier (2018): Kanban – eine Methode aus dem agilen Projektmanagement. Blog-Artikel. https://personalentwicklung.weka-learning-group.com/kanban, abgerufen am 8. August 2019.

Astrid Maier (2016): Die hohe Kunst des Scheiterns. Artikel im Manager Magazin Online. https://www.manager-magazin.de/digitales/it/mein-leben-im-silicon-valley-die-hohe-kunst-des-scheiterns-a-1101524.html, abgerufen am 8. August 2019.

Katrin Mathis (2016): Das Jobs-to-be-done Framework. Blog-Artikel. https://katrin-mathis.de/blog/blogposts/das-Jobs-to-be-done-framework, abgerufen am 8. August 2019.

Markus Metz; Georg Seeßlen (2014): Wenn Helden nicht mehr nötig sind. https://www.deutschlandfunkkultur.de/postheroismus-wenn-helden-nicht-mehr-noetig-sind.976.de.html?dram:article_id=299526, abgerufen am 8. August 2019.

Johannes Moskaliuk (2017): Feedforward statt Feedback: So fördern Sie die Leistung der Mitarbeitenden., Blog-Artikel in wissens-dialoge.de. https://www.wissensdialoge.de/?s=Feedforward, abgerufen am 8. August 2019.

Harald Neidhardt; Jennifer Schenker; Pablo Rodríguez et. al. (2019): Moonshots for Europe. Futur/io Institute, Hamburg.

Tijen Onaran (2018): 4 Gründe, warum die Digitalisierung Diversität braucht. Blog-Artikel in Zukunft Personal. https://blog.zukunft-personal.com/de/2018/07/19/4-gruende-warum-die-digitalisierung-diversitaet-braucht, abgerufen am 8. August 2019.

Alexander Osterwalder; Yves Pigneur (2011): Business Model Generation. Ein Handbuch für Visionäre, Spielveränderer und Herausforderer. Campus, Frankfurt am Main.

Thomas Ottersbach (2019): Digitale Geschäftsmodelle – das sollte man wissen! Blog-Artikel in digitales-unternehmertum.de. https://digitales-unternehmertum.de/digitale-geschaeftsmodelle-das-sollte-man-wissen-178, abgerufen am 8. August 2019.

Dieter Petereit (2017): Kanban versus SCRUM. Was sind die Unterschiede? Blog-Artikel in T3n Magazin. https://t3n.de/news/kanban-SCRUM-unterschiede-834533, abgerufen am 8. August 2019.

Thomas Ramge (2015): Nicht fragen. Machen. Artikel in brand eins Online. https://www.brandeins.de/magazine/brand-eins-wirtschaftsmagazin/2015/fuehrung/nicht-fragen-machen, abgerufen am 8. August 2019.

Rebekka Reinhard; Stephanie Schorp (2018): Wie Führung, Gesundheit und Resilienz zusammenhängen. Reflection first! Artikel im manager magazin Online. http://www.manager-magazin.de/unternehmen/karriere/wie-fuehrung-gesundheit-und-resilienz-zusammenhaengen-a-1189725.html, abgerufen am 8. August 2019.

Johannes Ries (2015): Sowohl agil als auch lean. Beidhändig agieren ohne januskopfig zu werden! Blog-Artikel. http://www.synnecta.com/sowohl-agil-als-auch-lean-beidhaendig-agieren-ohne-januskoepfig-zu-werden, abgerufen am 8. August 2019.

Anette Rößler (2018): Resiliente Menschen bewältigen Stress, Druck, Frust und Rückschläge besser. Artikel in business-wissen.de. https://www.business-wissen.de/hb/resiliente-menschen-bewaeltigen-stress-druck-frust-und-rueckschlaege-besser, abgerufen am 8. August 2019.

Gerhard Roth (2019): Wie veränderbar ist der Mensch? Interview in managerSeminare Heft 251. Februar 2019. https://www.managerseminare.de/ms_Artikel/Neurowissenschaftler-Gerhard-Roth-im-Interview-Wie-veraenderbar,269211, abgerufen am 8. August 2019.

Michael Schäfer (2019): Die Plattform als Treiber dynamischer Ökosysteme. Blog-Artikel auf www.informatik-aktuell.de. https://www.informatik-aktuell.de/management-und-recht/digitalisierung/die-plattform-als-treiber-dynamischer-oekosysteme.html, abgerufen am 8. August 2019.

Karin Maria Schertler (2018): Warum das »Disruption«-Gerede so nervt – und was wirklich hilft. Artikel im manager magazin Online. https://www.manager-magazin.de/unternehmen/industrie/digitale-transformation-schluss-mit-dem-disruption-gerede-a-1223246.html, abgerufen am 8. August 2019.

Torsten Schneider (2019): Sowohl-als-auch statt Entweder-oder. Blog-Artikel. https://torstenschneider.wordpress.com/2014/01/10/denkanstos-08-sowohl-als-auch-statt-entweder-oder, abgerufen am 8. August 2019.

Mathias Schrader (2017): Transformationale Produkte. Der Code von digitalen Produkten, die unseren Alltag erobern und die Wirtschaft revolutionieren. Next Factory Ottensen.

Axel Schröder (2017): Agile Produktentwicklung. Schneller zur Innovation – erfolgreicher am Markt. Carl Hanser, München.

Christoph Seeger (2014): Manager müssen bei sich anfangen. In Harvard Business manager über W. Chan Kim; René Mauborgne: Blue Ocean Leadership. Heft 6/2014. https://www.harvardbusinessmanager.de/extra/artikel/harvard-business-manager-heft-6-2014-blue-ocean-leadership-a-970268.html, abgerufen am 8. August 2019.

Simon Sinek: TED TALK. How great leaders inspire action. https://www.youtube.com/watch?v=qp0HIF3SfI4, abgerufen am 20. August 2019.

Maja Storch (2010): Das Geheimnis kluger Entscheidungen. Artikel in Stern Online. https://www.stern.de/gesundheit/bauch-und-psyche-das-geheimnis-kluger-entscheidungen-3409704.html, abgerufen am 8. August 2019.

www.t2informatik.de (2019): Was ist eine SCRUM Retrospektive? Blog-Artikel. https://t2informatik.de/wissen-kompakt/SCRUM-retrospektive, abgerufen am 8. August 2019.

www.t2informatik.de (2019): Starfish Retrospektive. Blog-Artikel. https://t2informatik.de/wissen-kompakt/starfish-retrospektive, abgerufen am 8. August 2019.

www.teamsatwork.de (2017): Kudo-Karten. Agile Methoden. https://teamsatwork.de/kudo-kartenl, abgerufen am 8. August 2019.

Greg Tomb (2017): Workforce Empowerment. The Guiding Force Of Winning Digital Strategies. Blog-Artikel in D!igitalis Magazine. https://www.digitalistmag.com/future-of-work/2017/10/24/workforce-empowerment-guiding-force-of-winning-digital-strategies-05447485, abgerufen am 8. August 2019.

Johannes Weidel (2018): Vielfalt als Erfolgsfaktor. Warum die digitale Transformation nur mit bunten Teams gelingt. Blog-Artikel in Zukunft Personal. http://blog.zukunft-personal.com/de/2018/09/25/vielfalt-als-erfolgsfaktor-warum-die-digitale-transformation-nur-mit-bunten-teams-gelingt, abgerufen am 8. August 2019.

Agiles Führen

Stefanie Puckett, Rainer M. Neubauer
Agiles Führen
Führungskompetenzen für die agile Transformation
1. Auflage 2018

320 Seiten; Broschur; 29,95 Euro
ISBN 978-3-86980-433-0; Art.-Nr.: 1053

Agiles Führen gilt als das Wundermittel schlechthin. Kaum eine Führungskraft kommt an dem Thema vorbei. Dennoch ist dieses Thema vielerorts nicht mehr als ein Schlagwort. Leider – denn agiles Führen kann sich jede Führungskraft aneignen und anwenden.

Was bedeutet agiles Führen im Kontext der digitalen Transformation? Wie verändert sie die Führungsaufgabe? Wie entwickelt man eigentlich agile Führungskompetenz im Alltag? Und wie wird man zum agilen Change Manager?

Neubauers und Pucketts Buch gibt Antworten auf diese Fragen. Es wirft einen Blick unter die Oberfläche und zeigt, welche Kompetenzen und Persönlichkeitseigenschaften agile Führungskräfte auszeichnen. Dabei hat es beide Seiten im Blick. Denn agile Führung muss authentisch sein und scheitert allzu oft am Widerstand der Mitarbeiter. Pragmatisch zeigt das Buch, wie sich diese Widerstände auflösen lassen und die Transformation der Organisation gelingt.

Auf Basis jahrzehntelanger Arbeit mit Führungskräften und eines wissenschaftlich untermauerten verhaltensorientierten Kompetenzmodells ist dieses Buch entstanden. Es lenkt den Blick darauf, wie wir mit agiler Führung unsere vorhandenen Stärken, Kompetenzen und Erfahrungen zukunftsfähig machen.

Resilienz

Bestseller, 10. Auflage über 20.000 verkaufte Exemplare

Denis Mourlane
Resilienz
Die unentdeckte Fähigkeit
der wirklich Erfolgreichen
10. Auflage 2019

232 Seiten; Hardcover; 24,80 Euro
ISBN 978-3-86980-249-7; Art.-Nr.: 940

Erfolgreiche Menschen haben eine Eigenschaft, die sie von anderen unterscheidet und doch sofort wahrnehmbar ist: Gelassenheit. Sie meistern schwierige Situationen scheinbar mit Leichtigkeit, persönliche Angriffe prallen an ihnen ab und selbst unter hohem Druck büßen sie ihre Leistungsfähigkeit nicht ein.

Was machen diese Menschen anders? Sie beherrschen die Gelassenheit im Umgang mit sich, mit ihren Mitmenschen und mit den Herausforderungen, die das Leben und ihre tägliche Arbeit für sie bereithalten. Eine Eigenschaft, nach der sich immer mehr Menschen sehnen und die in der heutigen Zeit immer bedeutender wird. Resiliente Menschen verbinden diese Fähigkeit mit einer erstaunlichen Zielorientierung, Konsequenz und Disziplin in ihrem Handeln und erreichen dadurch etwas, was sie von vielen anderen unterscheidet: persönlichen Erfolg UND ein sehr großes Wohlbefinden.

In einer der wahrscheinlich spannendsten Reisen, der Reise zu Ihrem eigenen Leben, bringt Ihnen Dr. Denis Mourlane das Konzept der Resilienz näher und zeigt Ihnen, wie Sie es in Ihren Alltag integrieren.

Buch der Woche im Hamburger Abendblatt am 23./24. März 2013!